DIGITAL SERIES

未来へつなぐ
デジタルシリーズ

ネットワークセキュリティ

高橋 修 監修

関 良明
河辺義信
西垣正勝
岡崎直宣
岡崎美蘭
本郷節之
岡田安功 著

36

共立出版

Connection to the Future with Digital Series
未来へつなぐ デジタルシリーズ

編集委員長： 白鳥則郎（東北大学）

編集委員： 水野忠則（愛知工業大学）
高橋　修（公立はこだて未来大学）
岡田謙一（慶應義塾大学）

編集協力委員：片岡信弘（東海大学）
松平和也（株式会社 システムフロンティア）
宗森　純（和歌山大学）
村山優子（岩手県立大学）
山田圀裕（東海大学）
吉田幸二（湘南工科大学）
（50音順，所属はシリーズ刊行開始時）

未来へつなぐ デジタルシリーズ　刊行にあたって

　デジタルという響きも，皆さんの生活の中で当たり前のように使われる世の中となりました．20世紀後半からの科学・技術の進歩は，急速に進んでおりまだまだ収束を迎えることなく，日々加速しています．そのようなこれからの21世紀の科学・技術は，ますます少子高齢化へ向かう社会の変化と地球環境の変化にどう向き合うかが問われています．このような新世紀をより良く生きるためには，20世紀までの読み書き（国語），そろばん（算数）に加えて「デジタル」（情報）に関する基礎と教養が本質的に大切となります．さらには，いかにして人と自然が「共生」するかにむけた，新しい科学・技術のパラダイムを創生することも重要な鍵の1つとなることでしょう．そのために，これからますますデジタル化していく社会を支える未来の人材である若い読者に向けて，その基本となるデジタル社会に関連する新たな教科書の創設を目指して本シリーズを企画しました．

　本シリーズでは，デジタル社会において必要となるテーマが幅広く用意されています．読者はこのシリーズを通して，現代における科学・技術・社会の構造が見えてくるでしょう．また，実際に講義を担当している複数の大学教員による豊富な経験と深い討論に基づいた，いわば"みんなの知恵"を随所に散りばめた「日本一の教科書」の創生を目指しています．読者はそうした深い洞察と経験が盛り込まれたこの「新しい教科書」を読み進めるうちに，自然とこれから社会で自分が何をすればよいのかが身に付くことでしょう．さらに，そういった現場を熟知している複数の大学教員の知識と経験に触れることで，読者の皆さんの視野が広がり，応用への高い展開力もきっと身に付くことでしょう．

　本シリーズを教員の皆さまが，高専，学部や大学院の講義を行う際に活用して頂くことを期待し，祈念しております．また読者諸賢が，本シリーズの想いや得られた知識を後輩へとつなぎ，元気な日本へ向けそれを自らの課題に活かして頂ければ，関係者一同にとって望外の喜びです．最後に，本シリーズ刊行にあたっては，編集委員・編集協力委員，監修者の想いや様々な注文に応えてくださり，素晴らしい原稿を短期間にまとめていただいた執筆者の皆さま方に，この場をお借りし篤くお礼を申し上げます．また，本シリーズの出版に際しては，遅筆な著者を励まし辛抱強く支援していただいた共立出版のご協力に深く感謝いたします．

「未来を共に創っていきましょう.」

編集委員会
白鳥則郎
水野忠則
高橋　修
岡田謙一

はじめに

　未来学者アルビン・トフラーが 1980 年に第 1 の波（農業革命），第 2 の波（産業革命）に続く第 3 の波（脱産業社会）として，情報化社会の到来を予言して以来ほぼ 40 年が経過し，コンピュータ，ネットワークを含む ICT の発展に伴い，インターネットは我々の日常生活を営むのに不可欠なものとなって久しい．インターネットが便利になりビジネスにも使われるインフラストラクチャとして確立すると，悪意を持った利用者がネットワーク経由でコンピュータに侵入する不正アクセスをはじめとする種々の脅威が頻繁に発生するようになった．甚大な被害を被る事例や国どうしの紛争の原因になる場合もあり，大きな社会問題として取り上げられるようになってきた．このため，ネットワークセキュリティは，現在の喫緊の課題となっている．社会の根幹に関わる問題の具体的な例として，公共施設などのシステムに侵入するサイバーテロ，電子マネーの偽造・不正使用による経済の混乱，著作権の侵害，不正・迷惑文書，プライバシー侵害など枚挙にいとまがない．

　ネットワークセキュリティがやっかいで問題が収束しないのは，ICT が進展しそれらが情報システムに導入されると，新たに別の脅威を発生させる要因となる可能性があり，脅威と対策がモグラたたき状態で繰り返されているところにある．新しい技術を開発する際には十分注意してセキュリティに配慮したものになっているにもかかわらずこのような事態が発生するのは，守るより攻撃する方が有利という一般的な原則が成り立っているからであろう．

　我々がインターネットを利用する上で，守るべき資源（コンピュータ，ネットワーク，データ，など），これらの資源に対する脅威，脅威から資源を守る技術とその限界を含めたネットワークセキュリティを学ぶことは今後 IoT を含む情報システムの研究・開発・実用化を行う上で必須になっている．

　上記を踏まえ本書では，線形代数学，情報ネットワーク，アルゴリズムとデータ構造，オペレーティングシステムなどを履修した 3 年生を想定して，ネットワークセキュリティに関する基本的な知識を体系的に学習することを前提に構成してある．具体的には，第 1 章では，ネットワークセキュリティの背景となるインターネットの発展経緯と潜在する脅威について述べるとともに，脅威に対する対策技術の概要を解説する．また，本書で扱う主な技術，トピックスとともに脅威の具体例を解説している．

　第 2〜5 章では，脅威を防御（情報を秘匿）するための基本技術である暗号について，基本的な概念や用語を示すとともに，暗号技術の発展経緯，古典的な暗号と，現代暗号である共通鍵暗号と公開鍵暗号について，それらの動作原理を解説する．また，実用例として共通鍵暗号と公開鍵暗号の短所を補完したハイブリッド暗号方式について解説する．さらに，公開鍵暗号の

応用として，デジタル署名と鍵の配送方式について解説する．

第6章では，通信相手が本人であるか否かを確認するユーザ認証技術について，認証に使用する情報の種類や脅威を含むその基本原理を解説する．

第7章では，組織内ネットワークを構築する際の具体的なセキュリティ対策として，ファイアウォールや侵入検知システムなどについてその動作原理について解説する．

第8章では，第2～6章で述べた基本防御技術を使用した応用例として，安全にWebアクセス，電子メール，リモートアクセス，プライベートネットワークなどのアプリケーション実現方法と，その動作原理について解説する．

第9章では，情報システムを安全に維持管理するために必要な情報セキュリティマネジメントについて，その基本的な考え方，取り組み手順，取り組み内容について解説する．

第10章では，情報セキュリティのための法律や制度について，日本の情報セキュリティに関する法制度が準拠している国際的な取り組み状況について解説するとともに，国境を越えた法制度とその執行体制の重要性を解説する．

第11章では，国内における情報セキュリティに関する各種法律についてその制定経緯を含めて解説する．

本書は11の章からなる構成となっているが，各章末には参考の図書，文献を示している．各章の本文では理系・文系にかかわらず，いわゆる情報系の学科／コースで学ぶべき基本的な事項を取り上げているので，それらを基に必要に応じて技術の詳細や応用，法律などの運用・管理を補足して講義してもらうのがよい．また，前述した通りセキュリティに関する状況は，ICTが進展し情報システムの構築環境が変化するとそれに応じて新たな脅威が発生する可能性があり，常にアンテナを高くして新しい情報をキャッチアップしタイムリーなトピックとして講義の中で補足していただくのもよいと思う．以下に本書を用いて1セメスタ（15回）の講義を実施する場合の指針の一例を示す．

第1回： 第1章　ネットワークセキュリティ序説
　　　　　　（1.1　インターネットの発展と潜在する脅威）
第2回： 第1章　ネットワークセキュリティ序説（1.2　具体的な脅威）
第3回： 第2章　古典的な暗号
第4回： 第3章　共通鍵暗号
第5回： 第4章　公開鍵暗号 (1)-基本的な考え方
第6回： 第5章　公開鍵暗号 (2)-デジタル署名と公開鍵の配送
第7回： 第6章　ユーザ認証
第8回： 第7章　組織内ネットワークのセキュリティ
　　　　　　（7.1　組織内ネットワーク，7.2　ネットワーク機器におけるセキュリティ対策，
　　　　　　7.3　ファイアウォールと侵入検知システム）
第9回： 第7章　組織内ネットワークのセキュリティ（7.4　無線 LAN のセキュリティ）

第10回：第8章　インターネットのセキュリティ
　　　　（8.1　インターネットにおけるセキュリティ，8.2　Webにおけるセキュリティ）

第11回：第8章　インターネットのセキュリティ（8.3　電子メールにおけるセキュリティ，
　　　　8.4　リモート接続におけるセキュリティ）

第12回：第8章　インターネットのセキュリティ（8.5　仮想プライベートネットワーク）

第13回：第9章　情報セキュリティマネジメント

第14回：第10章　プライバシーの保護と情報セキュリティの確保

第15回：第11章　日本の情報セキュリティ法，まとめ

　ネットワークセキュリティのための基盤技術である暗号技術は，古代から使われてきており，インターネットの発展とともに進歩してきた．コンピュータを使ったからといえ，完全な防御技術が実現できているわけではない．たとえ完全な防御技術ができたとしても，完全なセキュリティが達成できるわけではない．そこには必ず人間（不完全な私たち）が介在するからであることを肝に銘じておきたい．

　最後に，本書を執筆するにあたって，有益なコメントと遅々として進まない執筆作業に叱咤激励していただいた未来につながるデジタルシリーズの編集委員長の白鳥則郎先生，編集委員の水野忠則先生，岡田謙一先生，ならびに共立出版編集制作部の島田誠氏に深く感謝します．

2017年8月

著者を代表して　高橋修

目　次

はじめに　iii

第1章	1.1	
ネットワークセキュリティ序説　1	インターネットの発展と潜在する脅威	1
	1.2	
	具体的な脅威	9

第2章	2.1	
古典的な暗号　22	準備	22
	2.2	
	転置暗号	24
	2.3	
	換字暗号	25

第3章	3.1	
共通鍵暗号　41	はじめに：古典暗号から現代暗号へ	41
	3.2	
	DES	42
	3.3	
	DES に対する解読法	49
	3.4	
	トリプル DES	55
	3.5	
	AES	57
	3.6	
	暗号アルゴリズムの適用	61

第4章	4.1	
公開鍵暗号 (1) ― 基本的な考え方　68	はじめに：共通鍵の問題	68

	4.2 公開鍵暗号のアルゴリズム (RSA)	**69**
	4.3 ハイブリッド暗号	**82**

第5章 公開鍵暗号 (2) — デジタル署名 と公開鍵の配送　85	5.1 デジタル署名	**85**
	5.2 公開鍵の配送について	**95**

第6章 ユーザ認証　103	6.1 ユーザ認証とは	**103**
	6.2 ユーザ認証の仕組み	**104**
	6.3 認証情報	**105**
	6.4 ユーザ認証に対する脅威	**109**
	6.5 ユーザ認証の強化	**114**
	6.6 CAPTCHA	**117**

第7章 組織内ネットワークの セキュリティ　123	7.1 組織内ネットワーク	**123**
	7.2 ネットワーク機器におけるセキュリティ対策	**125**
	7.3 ファイアウォールと侵入検知システム	**129**

	7.4	
	無線 LAN のセキュリティ	**136**

第8章

インターネットのセキュリティ　142

8.1	インターネットにおけるセキュリティ	**142**
8.2	Web におけるセキュリティ	**143**
8.3	電子メールにおけるセキュリティ	**145**
8.4	リモート接続におけるセキュリティ	**150**
8.5	仮想プライベートネットワーク	**152**

第9章

情報セキュリティマネジメント　161

9.1	情報セキュリティマネジメントとは	**161**
9.2	情報セキュリティマネジメントの考え方	**162**
9.3	情報セキュリティマネジメント体制の構築	**164**
9.4	情報セキュリティポリシーの策定	**168**
9.5	技術的な情報セキュリティ対策の基本	**175**
9.6	情報セキュリティ対策の導入と運用	**185**
9.7	情報セキュリティ状況の監視と侵入検知	**190**
9.8	情報セキュリティ対策の評価	**192**

x ◆ 目 次

9.9 情報セキュリティ対策の見直しと改善	**195**
9.10 情報セキュリティマネジメントのまとめ	**197**

第10章
プライバシーの保護と
情報セキュリティの確保　**201**

10.1 プライバシーの保護と情報セキュリティの確保とは	**201**
10.2 プライバシー権の起源と発達	**202**
10.3 プライバシーを保護するための国際的な取り組み	**206**
10.4 日本におけるプライバシー権の法制度上の根拠と法的救済	**208**
10.5 情報セキュリティの確保	**210**

第11章
日本の情報セキュリティ法　**224**

11.1 日本の情報セキュリティ法とは	**225**
11.2 電子署名及び認証業務に関する法律	**228**
11.3 情報セキュリティを確保する個別の法律	**228**
11.4 著作権法	**233**
11.5 個人情報の保護に関する法律	**236**
11.6 自主規制でセキュリティを向上させる場合の基準	**242**

11.7
セキュリティ侵害に対する損害賠償責任　**243**

11.8
展望　**246**

索　引　**248**

第1章

ネットワークセキュリティ序説

☐ 学習のポイント

　ネットワークセキュリティの序説として，本章では社会基盤となったインターネットの発展を振り返り，そこに潜む具体的な脅威を紹介する．ここでは，技術の進化に伴って深刻化する脅威に対抗するネットワークセキュリティの必要性と重要性を学ぶ．また，本書が網羅する主な技術とトピックスを紹介し，次章以降への準備とする．

- 社会基盤となったインターネットの生い立ちを知る．
- ネットワークセキュリティの必要性と基本的な考え方を理解する．
- インターネットに潜む脅威を学び，ネットワークセキュリティの重要性を認識する．

　本書では，インターネット，コンピュータシステム，情報数学などに関する基礎的な知識を修得していることを前提としている．必要に応じて文献を参照されたい．

☐ キーワード

　ネットワークセキュリティ，インターネット，盗聴，暗号解読，パスワードクラック，マルウェア，コンピュータウイルス，ワーム，トロイの木馬，エクスプロイト，スパイウェア，ボット，ポートスキャン，DoS 攻撃，P2P の悪用，クロスサイトスクリプティング，ドライブバイダウンロード，ファーミング，スパムメール，フィッシング，ソーシャルエンジニアリング，サイバー攻撃

1.1 インターネットの発展と潜在する脅威

　インターネットは，世界中に張り巡らされた巨大なコンピュータネットワークである．World Wide Web（以後 Web と略す）や電子メールなどインターネットを使った様々なアプリケーションが開発され，情報メディアとしても多様な発展を遂げている．近年では，インターネットの向こう側にあるコンピュータ資源を仮想的に利活用するクラウドコンピューティングが，ビジネスや生活に浸透してきている．身近な情報機器としては，インターネットへ容易に接続可能なスマートフォンやタブレット端末などが世界的に急速に普及している．これらのネットワーク環境を背景として，オンラインショッピングや SNS（Social Networking Service：ソーシャルネットワーキングサービス）など社会生活を豊かにするネットワークサービスの進化が

加速されている.

　一方で，企業や組織の機密情報漏えいや金銭詐欺，サービスの妨害など，コンピュータネットワークに対する脅威やコンピュータを悪用する重大事件が増加してきた．このような状況の中で，コンピュータを含むコンピュータネットワークを様々な脅威から守ることがますます重要になってきている．コンピュータネットワークを基盤とする社会では，目に見えない相手やシステムと情報のやりとりをすることが多く，日常生活における対面の人間相手のやりとりとはまったく異なり，安心・安全な環境の実現が特に重要な要件となる.

　本節では，1.1.1 項でインターネットの発展を振り返り，1.1.2 項でインターネットに潜む脅威を紹介し，1.1.3 項で脅威に対するネットワークセキュリティ技術の考え方を概観する．また，1.1.4 項で本書が扱う主な技術とトピックスを紹介する.

1.1.1　インターネットの発展

　19 世紀に電気通信技術が登場し，20 世紀半ばからのコンピュータサイエンスの進化が情報処理に革命をもたらした．コンピュータが高速に処理するデジタル情報を，ネットワークが高速，正確，大量に伝達し共有することを可能にした．以下にインターネットの発展の歴史を振り返る.

(1)　中央集約型から分散型ネットワークへ

　インターネットの起源は，アーパネット (ARPANET) というコンピュータネットワークである．ARPANET は，米国防総省の ARPA（Advanced Research Project Agency：高等研究計画局）の支援を受けて 1969 年に構築が始まった.

　それまでのコンピュータネットワークは，中央の巨大なコンピュータ（ホストコンピュータ）にすべての端末を接続する中央集約型の形態をとっていた．この方式には，中央のホストコンピュータが故障するとすべての通信が途絶えてしまうという欠点があった．このため，ホストコンピュータに依存せず，コンピュータを相互に接続する分散型ネットワークが考案された．ARPANET には，この分散型ネットワークの考え方が取り入れられた.

(2)　インターネットに至るまでの歴史

　1983 年以降，ARPANET は米国各地に置かれたコンピュータが相互に通信できる環境を提供する研究目的のネットワークとなった．ARPANET の通信に用いるプロトコルとして，コンピュータやネットワーク機器の特性などに依存せず，高い信頼性を維持できる TCP/IP (Transmission Control Protocol / Internet Protocol) が採用された.

　NSF（National Science Foundation：米国科学財団）も ARPANET のシステムを参考にして，スーパーコンピュータと各研究機関を結ぶネットワーク構想を打ち立てていた．この構想に基づき，複数の研究機関が接続され，全米各地から利用可能なコンピュータネットワークとして，1986 年，NSFNET の運用が始まった．やがて NSFNET と ARPANET は相互に接続されるようになった.

　1990 年に ARPANET は運用を停止し，NSFNET が ARPANET の基幹ネットワークを引

き継ぐことになった．この時点では NSFNET は学術目的に使用を限定されていた．翌 1991
年には CIX Association（Commercial Internet eXchange Association：商用インターネット相互接続協会）が設立され，商用ネットワークの運用が開始された．これにより，インターネットは利用目的を問わない全米規模のコンピュータネットワークとなった．

(3) 日本でのインターネットの幕開け

日本では大学を中心に，1984 年に JUNET（Japan University NETwork または Japan UNIX NETwork）が発足した．これが海外との接続を実現して WIDE(Widely Integrated Distributed Environment) プロジェクトへと発展した．また，同時期に NTT（日本電信電話株式会社）の研究所が所有するコンピュータネットワークが NSFNET へ接続した．1992 年には初の商用プロバイダ IIJ(Internet Initiative Japan) が設立され，日本における現在のインターネットの基礎が築かれた．

1995 年にマイクロソフトから PC（Personal Computer：パーソナルコンピュータ）向けの OS（Operating System：オペレーティングシステム）Windows95 が発売された．Windows95 は TCP/IP を標準サポートするほか，Web ブラウザやメールクライアントを搭載しており，それまでに比べて簡単にインターネット接続できるようになった．これにより，インターネットを利用する個人ユーザが急増した．

1999 年に NTT ドコモの i モード，DDI の EZweb，J-Phone の J-スカイのサービスの提供が開始され，携帯電話からインターネットへのアクセスが可能となった．これにより，PC を持たないユーザでもインターネットが利用できるようになり，インターネットのユーザ数が大幅に増加した．

(4) インターネットの発展

商用プロバイダによってインターネットへの接続が個人に提供されて以降，PC の普及と ICT（Information and Communication Technology：情報通信技術）インフラの整備を経て，誰もがインターネットを利用できるようになった．利用形態も Web サイトの閲覧や電子メールの交換といった基本的なものから，音楽・動画配信，ネットショッピング，宿泊先やチケット予約，オンラインバンキングなど，あらゆる分野に及んでいる．使用する機器も PC，携帯電話，スマートフォン，情報家電などと多様化している．特にスマートフォンの世界的な普及により，いつでも，どこでも，誰もが簡便にインターネットを利用できる環境が整ってきている．そこでは，様々な社会的コミュニティのコミュニケーションに利便性をもたらす SNS が提供されている．

社会生活は，ICT の発展のおかげで飛躍的に便利になった．いまやインターネットに代表されるコンピュータネットワーク環境は，通信やメディアとしての役割に留まらず，産業や日々の暮らしを支える重要な社会基盤である．

以上のように，インターネットは，使用目的が限定された性善説に基づく研究用の分散型ネットワークを起源としている．商用ネットワークに移行してからも新しい技術を常に取り入れ，

国際的にオープンな運営方針は継承されている．また，多種多様な管理運営主体によるアクセス網が相互に接続する巨大なネットワークの集合体でもある．このインターネットには，個人のPCやスマートフォンだけでなく，政府機関や重要インフラのネットワーク，センサネットワーク，モノをつなぐIoT(Internet of Things)も接続されている．

1.1.2 インターネットに潜在する脅威

インターネットの起源は，悪意を持ったユーザの存在を想定しない，性善説に基づくものであった．そのため，善意のユーザにとっては便利な環境でも，悪意を持ってコンピュータネットワークの機能やサービスを利用すれば，盗聴，なりすまし，改ざん（図1.1），および不正アクセス（図1.2）などの不正行為を容易に行える環境を提供している．

インターネットの用途拡大と，利便性向上と引き換えに，インターネットに潜在する脅威に社会が直面するリスクも確実に拡大し，複雑化してきている．

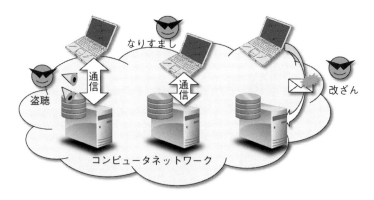

図 1.1 盗聴・なりすまし・改ざん．

(1) 盗聴

コンピュータネットワークを流れるデータを傍受したり，コンピュータ内部のデータを不正に収集したりして，情報を盗み取ることである．ユーザ名やパスワード，企業の機密情報などがターゲットとなりえる．

(2) なりすまし

他人のメールアドレス，パスワード，クレジット番号などを不正に使用し，当事者になりすましてコンピュータやネットワークサービスにログインしたり，メール送信やオンラインショッピングなどを行ったりすることである．

(3) 改ざん

コンピュータネットワークを流れるデータやコンピュータ内部のデータを不正に書き換えることである．たとえば，Webサイトの改ざん，不正侵入の痕跡を消すための改ざん，メール内

容の改ざんなどが挙げられる．

(4) 不正アクセス

近年，標的とするコンピュータやコンピュータネットワークに侵入してデータの盗取やシステムの機能不全を引き起こすサイバー攻撃が社会問題となっている．サイバー攻撃は，正当な権利を持たない第三者による不正アクセスである．不正アクセスには，不正な手段を用いてコンピュータやコンピュータネットワークの内部へ侵入する直接的攻撃と，コンピュータウイルスなどのマルウェアを使ってコンピュータを遠隔操作する間接的攻撃，インターネットを悪用してサービスを妨害する DoS(Denial of Service) 攻撃などが挙げられる（図 1.2）．DoS 攻撃については，1.2.4 項 (2) で説明する．

図 **1.2** 不正アクセス．

1.1.3 脅威に対抗する技術

不正行為から善意のユーザやサービス提供者，ネットワーク接続機器などを安全に守るためにネットワークセキュリティが必要となる．

(1) ネットワークセキュリティ

ネットワークセキュリティは，不正なユーザによるアクセスからコンピュータネットワークそのもの，およびコンピュータネットワークからアクセスできる資産を守るために，情報セキュリティとコンピュータネットワーク技術を融合した技術と捉えることができる．情報セキュリティとは，「正当な権利を持つ個人や組織が，情報や情報システムを意図通りに制御できること」である．ISMS (Information Security Management System：情報セキュリティマネジメントシステム) の国際標準 ISO/IEC27002 では，「情報の機密性 (Confidentiality)，完全性 (Integrity) および可用性 (Availability) を維持すること」と定義している．また，情報セキュリティでは，脅威から守るべき資産を情報資産と呼び，それらは，ハードウェア，ソフトウェア，ネットワーク，データ，ノウハウなど様々な形態をとる．情報セキュリティマネジメント

については，第9章で詳細に解説する．

ネットワークセキュリティは，情報セキュリティの技術的な側面に注目するものであり，コンピュータセキュリティやクラウドセキュリティも含む概念と言える（図1.3）．コンピュータセキュリティは，コンピュータの脆弱性 (Vulnerability) を解消し，第三者による不正利用を阻止し，コンピュータの安全性を保持することである．ネットワークセキュリティで扱うコンピュータには，サーバやPCだけでなく，スマートフォンやタブレット端末，携帯電話なども含まれる．クラウドセキュリティでは，ハードウェアやネットワーク (Infrastructure)，OSなどのプラットフォーム (Platform)，アプリケーションソフトウェア (Software) がサービス (XaaS: X as a Service) として提供されるため，IaaS, PaaS, SaaS などサービス提供者の事業継続性や，セキュリティ対策への依存が新たな課題となっている．

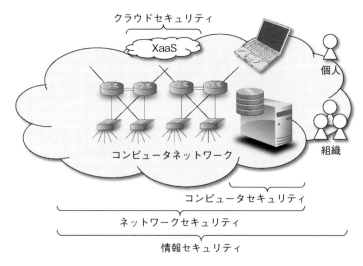

図 1.3　ネットワークセキュリティの位置付け．

(2)　脅威への対策

一般にセキュリティ対策の基本的な考え方は，脆弱性の解消，多層防御，最小権限である．

脆弱性は，コンピュータやコンピュータネットワークが抱える保安上の弱点である．コンピュータもコンピュータネットワークも新しい技術を常に取り入れ進化し続けている．そこには，当初想定していなかった攻撃に対する弱点が組み込まれてしまう可能性も高い．攻撃が予想された時点で，脆弱性を解消するためのアップデートを実施することが対策の基本である．

多層防御は，あらかじめ被害に遭うことを想定して，複数の対策を多層で行うことである．情報資産に対する攻撃は日々高度化しており，1つの対策が破られただけで，コンピュータネットワークとしての安全性，特に可用性が保てなくなる事態は避けなければならない．したがって，対策を施す上では，複数の対策をもって，必要とするセキュリティを確保しようとする多層防御の考え方が望ましい．たとえば，ファイアウォールとユーザ認証を組み合わせてアクセ

ス制御を強化する，不正アクセスが成功してもデータを暗号化しておくことでデータ漏えいによる実質的な被害をなくすなど，複数の対策手段を組み合わせて，対策の相乗効果を上げることが肝要である．

最小権限は，許可されたユーザであることを認証するとともに，アクセスが許されるファイルやアプリケーション，コマンドを限定し，ユーザごとに必要最小限の権限を付与することである．これによって，被害の範囲を小さくすることができる．

1.1.4 本書で扱う主な技術とトピックス

ネットワークセキュリティは，コンピュータが接続されたネットワークの可用性を維持することを基本として，ネットワークで通信され，コンピュータで処理される情報の機密性，完全性，可用性（いわゆる，情報のCIA）を維持することが重要と考えられる（図1.4）．

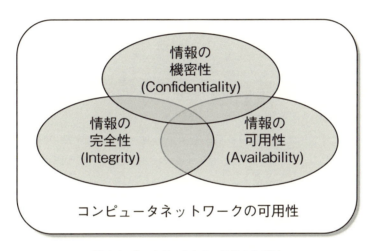

図 1.4　ネットワークセキュリティの CIA．

本書では，ネットワークセキュリティの社会的な重要性の高まりを考慮して，技術的な側面だけでなく，情報セキュリティの領域である組織と法制度にも深く言及している．構成としては，セキュリティ要素技術（第2～6章）と応用セキュリティ（第7～11章）に分けて，ネットワークセキュリティに関する技術とトピックスを網羅している．

(1)　セキュリティ要素技術

第2～5章は，情報の漏えいを防ぐ機密性と，情報の改ざんを防ぐ完全性を担う暗号技術を詳細に解説している．ここで暗号は，ある一定の法則（Algorithm：アルゴリズム）に基づいてデータを変換し，元のデータ（Plaintext：平文）を第三者に知られないようにする技術である．**第2章 古典的な暗号** では，暗号アルゴリズムと鍵，転置暗号，換字暗号を紹介し，基本的な考え方を解説する．**第3章 共通鍵暗号** では，その代表例として，DESおよびDESに対する解読法，トリプルDES，AESを解説する．また，暗号アルゴリズムの適用事例としてブロッ

ク暗号とストリーム暗号を説明する．**第4章 公開鍵暗号（1）-基本的な考え方** では，共通鍵の問題を解決するために発明された公開鍵暗号の代表例として RSA を解説する．また，その応用としてハイブリッド暗号を説明する．**第5章 公開鍵暗号（2）-デジタル署名と公開鍵の配送** では，公開鍵暗号における本人の秘密鍵を使用して，メッセージやファイルに付加する電子的なデータであるデジタル署名を解説する．デジタル署名は，確かに本人が承諾したことを認めるための署名・捺印を電子化したものである．また，公開鍵の配送における中間者攻撃と PKI（Public Key Infrastructure：公開鍵基盤）の仕組みを説明する．

第6章 ユーザ認証 は，スマートフォン，PC，Web サイトへのログインの際に実施する最も身近なセキュリティコントロールであるユーザ認証の仕組みを解説する．また，ユーザが悪意のある自動プログラムではなく，人間であることを認証する CAPTCHA 技術を説明する．

(2) 応用セキュリティ

第7章と第8章は，これまで学んできた暗号や認証などのセキュリティ要素技術を応用し，様々な脅威からネットワークを守るための仕組みについて解説している．**第7章 組織内ネットワークのセキュリティ** では，様々なネットワーク機器を用いて実現できるセキュリティ対策を説明する．また，外部の攻撃から組織内のネットワークを守るためのファイアウォールと，不正侵入を検知し防御する IDS/IPS の仕組みについて解説する．**第8章 インターネットのセキュリティ** では，Web や電子メール，リモートアクセス，プライベートネットワークなど，インターネットを安全に利用するための仕組みを解説する．また，安全性の高い通信プロトコルとして，SSL，S/MIME，SSH，VPN，IP-SEC の仕組みを説明する．

第9章 情報セキュリティマネジメント は，情報の CIA を担う ISMS の考え方を，基本方針，対策基準，実施手順，ガイドラインからなる情報セキュリティポリシーの策定などによって説明する．また，体制の構築から始まる一連の取り組みの概要を解説する．

第10章と第11章は，社会的な仕組みとして，プライバシーを保護し情報セキュリティを保護する制度のトピックスを解説している．**第10章 プライバシーの保護と情報セキュリティの確保** では，日本の情報セキュリティ政策に大きな影響を与えている OECD（Organisation for Economic Co-operation and Development：経済協力開発機構）の情報セキュリティに関するガイドラインを中心に解説する．情報セキュリティという概念は，情報技術の進歩に伴って変化するべきものである．そこで，ガイドラインの時系列に沿って，プライバシー権の説明，プライバシーの保護と個人情報の保護の関係，これらと情報セキュリティの保護の関係を説明する．**第11章 日本の情報セキュリティ法** では，行政法，刑事法，民事法の観点から情報セキュリティが侵害された場合の対応を解説する．

次節では，これらの技術とトピックスが重要であることの理解を助けるために，具体的な脅威を紹介する．

1.2 具体的な脅威

コンピュータネットワークを基盤とする社会においては，コンピュータネットワークが抱えているリスクをユーザやシステム管理者が正しく理解し，脅威を常に意識して行動することが求められる．ここでは，1.2.1 項でインターネットに悪意を持って外部から侵入する不正アクセスの特徴を概観する．1.2.2 項以降では，そこで行われる不正行為をデータ，コンピュータ，コンピュータネットワーク，利用者にそれぞれ着目した具体的な事例を紹介する．さらに，1.2.6 項でネットワークセキュリティの社会的な背景を概観する．

1.2.1 脅威の特徴

インターネットに悪意を持って外部から侵入する不正アクセスによって生じる脅威は，脅威を受ける対象によって以下のように分類できる（図 1.5）．

- データに対する脅威： 盗聴，暗号解読，パスワードクラック
- コンピュータに対する脅威： マルウェア，コンピュータウイルス，ワーム，トロイの木馬，エクスプロイト，スパイウェア，ボット
- コンピュータネットワークに対する脅威： ポートスキャン，DoS 攻撃，P2P の悪用，クロスサイトスクリプティング，ドライブバイダウンロード，ファーミング
- 利用者に対する脅威： スパムメール，フィッシング，ソーシャルエンジニアリング

なお，利用者に対する脅威として，一般ユーザに対する直接的被害の他に，サービス提供者が攻撃を受けて，一般ユーザが二次的被害を受ける事件も多発している．

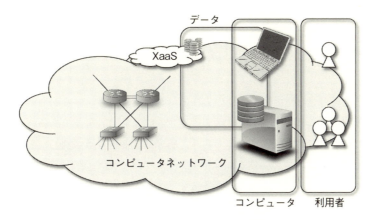

図 1.5 脅威を受ける対象による分類．

不正アクセスは，事前調査，権限取得，不正実行，後処理の 4 つの段階を経て行われる（図 1.6）．コンピュータやネットワークサービスの情報を入手するための事前調査や，操作や処理

を実行するための権限を不正に取得するための権限取得には，攻撃用ツールが使われる．攻撃用ツールとしては，コンピュータネットワークを盗聴するスニファツール，通信に使用するためのポートの状態を調べるポートスキャンツール，パスワードを破るためのパスワードクラッキングツールなどがある．権利取得の後に行われる不正実行は多岐にわたるが，特に，機密情報などを盗み取る盗聴，他人の権限を悪用してオンライン送金を行うなりすまし，Webサイトや取引情報などのデータを書き換える改ざんは，基本的な不正行為と言われている．以下では，脅威が生じる対象ごとに具体的な攻撃例や対策を挙げながら説明する．

図 1.6 不正アクセスの4つの段階．

1.2.2 データに対する脅威

(1) 盗聴

盗聴は，コンピュータネットワークを流れるデータを傍受したり，コンピュータ内部のデータを不正に参照したりして，情報を盗み取ることである．

盗聴を防ぐ技術として，暗号技術がインターネットの普及とともに様々な場面で広く用いられるようになった．暗号は，ある一定の法則（アルゴリズム）に基づいてデータを変換し，元のデータ（平文）を第三者に知られないようにする技術である．たとえば，コンピュータネットワークにおける暗号通信は，送信者が送信したい平文を暗号化し，暗号文としてネットワークに送信する．受信者は受信した暗号文を平文に戻す正規の鍵を用いて復号し，平文を得る．暗号方式は，暗号化や復号に用いる鍵の扱いの違いに応じて，共通鍵暗号方式と公開鍵暗号方式の2種類に大別される．暗号技術については，第2～5章で詳細に解説する．

(2) 暗号解読

暗号解読は，正規の鍵を使用せずに別の方法で暗号を解くこと，すなわち暗号文を不正に平文に戻すことである．この際に，正規の鍵を推定することも暗号解読である．なお，復号は正規の鍵を用いて暗号文を平文に戻すことであり，暗号解読と復号は区別して用いられる．

暗号解読を防ぐために暗号の強度を試す研究が行われている．研究としての暗号解読には，暗号の解読だけではなく，デジタル署名の偽造，ハッシュ関数の値が衝突する（同じ値となること）コリジョン探索，あるいは暗号を使った通信プロトコルであるセキュリティプロトコルの解読なども含まれる．

(3) パスワードクラック

パスワードクラック (Password Crack) は，コンピュータやネットワークサービスにアクセスする際のパスワードを不正に入手することである．不正アクセスの事前調査として，標的と

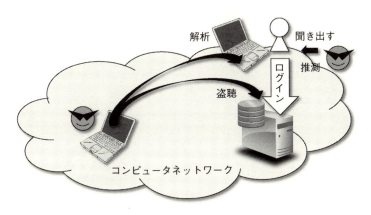

図 1.7 パスワードクラック.

するコンピュータのパスワードが推定できれば，権利取得や不正実行が容易となる．

パスワードクラックには，利用者本人からパスワードを聞き出す，パスワードを推測する，パスワードを解析する，盗聴するなどの方法がある（図1.7）．利用者本人からパスワードを聞き出す方法は，ソーシャルエンジニアリングとして後述する．パスワードを推測する方法には，ネットワークサービスを提供する管理の甘いサービス提供者のコンピュータから顧客のパスワードを盗み出し，他のネットワークサービスに対して，そのパスワードでアクセスを企てるリスト攻撃などがある．パスワード解析には，暗号化されたパスワードファイルに対して一致する文字列をオフラインで総当り的に調べるブルートフォース攻撃 (Brute Force Attack) や，よく使われそうな単語を網羅した辞書を使って照合する辞書攻撃 (Dictionary Attack) がある．

パスワードは，PCやスマートフォンなどの機器を利用するためのユーザ認証だけでなく，インターネット上のサービスを利用する場合にも必要となってきている．そのため，パスワードクラックは，一般ユーザに対する直接的被害の他に，サービス提供者が攻撃を受けて，一般ユーザが二次的被害を受ける事例でもある．

パスワードクラックを防ぐ対策として，一般ユーザができることは推測や解析が困難なパスワードを設定することである．サービス提供者は，パスワードファイルを暗号化し厳重に管理する，セキュリティトークンのようなワンタイムパスワードの仕組みを利用するなどがある．

1.2.3 コンピュータに対する脅威

利用者や管理者の意図に反して（あるいは気づかれぬように）コンピュータに入り込み，悪意のある行為を行うプログラムを総称してマルウェア（Malware：Malicious Software の合成語）という．マルウェアには，独立したプログラムとして動作するものと，他のファイルやプログラムに寄生するものがある．また，自己の複製を作って他のコンピュータに感染を広げる増殖能力を持つものと，そのような機能を持たないものがある（図1.8）．さらに，マルウェアを目的別に分類すると，隠れて情報収集を行うスパイウェアと，不正に遠隔操作を行うボットがある．

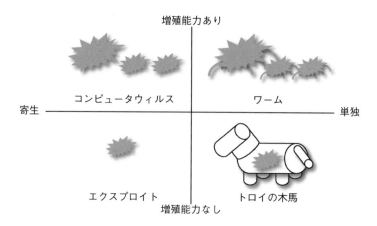

図 1.8　動作形態と増殖能力によるマルウェアの分類例.

(1) コンピュータウイルス

　コンピュータウイルス (Computer Virus) は，宿主となるプログラムの一部を書き換えて感染し，感染した宿主のプログラムが実行されたときに不正動作が機能する．単独で動作できないため，感染したプログラムが起動されない限り不正動作は機能しない．文書処理や表計算などの日常多用されるソフトウェアのマクロ機能や，文書の自動処理機能を悪用して，不正動作を行うことも多い．インターネットを介してダウンロードしてきたプログラムのファイルに紛れ込んだり，USB メモリや DVD-ROM などの記録媒体を介してファイルをコピーしたりすることで感染が拡大する．コンピュータウイルスは，増殖能力を持ち，感染の仕方，発症の様子などが，病気を引き起こす生物界のウイルスと似ているため，このように呼ばれている．

(2) ワーム

　ワーム (Worm) は，寄生せずに独立したプログラムとして動作し，増殖能力が高いものが多い．ワームの感染の方法として最も一般的なものが，メールにファイルを添付して送る方法である．感染したコンピュータ内のメールアドレスを収集し，それらを宛先として自分のコピーを添付して大量に配送する．他には，同一ネットワーク上でセキュリティホールのあるコンピュータを探し出し，そこにコピーを送り込む仕組みのワームが知られている．オフィスなどにワームに感染したコンピュータが 1 台でもあると，ネットワーク内のコンピュータに対してセキュリティホールを悪用した攻撃などを行い，次々に感染が広がってしまう事例がある．

(3) トロイの木馬

　トロイの木馬 (Trojan Horse) は，基本的には独立したプログラムで増殖能力を持たないが，有益なプログラムの振りをして利用者が知らない間に不正な行為を行う典型的なマルウェアである．この名称は，トロイ戦争で，ギリシャ軍がトロイ軍を攻略するために，兵を巨大な木馬にひそませて侵入したという故事に由来している．

(4) エクスプロイト

エクスプロイト (Exploit) は，コンピュータのソフトウェアやハードウェアの脆弱性を利用した悪意ある行為のために書かれたスクリプトまたはプログラムである．また，それを用いて脆弱性を攻撃することを指す場合もある．エクスプロイトは，単体では自己増殖機能を持たないため，コンピュータウイルスではないが，コンピュータに害をなすプログラムの一種である．

(5) スパイウェア

スパイウェア (Spyware) は，ユーザやシステム管理者の意図に反してインストールされ，ユーザの個人情報やアクセス履歴などの情報を収集するプログラムである．コンピュータに侵入してユーザが望まないことを行う点はコンピュータウイルスと同様であるが，不正に情報を収集することが大きな特徴である．収集した情報を外部へ送信する機能を持つので，スパイウェアは情報漏えいにつながる大きな危険性を持っている．

(6) ボット

ボット (Bot) は，コンピュータを悪用することを目的に作られたプログラムである．悪意を持った攻撃者は，ボットに感染したコンピュータをインターネット経由で外部から遠隔操作することができる．この悪意を持った攻撃者は，感染したコンピュータを操り，迷惑メールの大量配信，特定サイトの攻撃などの迷惑行為から，感染したコンピュータ内の情報を盗み出すスパイ活動など深刻な被害をもたらす．この操られる動作が，ロボット (Robot) に似ているところから，ボットと呼ばれている．また，同一の指令サーバ配下にある複数（数万になる場合もある）のボットは，指令サーバを中心とするネットワークを組むため，ボットネットと呼ばれている．ボットネットが，後述するフィッシング目的のスパムメール大量送信や，特定サイトへの DDoS 攻撃（1.2.4(2)DoS 攻撃の項を参照）に利用されると大きな脅威となる．

マルウェア感染対策は，コンピュータの脆弱性を解消し，常に最新状態を保つことである．そのためには，できるだけ最新のソフトウェアを使用すること，ウイルス対策ソフトを利用すること，ウイルス対策ソフトのパターンファイルを最新の状態に保つことなどが挙げられる．

1.2.4 コンピュータネットワークに対する脅威

(1) ポートスキャン

ポートスキャン (Port Scan) は，コンピュータのポートに対して，総当り的に調査パケットを送って各ポートのサービス状態を調査する操作のことである．セキュリティチェックの一項として実施されるものもあるが，不正実行を目的として，ネットワーク経由でコンピュータに侵入するための事前調査に使われる場合もある（図1.9）．

インターネットでは，サービスごとにコンピュータが使用するポート番号が定められている．Web サイトなどの閲覧では，クライアントコンピュータと Web サーバは HTTP(Hypertext Transfer Protocol) 用の 80 番ポートを使って情報の受け答えを行っている．また，メールの送信には SMTP(Simple Mail Transfer Protocol) 用の 25 番ポート，メールの受信には

図 1.9 ポートスキャン.

POP3(Post Office Protocol Version 3) 用の 110 番ポートが使われている．さらに，まったく使われていないポートや，いろいろなソフトウェアが勝手に使っているポートも存在している．標的のコンピュータがインターネット上で提供しているサービスがわかれば，その弱点（セキュリティホール）やサービスの脆弱性を悪用して侵入しやすくなる．

　不正実行を目的としたポートスキャン対策には予防と検知がある．予防としては，不要なサービスを停止し，ポートを閉じる，もしくはファイアウォールによって不要なポートへのアクセスを遮断することである．検知としては，IDS(Intrusion Detection System) や，不正アクセスを検知すると自動的にアクセスを遮断する機能を備えた IPS(Intrusion Prevention System) を導入することである．ファイアウォール，IDS，IPS の詳細は，第 7 章で解説する．

(2) DoS 攻撃

　DoS 攻撃は，コンピュータネットワークを構成するルータやコンピュータなどの機器に対して，大量のアクセスやデータを送って過大な負荷をかけ，その処理能力（リソース）を占有してサービスの提供を不能な状態にする攻撃である．もしくは単にコンピュータのセキュリティホールを狙って，サービスの提供を不能な状態にする攻撃である．図 1.10 にその手順を示す．① コンピュータをボットに感染させ，② 感染したコンピュータを遠隔操作して，③ 特定のコ

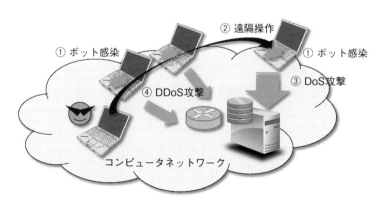

図 1.10 DoS 攻撃と DDoS 攻撃.

ンピュータに対して大量の接続要求を送信する．特に，④ ボットに感染した多数のコンピュータを遠隔操作することなどにより，特定のコンピュータに多地点から一斉に攻撃を行うことを分散 DoS(DDoS: Distributed Denial of Service) 攻撃という．

巧妙な手口としては単なるトラフィック増大だけではなく，サービスを提供するコンピュータへ接続要求を送信後，意図して通信を中断させ，標的とするコンピュータの「現在進行中の接続応答」を大量に発生させることで，応答機能に用意されたリソースを使い切る攻撃もある．

DoS 攻撃は比較的簡単に実現できるにもかかわらず，接続要求自体は一般に正規のサービスに対する接続要求と区別ができないため，防御が難しい．また，接続要求はその送信元を偽装することが可能であるため，どこから攻撃が行われているかを突き止めることが容易ではない．さらに，DDoS 攻撃は，1 つのコンピュータからの攻撃に関与する接続要求数が DoS 攻撃に比べて格段に少なくなるため，攻撃元のコンピュータの特定が極めて難しい．

(3) P2P の悪用

P2P ファイル共有ソフトは，不特定多数のユーザ間でファイルを共有することを目的とし，ネットワークに接続された個々のコンピュータを直接接続する P2P(Peer to Peer) 技術を利用したソフトウェアである．P2P ファイル共有ソフトとしては，Winny や Share などがある．P2P の悪用は，P2P ファイル共有ソフトがインストールされているコンピュータがマルウェアに感染し（図 1.11 の ①），保存していた情報が P2P ファイル共有ソフトを介してインターネットに公開される情報漏えい事件である（図 11.11 の ②）．Winny を介した情報漏えいは 2004 年頃から始まり，本来は絶対に漏れてはならない情報が流出している．特に 2006 年には漏えい事件が増加し，政府も Winny の使用を控えるよう言及し大きな社会問題となった．

P2P の悪用を防ぐためには，マルウェアに感染しないように，コンピュータの脆弱性を解消し，常に最新状態を保つことが重要である．

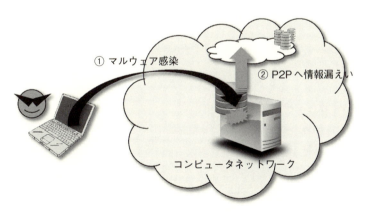

図 **1.11** P2P の悪用．

(4) クロスサイトスクリプティング

XSS（Cross Site Scripting：クロスサイトスクリプティング）は，Webサイトで実行されるアプリケーションのセキュリティ上の不備を意図的に利用して，サイト間を横断して悪意のあるスクリプトをユーザ端末に注入させる攻撃手法である．図1.12にその手順を示す．① 罠が仕掛けられたWebサイトでユーザが不用意にリンクをクリックすると，② 別のWebサイトに強制的に飛ばされ，③ そこに用意されたスクリプトが実行され，④ 被害に遭う．被害としては，Webブラウザにデータを一時的に書き込みユーザ識別するCookieが読み取られ，ユーザの個人情報が漏えいするなどがある．対象となるサイトとは異なるサイトから攻撃者がスクリプトを送り込み，訪問者に実行させることから，クロスサイト（サイトを横断した）スクリプティング（スクリプト処理）と呼ばれる．

XSSは，Webサイトの脆弱性が悪用され，一般ユーザが二次的な被害を受ける事例である．XSSを防ぐために，Webサイトの管理者は，脆弱性を作りこまないようにWebアプリケーションの処理を精査する必要がある．一般ユーザは，最新のブラウザにアップデートし，ブラウザのセキュリティ設定により，スクリプトの実行を無効化したり，セキュリティ対策製品の機能により，不正サイトへのアクセスをブロックしたりすることが重要である．

図 **1.12** クロスサイトスクリプティング．

(5) ドライブバイダウンロード

ドライブバイダウンロード (Drive-by Download) は，マルウェアなどをユーザに気づかせることなくダウンロードさせる不正行為である．図1.13にその手順を示す．① Webサイトをマルウェアに感染させる，もしくは改ざんする．② ユーザがそのWebサイトを閲覧しただけで，③ マルウェアが自動的にダウンロードされて感染する．マルウェアによっては，悪意のあるWebサイトへ誘導するものもある．また，ユーザがマルウェアのダウンロードや実行に気づかないため，マルウェア感染していることにも気づきにくい．

ドライブバイダウンロードは，Webサイトのサービス提供者が攻撃を受けて，一般ユーザが二次的な被害を受ける事例である．この攻撃を予防するために，サービス提供者は，自身の管

理するWebサイトが改ざんされていないか，ドライブバイダウンロードに使われていないかを常に監視する必要がある．一般ユーザは，Webブラウザ，OSやその他のサードパーティ製のソフトウェアの脆弱性を解消し，常に最新状態を保つことが重要である．

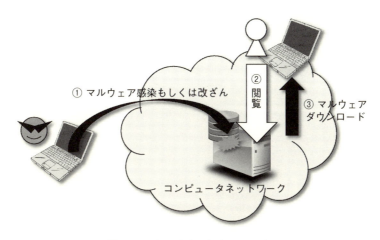

図 1.13　ドライブバイダウンロード．

(6)　ファーミング

ファーミング (Pharming) は，DNS(Domain Name System) 書き換え（図1.14の①）などにより，正しいURLを入力している（図1.14の②）にもかかわらず偽のWebサイトに誘導されてしまうという攻撃手法である．

以上のような脅威に対して，コンピュータネットワークを安全に利用するための仕組みについては，第8章で詳細に解説する．

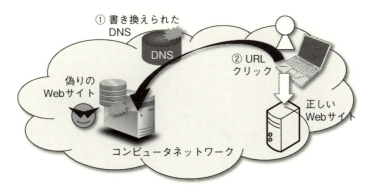

図 1.14　ファーミング．

1.2.5 利用者に対する脅威

(1) スパムメール

スパムメール (Spam Mail) は，受信する者の意向にかかわらず，無差別かつ大量に送信される広告宣伝メールである．インターネットの普及とともに，コストのかからない不特定多数への広告活動が容易になった背景がある．受信者としては，不要なメールを大量に受信することは迷惑であり，これらは，迷惑メール関連法として規制されている．

迷惑メール関連法は，「特定電子メール法」と「特定商取引法」して，2002 年に施行された．「特定電子メール法」は主に送信者に対する規制で，個人または他人の営業について広告宣伝メールを送信する場合に広く適用されている．一方，「特定商取引法」は広告主に対する規制で，事業者が取引の対象となる商品などについて，広告宣伝メールを送信する場合に適用されている．

(2) フィッシング

フィッシング (Phishing) は，インターネットの Web サイトやメールなどを使った詐欺の一種である．インターネット上で様々なサービスが提供されるにつれ，年々増加と高度化の傾向が顕著である．

図 1.15 に攻撃の簡易な手順を示す．① 悪意の第三者が会員制 Web サイトや有名企業を装い，「ユーザアカウントの有効期限が近づいています」や「新規サービスへの移行のため，登録内容の再入力をお願いします」などと，本物の Web サイトを装った偽の Web サイトへの URL リンクを貼ったメールを送りつける．② 受信者が偽りの URL をクリックする．偽の Web サイトは，本物の Web サイトになりすまして，クレジットカードの会員番号などの個人情報や，銀行預金口座を含む各種サービスの ID やパスワードを獲得することを目的としている．

フィッシングは，一般ユーザを対象とした攻撃であり，だまされないことが肝要である．技術的な対策としては，メールソフトや Web ブラウザのフィッシングサイト判別機能を活用する，フィッシングを未然に防止するセキュリティ対策機能が付いたウイルス対策ソフトなどを導入し，常に最新の定義ファイルにしておくなどが挙げられる．

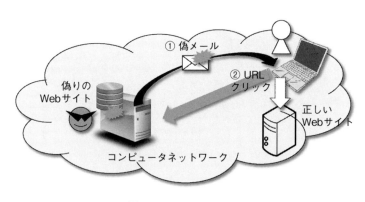

図 **1.15** フィッシング．

(3) ソーシャルエンジニアリング

ソーシャルエンジニアリング (Social Engineering) は，ネットワーク技術やコンピュータ技術を用いずに，人間の心理的な隙や，行動のミスにつけ込んで個人が持つ秘密情報を入手する攻撃手法である．たとえば，システム管理者などになりすまし，「システム障害が発生し，現在修復しています．確認のため，パスワードを教えてください」などと，言葉巧みにパスワードを聞き出す，廃棄物から重要情報を読み取る，社員になりすまして盗み見たり，盗み聞きをすることなどの攻撃がある（図 1.16）．

SNS の普及に伴い，SNS の友達申請を装ったメールによるソーシャルエンジニアリングも出現している．この承認要求に応諾すると，アドレス帳や連絡先情報からメールアドレスなどを収集され，過去にメールをやりとりした相手に同様のメールが送信され，被害者が加害者となるものである．これは，複数のアプリケーションを連携させる API(Application Programming Interface) が各種リソースへアクセスするための認証機能を悪用したものである．

利用者に対する脅威を防ぐためには，だまされないことが肝要である．技術的な対策としては，第 6 章のユーザ認証と，1.1.3 項で紹介した多層防御，最小権限を実践することである．また，社会的な制度の対応については，第 11 章を参照されたい．

図 1.16　ソーシャルエンジニアリング．

1.2.6　ネットワークセキュリティの社会的な背景

インターネットが社会基盤であると考えられるようになってから，すでに 10 年以上が経つ．社会基盤には固定的で安定したものというイメージもあるが，インターネットは常に成長し続けている．インターネットは，ネットワーク機能の運営からその上のサービスに至るまで，かなりの部分がソフトウェアにより実装され，制御されているという大きな特徴がある．さらに，それらのソフトウェアの運用がユーザにも広く解放されたオープンな形態で行われている．このことがインターネットに大きな柔軟性や拡張性をもたらす一方，脆弱性や悪意を持った攻撃の可能性を潜在させている．

成長し続けるインターネットを中核とする「サイバー空間」は，陸，海，空，宇宙に次ぐ第 5 の社会領域として認知され，その秩序を国家的に維持する局面に遭遇している．サイバー攻

撃は，インターネットの接続容易性を悪用して，情報盗取やハッキングを行う犯罪である．情報盗取は，インターネットにおける従来からの脅威であるマルウェアなどを使って行われる．ハッキングは，正規の認証を突破してコンピュータに不正にアクセスする．

　サイバー攻撃が行われる背景には，金銭・経済的な狙いがあると言われており，年々被害規模も増大している．2013 年の統計では，全世界で年間 3 億 7,800 万人が被害に遭っており，国内では年間 400 万人がサイバー攻撃の被害に遭っていると言われている．攻撃者は，インターネット上でグローバルに活動しており，企業・組織から一般ユーザまで攻撃のターゲットとなっている．攻撃者は，高度なコンピュータ技術を駆使した手法やインターネット上に公開されているツールを使い，金銭・経済的な価値を有する情報を盗取している．

　OECD では，情報セキュリティの重要性を示す 9 原則の筆頭に「参加者は，情報システム及びネットワークのセキュリティの必要性並びにセキュリティを強化するために自分達にできることについて認識すべきである」と認識の原則を謳っている．詳細は，第 10 章で解説している．インターネットは，これまで，グローバルな普及，情報メディアの多様な発展，ネットワークサービスの拡大とそれに伴う各種脅威の発生など，情報通信環境を成長させ続けている．近年では，クラウドコンピューティングの浸透，スマートフォンの世界的普及，SNS などの新たなサービスが登場してきている．これらによって，ネットワークセキュリティに関わる問題は，より一層多様化，大規模化してきている．

　IPA（Information-technology Promotion Agency：独立行政法人情報処理推進機構）が毎年発行している「情報セキュリティ白書」の 2015 年版では，インターネット基盤を揺るがす複数の脆弱性が明らかになり，それを悪用した攻撃も確認されたとしている．特に注目すべきテーマとして，「組織における内部不正の現状と対策の動向」，「IoT の情報セキュリティ」，「深刻化する標的型攻撃に対抗する取り組み」を掲載している．いずれもコンピュータ単体，ネットワーク単体，個人で防げるものではなく，組織的な管理や政策・法整備が必要なテーマである．

　このような転機に，社会基盤としてのコンピュータネットワークをただ守るだけでなく，コンピュータネットワークのリスクをユーザやシステム管理者が正しく理解し，脅威を常に意識して行動し，組織やコミュニティの強みとして情報を積極的に活用していくことが重要と考えられる．

演習問題

設問1 インターネットの生い立ちと発展の歴史を鑑み，ネットワークセキュリティの必要性を考察せよ．

設問2 インターネットに潜在する脅威を挙げ，ネットワークセキュリティの基本的な考え方を考察せよ．

設問3 ネットワークセキュリティが必要とされる社会的な背景を考察せよ．

参考文献

[1] 佐々木 良一（監），『ネットワークセキュリティ』，オーム社 (2014).

[2] 白鳥 則郎（監），『情報ネットワーク』，共立出版 (2011).

[3] 佐々木 良一（監），『情報セキュリティの基礎』，共立出版 (2011).

[4] 白鳥 則郎（監），『コンピュータ概論』，共立出版 (2013).

[5] 八木 毅，秋山 満昭，村山 純一（著），『コンピュータネットワークセキュリティ』，コロナ社 (2015).

[6] 諏訪 敬祐，関 良明（著），『はじめての情報通信技術と情報セキュリティ』，丸善出版 (2015).

第2章
古典的な暗号

□ 学習のポイント

　本章では，暗号の基本的な概念や用語について紹介する．さらに，古典的な暗号手法について，いくつか紹介する．古典的な暗号手法としては，文字列に現れる各文字の並びを規則に従って並べ替える方式である転置暗号や，文字や文字ブロックを別のものに置き換える換字暗号がある．また，転置暗号や換字暗号についても，さらに「列転置方式」「単一換字暗号」「同音換字暗号」「多アルファベット換字暗号」「多重音字換字暗号」といった分類が可能である．本章では，これらの暗号について概観する．

- 暗号の基本的な概念や用語を知る．
- 古典的な暗号手法のいくつかと，その基本的な考え方を理解する．

□ キーワード

　転置暗号，列転置方式，換字暗号，シーザー暗号，単一換字暗号，頻度分析，同音換字暗号，多アルファベット換字暗号，ビジュネール暗号，ボーフォート暗号，進行鍵暗号，ワンタイムパッド，バーナム暗号，多重音字換字暗号，プレイフェア暗号

2.1 準備

2.1.1 基本的な考え方

　Alice が Bob に，電子メールを使ってラブレター「I love you.」を送るとしよう (図 2.1)．このような場合，ラブレターの送り手 Alice のことを **送信者** (sender) と，受け手 Bob のことを **受信者** (receiver) と，それぞれ呼ぶ．また，このラブレターのようなネットワーク内を流れるデータは，**メッセージ** (message) と呼ばれる．ラブレターは，あまり第三者には読まれたくないものである．秘密のまま安全に相手まで届いて欲しいものだが，インターネットでは，やろうと思えばいくらでも盗み見ができてしまう．たとえば，図 2.2 のように悪意を持った Eve がインターネット内にいて，メッセージ「I love you.」を読み取っているかもしれない．このようなメッセージを盗み見る攻撃者は，**盗聴者** (eavesdropper) と呼ばれる．

　盗聴者にメッセージの中身を知られないためには，暗号を使えばよい．そこで，Alice は図

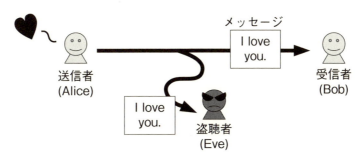

図 2.1　インターネットを使った愛の告白.

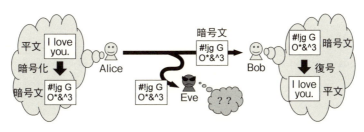

図 2.2　メッセージを暗号化して送る方が安全.

2.2 のようにラブレターを **暗号化** (encryption) し，暗号化したデータをメッセージとして送るとしよう．メッセージを受け取った Bob は，暗号化されたデータを元に戻してラブレターを読む．こうすれば，盗聴者 Eve が暗号化されたデータを盗み見ても，元の文章が何だったのかがわからないので，ラブレターの内容が漏れることはない．上記において，暗号化される前のデータは **平文** (plaintext) と，暗号化した後のデータは **暗号文** (ciphertext) と呼ばれる．暗号化とは，平文から暗号文を作る操作のことである．また，暗号文から平文に戻す操作のことを，**復号** (decryption) と言う．

2.1.2　暗号アルゴリズムと鍵

暗号化／復号を行うには，それを行う手順を定めた暗号アルゴリズムが必要である．暗号アルゴリズムは，送信者と受信者の間であらかじめ共有されていなければならない．しかし，送受信の相手が変わる度に暗号アルゴリズムを新たに考えるのは現実的ではないし，思いついたアルゴリズムが安全である保証もない．また，どうやって，毎回 送受信者の間でアルゴリズムを共有すればよいのか，という問題も生ずる．

そこで，**鍵** (key) と呼ばれるデータ（大変大きな整数）を使い，暗号アルゴリズムの設定を変えて暗号化するのが一般的である．暗号アルゴリズムは，（盗聴者も含めて）広く知られていてよいが，鍵は送受信者の間で秘密にしなければならない．また，平文や暗号文を手に入れた盗聴者が鍵を推測できないように，暗号アルゴリズムは設計されるべきである．

暗号には，共通鍵暗号と公開鍵暗号の 2 種類がある．**共通鍵暗号** または **対称暗号** (symmetric cryptography) は，暗号化と復号の両方に同じ鍵を使う暗号である．一方で，暗号化と復号で

異なる鍵を使うタイプの暗号もあり，**公開鍵暗号** (public-key cryptography) と呼ばれる．

2.2 転置暗号

以下では，暗号の中でも古典的な暗号について述べていきたい．主な分類として，

- 転置暗号
- 換字暗号

の2種類が知られている．

2.2.1 転置暗号とは

転置暗号 (transposition cipher) とは，文字列に現れる各文字の並びをある規則に従って並べ替えるというものである．たとえば，「cryptography」という文字列（平文）を 3×4 の大きさの長方形を使って

	1	2	3	4
	c	r	y	p
	t	o	g	r
	a	p	h	y

のように表し，3-4-2-1 の順に行を選んで縦に読み出すことにする．そうすると「yghpryropcta」という一見して意味のなさそうな文字列が得られるので，これを暗号文とする，という方法である．また，元に戻すには，逆の手順で転置を行えばよい．これは，転置暗号のなかでも**列転置方式** (columnar transposition) と呼ばれているものである [1].

列転置方式では，「行列上に文字列を配置して読み出す」という手順が暗号アルゴリズムに相当し，行列の大きさ（実際には，1行あたりの文字数）や読み出し行の順番が鍵に相当している．

2.2.2 スキュタレー暗号

古い転置暗号としては，紀元前5世紀頃にスパルタで使われた**スキュタレー暗号** (scytale cipher) が知られている．スキュタレー暗号では，皮で作られた細長いリボンをスキュタレーと呼ばれる棒に巻きつけ，そこに図 2.3 のように文字を書き込んでいった．ここでは，ある行に「九時半集合」というメッセージが書き込まれていることに注意しよう．残りの文字はダミーで

図 **2.3** スキュタレー（平文は「九時半集合」．

ある．このリボンを広げると，次のような暗号文が得られる．

「九」「時」「半」「集」「合」の各文字が，リボン上にバラバラに配置され，転置が行われていることがわかる．この暗号文を復号するにはどうすればよいかと言うと，復号する場所でも同じ太さのスキュタレーを用意しておき，リボンを巻きつけて読み取ればよい．暗号化を行う側と復号を行う側で同じ太さのスキュタレーを用意できている場合は復号が成功するし，そうでない場合は復号できない．

　スキュタレー暗号の場合は，「リボンをスキュタレーに巻きつけてを文字を読み書きする」という手順が暗号アルゴリズムに相当する．また，棒の太さが鍵に相当している．

2.3　換字暗号

2.3.1　換字暗号とは

　換字暗号(かえじ)(substitution cipher) とは，文字や文字ブロックを別のものに置き換えるというものである．たとえば，単純な方式としては，英語のアルファベットを

$$
\begin{aligned}
\text{「a」} &\longrightarrow \text{「d」} \\
\text{「b」} &\longrightarrow \text{「e」} \\
\text{「c」} &\longrightarrow \text{「f」} \\
&\vdots \\
\text{「w」} &\longrightarrow \text{「z」} \\
\text{「x」} &\longrightarrow \text{「a」} \\
\text{「y」} &\longrightarrow \text{「b」} \\
\text{「z」} &\longrightarrow \text{「c」}
\end{aligned}
$$

のように K 文字ずらす（z を越えたら，a に戻る）というものがある．これは，**シーザー暗号** (Caesar cipher) と呼ばれる．シーザー暗号という名前は，上記の例（$K = 3$ の場合）を，Julius Caesar が使ったことに由来する．上記の $K = 3$ の場合では，たとえば「alea jacta est（賽は投げられた）」は「dohd mdfwd hvw」と暗号化されるし，「veni vidi vici（来た，見た，勝った）」であれば「yhql ylgl ylfl」と暗号化される．復号するには，逆向きに文字をずらせばよい．なお，Caesar は $K = 3$ に固定したが，一般の場合では「何文字ずらすか」という値 K が鍵に対応する．しかし，通常 K の範囲は小さい（平文が小文字アルファベットのみであるとすると，26 通りしかない）ので，すべての K の値をしらみつぶしに調べれば，容易に解読できてしまう．

　このほか，換字暗号の種類には，

1. 単一換字暗号
2. 同音換字暗号
3. 多アルファベット換字暗号
4. 多重音字換字暗号

といったものがある．シーザー暗号は，単一換字暗号の特殊な場合である．

2.3.2 単一換字暗号

(1) 単一換字暗号の基本的な考え方

シーザー暗号では，平文中に現れる文字を K 文字分だけ「ずらす」ことで，別の文字に変換した．しかし，そのような単純な変換に限定せず，より一般的な変換を考えることもできる．たとえば，平文で使うアルファベットの集合を $\mathcal{A}$ と，暗号文で使うアルファベットの集合を $\mathcal{C}$ とするとき，$\mathcal{A}$ から $\mathcal{C}$ への一対一対応を使う方法が可能である．この方法を，**単一換字暗号** (simple substitution cipher) と呼ぶ．

いま，単一換字暗号で，$\mathcal{A}$ から $\mathcal{C}$ への一対一対応 $f : \mathcal{A} \rightarrow \mathcal{C}$ を使うとしよう．このとき，n 文字からなる平文 $M = a_1 a_2 \cdots a_n$ は，暗号文

$$E(M) = f(a_1)f(a_2) \cdots f(a_n)$$

に変換される．たとえば，f を

$\mathcal{A}:$	a	b	c	d	e	f	g	h	i	j	k	l	m	n	o	p	q	r	s	t	u	v	w	x	y	z
	↓	↓	↓	↓	↓	↓	↓	↓	↓	↓	↓	↓	↓	↓	↓	↓	↓	↓	↓	↓	↓	↓	↓	↓	↓	↓
$\mathcal{C}:$	e	c	j	o	i	v	f	z	r	h	q	g	s	t	p	x	u	b	m	y	w	a	n	l	d	k

で表される写像とすると，平文 M が「cryptography」ならば，暗号文は

$$E(\text{cryptography}) = \text{jbdxypfbexzd}$$

である．これは，表 2.1 に示すような変換表を使った方式と見ることもできる．置き換え先となる文字に重複がなければ，どのような変換表を用いても構わない．「表 2.1 の変換表を使って文字の置き換えをすること」が暗号アルゴリズムに，表 2.1 の変換表が鍵に相当する．

なお，簡便に変換表を作る方法としては，まずキーワードとなる単語を 1 つ用意し（たとえば「oranges」），それから

$\mathcal{A}:$	a	b	c	d	e	f	g	h	i	j	k	l	m	n	o	p	q	r	s	t	u	v	w	x	y	z
	↓	↓	↓	↓	↓	↓	↓	↓	↓	↓	↓	↓	↓	↓	↓	↓	↓	↓	↓	↓	↓	↓	↓	↓	↓	↓
$\mathcal{C}:$	o	r	a	n	g	e	s	b	c	d	f	h	i	j	k	l	m	p	q	t	u	v	w	x	y	z

のように平文側の最初の数文字をキーワード中の文字に対応させてから残りのアルファベットを順に並べていく，という方法がある．

ところで，シーザー暗号については，関数 f を用いて

表 2.1　単一換字暗号の変換表.

平文の文字	置き換え先の文字	平文の文字	置き換え先の文字
a	e	n	t
b	c	o	p
c	j	p	x
d	o	q	u
e	i	r	b
f	v	s	m
g	f	t	y
h	z	u	w
i	r	v	a
j	h	w	n
k	q	x	l
l	g	y	d
m	s	z	k

$$f(a) = (a + K) \bmod n$$

と定めれば，単一換字暗号の特殊なケースとみなすことができる．ただし，$a \bmod b$ は，整数 a, b, q, r（ただし，$0 \leq r < b$）に関して，$a = qb + r$ となる r のことである．ここでは，割り算をしたときの余りと考えてよい．また，集合 $\mathcal{A}$ には n 個のアルファベットがあり，各アルファベットには

$$
\begin{aligned}
a &\rightarrow 0 \\
b &\rightarrow 1 \\
c &\rightarrow 2 \\
&\vdots \\
z &\rightarrow 25
\end{aligned}
$$

のように，0 から $n-1$ までの文字コードが割り振られているとする．さらに，関数 f に渡す引数 a は文字コードである．

(2) 単一換字暗号に対する頻度分析

暗号で使われるすべての鍵の集合のことを **鍵空間** (keyspace) という．シーザー暗号の場合では，平文が小文字アルファベット 26 文字のみだとすると，鍵空間の大きさは 26 しかない．つまり，暗号文を手にした盗聴者は，26 通りの鍵をすべて試すことで解読ができてしまう．一方，一般的な単一換字暗号の場合には，鍵空間の大きさは

$$
\begin{aligned}
26! &= 26 \times 25 \times \cdots \times 2 \times 1 \\
&= 403291461126605635584000000
\end{aligned}
$$

となり，総当り的に解読するには困難な大きさの鍵空間だと言える．実際，1 秒間に 1 京通りの計算ができる計算機を使って解読を試みたとして，最悪の場合で 1278 年以上かかることになる．ただし，運が良ければもっと早い段階の試行で鍵が見つかる．平均としては，約 640 年

で鍵が見つかる計算である（それでも，かなり長い時間と言えるだろうが）．

このように，一般的な単一換字暗号の場合，鍵空間の大きさは膨大である．しかしながら，平文や暗号文が持つ特徴を使うことで，鍵空間全体を調べなくても暗号が解読できてしまう場合がある．よく知られた方法として，以下で述べる**頻度分析** (frequency analysis) が挙げられる．

表 **2.2** 英文中の文字の出現頻度の一例．

記号	出現頻度	記号	出現頻度
a	8.0 %	n	7.0 %
b	1.5 %	o	8.0 %
c	3.0 %	p	2.0 %
d	4.0 %	q	0.2 %
e	13.0 %	r	6.5 %
f	2.0 %	s	6.0 %
g	1.5 %	t	9.0 %
h	6.0 %	u	3.0 %
i	6.5 %	v	1.0 %
j	0.5 %	w	1.5 %
k	0.5 %	x	0.5 %
l	3.5 %	y	2.0 %
m	3.0 %	z	0.2 %

表 2.2 は，英文中の文字の平均的な出現頻度を示している．これは，英文中の各アルファベットが均等に出現するのではなく，おおむね，

$$e, t, a, o, i, n, \ldots, j, x, q, z$$

の順で出現することを示している．すなわち，「e, t, a, o, n, i, r, s, h」といったアルファベットは高い頻度で文章中に出現するし，「j, k, q, x, z」の出現は稀ということである．こうした特徴を手がかりとして解読を行うのが頻度分析である．

単一換字暗号では，平文中の同じアルファベットは暗号文中の同じアルファベットに変換されるので，暗号文に最も頻繁に出現するアルファベットは，平文の「e」「t」「a」あたりに対応するだろう，との推測ができる．一方で，暗号文中にほとんど出現しないアルファベットは，平文の「j」「k」「q」「x」「z」のどれかに対応するのではないか，との推測もできる．さらに英文には，2 文字であれば「th」「he」「in」「er」などが，3 文字であれば「the」「and」「tha」「ent」「ing」などが よくまとまって出現する，という特徴もある（前者は 2 重音字，後者は 3 重音字と呼ばれる）．こうした英文や英単語の持つ特徴を組み合わせて使うことで，徐々に平文から暗号文への変換を行う関数の中身が明らかになってゆくわけである．

2.3.3 同音換字暗号

単一換字暗号では，平文のアルファベットは唯一の暗号文のアルファベットに写像されていた．これを改め，平文の 1 つのアルファベットに対して複数のアルファベット，つまり**同音異**

字 (homophone) を対応させるような工夫をすれば，頻度分析による解読をより困難なものにできそうである．つまり，「e」や「t」などの頻出文字に対応する暗号文側のアルファベットを増やしてやることで，暗号文中の文字の出現頻度を平滑化する．このような考え方による単一換字暗号の変形版は，**同音換字暗号** (homophonic substitution cipher) と呼ばれる．

再び，平文のアルファベットの集合を $\mathcal{A}$，暗号文で使うアルファベットの集合を $\mathcal{C}$ としよう．同音換字暗号では，平文アルファベットから暗号文アルファベットへの写像は $f : \mathcal{A} \to 2^{\mathcal{C}}$ となる．ただし，$2^{\mathcal{C}}$ は $\mathcal{C}$ のべき集合，すなわち $\{X \mid X \subseteq \mathcal{C}\}$ のことである．このとき，n 文字からなる平文 $M = a_1 a_2 \cdots a_n$ は，暗号文

$$E(M) \in \{c_1 c_2 \cdots c_n \mid 1 \le i \le n,\, c_i \in f(a_i)\} \tag{2.1}$$

に変換される．ここで，$E(M)$ に現れる各文字 c_i $(i = 1, \ldots, n)$ に関して $c_i \in f(a_i)$ であり，また，各 c_i は同音異字の集合 $f(a_i)$ の中からランダムに選んだものである．同音換字暗号では式 (2.1) に基づく変換が暗号アルゴリズムを表しており，関数 f が鍵に対応している．

1 つ例を示そう．たとえば，$\mathcal{A}$ を英小文字の集合，$\mathcal{C} = \mathcal{A} \cup \{1, 2, 3, 4, 5, 6, 7, 8, 9\}$ とし，関数 f を

$\mathcal{A}:$	a	b	c	d	e	f	g	h	i	j	k	l	m	n	o	p	q	r	s	t	u	v	w	x	y	z
	↓	↓	↓	↓	↓	↓	↓	↓	↓	↓	↓	↓	↓	↓	↓	↓	↓	↓	↓	↓	↓	↓	↓	↓	↓	↓
$\mathcal{C}:$	e	c	j	o	i	v	f	z	r	h	q	g	s	t	p	x	u	b	m	y	w	a	n	l	d	k
	8			4			3							1	9			2	7	6						
				5																						

と定めるとき（この図は，$f(\mathrm{a}) = \{e, 8\}$，$f(\mathrm{b}) = \{c\}$ などのように定めてあるものと読む），平文 M が「cryptography」ならば，暗号文 $E(\mathrm{cryptography})$ は，集合

$$\left\{ \begin{array}{l} \text{jbdxypfbexzd, jbdxypfb8xzd, jbdxypf2exzd, jbdxypf28xzd,} \\ \text{jbdxy9fbexzd, jbdxy9fb8xzd, jbdxy9f2exzd, jbdxy9f28xzd,} \\ \text{jbdx6pfbexzd, jbdx6pfb8xzd, jbdx6pf2exzd, jbdx6pf28xzd,} \\ \text{jbdx69fbexzd, jbdx69fb8xzd, jbdx69f2exzd, jbdx69f28xzd,} \\ \text{j2dxypfbexzd, j2dxypfb8xzd, j2dxypf2exzd, j2dxypf28xzd,} \\ \text{j2dxy9fbexzd, j2dxy9fb8xzd, j2dxy9f2exzd, j2dxy9f28xzd,} \\ \text{j2dx6pfbexzd, j2dx6pfb8xzd, j2dx6pf2exzd, j2dx6pf28xzd,} \\ \text{j2dx69fbexzd, j2dx69fb8xzd, j2dx69f2exzd, j2dx69f28xzd} \end{array} \right\}$$

のいずれかの要素である．

同音換字暗号の場合には，各文字に割り振る同音異字の数をその文字の発生頻度に比例させることで，暗号文中の各アルファベットの出現頻度を揃えることができる．これにより，頻度分析が難しくなるため，単一換字暗号と比べて解読が困難になる．しかしそれでも，2 重音字や 3 重音字を使った解析は可能である．こうした解析もできないようにするには，平文 $a_1 a_2 \cdots a_n$

から得られた暗号文 $c_1c_2\cdots c_n$ について，任意の異なる i,j について $c_i \neq c_j$ となるように関数 f を設計する必要がある．

　同音換字暗号が使われた有名な例として，**ビール暗号** (Beale cipher) が知られている．これは 19 世紀にアメリカで発行された小冊子で紹介された暗号文で，Thomas Jefferson Beale らの探検家たちが財宝のありかを暗号にして記したものとされる．ただし，その真偽のほどは不明だそうである．財宝のありかや受取人などが，暗号文として 3 枚の紙にしたためられており，そのうち，2 枚目のみが解読されている．この 2 枚目に，同音換字暗号が使われていた．

　ビール暗号では，その鍵としてアメリカ独立宣言の文章

> When in the Course of human events, it becomes necessary for one people to dissolve the political bands which have connected them with another, and to assume among the powers of the earth, the separate and equal station to which the Laws of Nature and of Nature's God entitle them, a decent respect to the opinions of mankind requires that they should declare the causes which impel them to the separation. We hold these truths to be self-evident, that all men are created equal, that they are endowed by their Creator with certain unalienable Rights, that among these are Life, Liberty and the pursuit of Happiness. That to secure these rights, Governments are instituted among Men, deriving their just powers from the consent of the governed, ...

が使われた．文字 l（大文字・小文字の区別はしないとする）がアメリカ独立宣言の n 番目の単語の先頭文字として現れることを $P(l,n)$ とするとき，関数 f は

$$f(l) = \{n \mid P(l,n)\}$$

と定められている．たとえば，

$$f(w) = \{1, 19, 40, 66, 72, \ldots\}$$

である．一方，暗号文は

115	73	24	818	37	52	49	17	31	62	657	22	7	15 $\cdots$

となっていて，これを解読すると「I have deposited $\cdots$」という文章が現れる．このほか，ビール暗号の残りの暗号文は，`http://en.wikipedia.org/wiki/Beale_ciphers` などに載っているので，興味のある読者は参考にされたい [2]．

2.3.4　多アルファベット換字暗号

　単一換字暗号の欠点である「平文と暗号文のアルファベットが一対一であるために，平文の文字の頻度分布の痕跡が暗号文に現れてしまう」という点を解消するため，同音換字暗号では平

文のアルファベットに複数の暗号文のアルファベットを対応させた．このほかにも，換字そのものを複数化してこの痕跡を消そうとする考え方もある．それが，**多アルファベット換字暗号** (polyalphabetic substitution cipher) である．これまでに見てきた換字暗号では変換表はひとつしかなかったが，多アルファベット換字暗号は複数の変換表と内部状態を持っており，状態の変化に応じて適用すべき変換表が切り替わる．多アルファベット換字暗号の実例としては，

- Alberti による，暗号円盤を使った方法
- ビジュネール暗号
- 非周期的な換字暗号（進行鍵暗号，ワンタイムパッド）

がよく知られている．以下では，これらについて紹介したい．

(1) 暗号円盤を使った方法

15 世紀に Leon Battista Alberti は，2 枚の円盤を道具として用いる多アルファベット換字暗号を考案した [3]．2 枚の円盤は，図 2.4 のように同心円状に重ねられている．外側の大きい円盤は Stabilis（「固定」の意味）と，内側の小さい円盤は Mobilis（「動く」という意味）と呼ばれる．実際，外側の大きな円盤は固定されており，一方で内側の小さい円盤はくるくると回転するようになっている．それぞれの円盤には同数のアルファベットが書かれており，外側の円盤には平文側のアルファベットが順番に配置され，また内側の円盤には暗号文側のアルファベットがランダムに並べられている．そして，内側の円盤を回すことで，平文のアルファベットと暗号文のアルファベットの対応関係を次々に変えることができる．

この円盤を使ってやりとりをする際，送信者と受信者は

「平文側の "a" の文字と暗号文側の "b" の文字を重ねることにしよう」

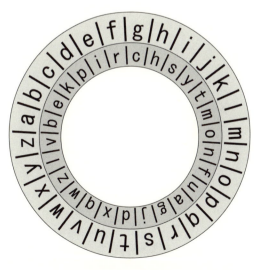

図 **2.4** 暗号円盤．

といったように事前に取り決めをしておき，円盤を設定する．円盤を図 2.4 のように設定する場合では，平文アルファベットから暗号文アルファベットへの写像は

$\mathcal{A}$:	a	b	c	d	e	f	g	h	i	j	k	l	m	n	o	p	q	r	s	t	u	v	w	x	y	z
	↓	↓	↓	↓	↓	↓	↓	↓	↓	↓	↓	↓	↓	↓	↓	↓	↓	↓	↓	↓	↓	↓	↓	↓	↓	↓
$\mathcal{C}$:	b	e	k	p	i	r	c	h	s	y	t	m	o	n	f	u	a	g	j	d	x	q	w	z	l	v

のように定まる．このように変換規則を確定させてから，平文と暗号文の間の変換を行ってゆく．さらに加えて，送信者と受信者は

「平文で 10 文字進んだら，内側の円盤を右に 1 つ，ずらすことにしよう」

などのように，あらかじめルールを決めておく．つまり，変換規則は固定ではなく，定期的に変化する．平文で 10 文字進んだら，写像は

$\mathcal{A}$:	a	b	c	d	e	f	g	h	i	j	k	l	m	n	o	p	q	r	s	t	u	v	w	x	y	z
	↓	↓	↓	↓	↓	↓	↓	↓	↓	↓	↓	↓	↓	↓	↓	↓	↓	↓	↓	↓	↓	↓	↓	↓	↓	↓
$\mathcal{C}$:	v	b	e	k	p	i	r	c	h	s	y	t	m	o	n	f	u	a	g	j	d	x	q	w	z	l

のように変わるため，単一換字暗号しか知らない（つまり，多アルファベット換字暗号の利用を想定していない）盗聴者にとっては，頻度分析による解析がより困難となる．暗号円盤を使う方法では，Stabilis と Mobilis への文字の割り当て方が鍵に，暗号円盤を使った上記の変換方法が暗号アルゴリズムに，それぞれ対応している．なお日本でも，西南戦争当時に岩倉具視が同様の円盤を使い，九州の戦地や大阪の大久保利通らと 61 通の秘密通信文を交わしたとの記録がある（図 2.5）．この暗号円盤は紙製で，Mobilis は直径 10 センチ程度の大きさ，大小の円盤にはそれぞれカタカナが書かれていたとのことである．

さて，Alberti の円盤を使う方式では，円盤が一周すると，変換ルールが最初の状態に戻る．

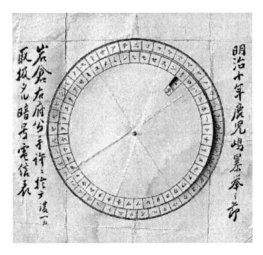

図 2.5 岩倉具視が使った暗号円盤．

つまり，変換ルールが周期的に切り替わる．このような種類の多アルファベット換字暗号は，**周期換字暗号** (periodic substitution cipher) と呼ばれる．周期換字暗号では，d 個の暗号アルファベット $\mathcal{C}_1, \ldots, \mathcal{C}_d$ と d 個の写像 $f_i : \mathcal{A} \to \mathcal{C}_i$ $(1 \leq i \leq d)$ を用いる．ここで写像 f_i は，平文アルファベットの集合 $\mathcal{A}$ から第 i 番目の暗号アルファベットの集合 $\mathcal{C}_i$ への写像である．このとき，平文

$$M = a_1\, a_2\, \cdots\, a_d\, a_{d+1}\, a_{d+2}\, \cdots\, a_{2d}\, \cdots$$

は，暗号文

$$E(M) = f_1(a_1)\, f_2(a_2)\, \cdots\, f_d(a_d)\, f_1(a_{d+1})\, f_2(a_{d+2})\, \cdots\, f_d(a_{2d})\, \cdots$$

に変換される．

(2) ビジュネール暗号

ビジュネール暗号 (Vigenère cipher) は，表 2.3 に示す表（tabula recta と呼ばれる）と，鍵となるテキストを使った周期換字暗号である [4]．ここでは，平文を「cryptography」，鍵となるテキストを「gold」として，ビジュネール暗号を使った暗号化を行ってみよう．まず最初

表 **2.3** 表 (tabula recta).

平文

	a	b	c	d	e	f	g	h	i	j	k	l	m	n	o	p	q	r	s	t	u	v	w	x	y	z
a	a	b	c	d	e	f	g	h	i	j	k	l	m	n	o	p	q	r	s	t	u	v	w	x	y	z
b	b	c	d	e	f	g	h	i	j	k	l	m	n	o	p	q	r	s	t	u	v	w	x	y	z	a
c	c	d	e	f	g	h	i	j	k	l	m	n	o	p	q	r	s	t	u	v	w	x	y	z	a	b
d	d	e	f	g	h	i	j	k	l	m	n	o	p	q	r	s	t	u	v	w	x	y	z	a	b	c
e	e	f	g	h	i	j	k	l	m	n	o	p	q	r	s	t	u	v	w	x	y	z	a	b	c	d
f	f	g	h	i	j	k	l	m	n	o	p	q	r	s	t	u	v	w	x	y	z	a	b	c	d	e
g	g	h	i	j	k	l	m	n	o	p	q	r	s	t	u	v	w	x	y	z	a	b	c	d	e	f
h	h	i	j	k	l	m	n	o	p	q	r	s	t	u	v	w	x	y	z	a	b	c	d	e	f	g
i	i	j	k	l	m	n	o	p	q	r	s	t	u	v	w	x	y	z	a	b	c	d	e	f	g	h
j	j	k	l	m	n	o	p	q	r	s	t	u	v	w	x	y	z	a	b	c	d	e	f	g	h	i
k	k	l	m	n	o	p	q	r	s	t	u	v	w	x	y	z	a	b	c	d	e	f	g	h	i	j
l	l	m	n	o	p	q	r	s	t	u	v	w	x	y	z	a	b	c	d	e	f	g	h	i	j	k
m	m	n	o	p	q	r	s	t	u	v	w	x	y	z	a	b	c	d	e	f	g	h	i	j	k	l
n	n	o	p	q	r	s	t	u	v	w	x	y	z	a	b	c	d	e	f	g	h	i	j	k	l	m
o	o	p	q	r	s	t	u	v	w	x	y	z	a	b	c	d	e	f	g	h	i	j	k	l	m	n
p	p	q	r	s	t	u	v	w	x	y	z	a	b	c	d	e	f	g	h	i	j	k	l	m	n	o
q	q	r	s	t	u	v	w	x	y	z	a	b	c	d	e	f	g	h	i	j	k	l	m	n	o	p
r	r	s	t	u	v	w	x	y	z	a	b	c	d	e	f	g	h	i	j	k	l	m	n	o	p	q
s	s	t	u	v	w	x	y	z	a	b	c	d	e	f	g	h	i	j	k	l	m	n	o	p	q	r
t	t	u	v	w	x	y	z	a	b	c	d	e	f	g	h	i	j	k	l	m	n	o	p	q	r	s
u	u	v	w	x	y	z	a	b	c	d	e	f	g	h	i	j	k	l	m	n	o	p	q	r	s	t
v	v	w	x	y	z	a	b	c	d	e	f	g	h	i	j	k	l	m	n	o	p	q	r	s	t	u
w	w	x	y	z	a	b	c	d	e	f	g	h	i	j	k	l	m	n	o	p	q	r	s	t	u	v
x	x	y	z	a	b	c	d	e	f	g	h	i	j	k	l	m	n	o	p	q	r	s	t	u	v	w
y	y	z	a	b	c	d	e	f	g	h	i	j	k	l	m	n	o	p	q	r	s	t	u	v	w	x
z	z	a	b	c	d	e	f	g	h	i	j	k	l	m	n	o	p	q	r	s	t	u	v	w	x	y

鍵（左端の列ラベル）

に準備として

$$
\begin{array}{ll}
\text{平文} & \text{c r y p t o g r a p h y} \\
\text{鍵テキスト} & \text{g o l d g o l d g o l d}
\end{array}
$$

のように平文と鍵テキストの繰り返しを並べる. そして, 平文の文字を横方向のインデックスに, 鍵テキストの文字を縦方向のインデックスにして表をひく. その結果,

$$
\begin{array}{ll}
\text{平文} & \text{c r y p t o g r a p h y} \\
\text{鍵テキスト} & \text{g o l d g o l d g o l d} \\
\hline
\text{暗号文} & \text{i f j s z c r u g d s b}
\end{array}
$$

のような暗号文が得られる.

ビジュネール暗号は, 以下のようにして, 周期換字暗号の特殊な場合として定式化できる. $\mathcal{A}$ を平文側のアルファベットの集合とし, $\mathcal{C}_1 = \mathcal{C}_2 = \ldots = \mathcal{C}_d = \mathcal{A}$ としよう (ただし, $d \geq 1$). ここでは, $\mathcal{A}$ を英小文字の集合としておく. また, 文字コードを

$$
\text{a} \to 0, \ \text{b} \to 1, \ \text{c} \to 2, \ \ldots \ , \text{z} \to 25
$$

のように定め, $\mathcal{A}$ の要素を, それに対応する文字コードと同一視することにしておこう. さらに, $k_1, k_2, \ldots, k_d \in \mathcal{A}$ に関して, $K = k_1 k_2 \cdots k_d$ を鍵とする. 引数 a を文字コードとするとき, 写像 f_i $(0 \leq i \leq d)$ は,

$$
f_i(a) = (a + k_i) \bmod n
$$

で定まる. ただし n は, 集合 $\mathcal{A}$ の大きさである. 後は周期換字暗号の場合と同様に考えれば, 平文

$$
M = a_1 \, a_2 \, \cdots \, a_d \, a_{d+1} \, a_{d+2} \, \cdots \, a_{2d} \, \cdots
$$

から, ビジュネール暗号の暗号文

$$
E(M) = f_1(a_1) \, f_2(a_2) \, \cdots \, f_d(a_d) \, f_1(a_{d+1}) \, f_2(a_{d+2}) \, \cdots \, f_d(a_{2d}) \, \cdots
$$

が得られる.

ボーフォート暗号 (Beaufort cipher) は, ビジュネール暗号とほぼ同じものだが, 表 (tabula recta) を逆方向に定めている. つまり, 関数 f_i を

$$
f_i(a) = (k_i - a) \bmod n
$$

と定めたものである. さらに, ボーフォート暗号の変型版として, 関数 f_i を

$$
f_i(a) = (a - k_i) \bmod n
$$

と定めたものも知られている. じつは, この変形版は鍵文字を $n - k_i$ としたビジュネール暗号

と等しく，さらにビジュネール暗号の逆になっている．つまり，ビジュネール暗号を暗号化に，ボーフォート暗号を復号に使えるという関係にある（また，逆も成り立つ）．

(3) 非周期的な多アルファベット換字暗号

一般に周期換字暗号では，周期 d が短いと解読されやすい．特に，$d = 1$ のときは周期換字暗号は単一換字暗号に一致するので，頻度分析が容易に行える．そこで，平文と同じ長さの鍵を用いることで変換ルールの切り替えの周期性をなくす（すなわち，非周期的にする）という改良が考えられた．**進行鍵暗号** (running-key cipher) は，そのような多アルファベット換字暗号の一種である．進行鍵暗号では，通常，鍵として本を使う．まず，送信者と受信者の間で

「○○という本の第何版の何ページの何行目以降の文章を鍵として使う」

のように取り決めをしておき（もちろん，その同じ本を送受信者それぞれが用意し），後はビジュネール暗号と同様の暗号化を行う．たとえば，ある本のある指定された一部分が「The traditional approaches still work ...」という文章だったとしよう．このとき，平文「The remainder of this paper ...」は

平文	t h e r e m a i n d e r o f
鍵テキスト	t h e t t r a d i t i o n a l
暗号文	m o i k v m l v q m f b f e

のように暗号化される．

進行鍵暗号では平文と同じ長さの鍵で暗号化されるため，鍵の周期性がない．そのため，一見すると，解読は不可能なように見える．しかしながら，普通，鍵には文章が使われるため，

$$e, t, a, o, n, i, r, s, h$$

といった高頻度文字が，平文にも鍵テキストにも多く出現しうる．こうした特徴を手がかりとする解読が可能である．たとえば上記の例では，下記の矢印をつけた箇所が「平文側の文字と鍵となる文字の両方が，高頻度文字」という例になっている．

	↓ ↓↓↓↓ ↓↓ ↓↓↓
平文	t h e r e m a i n d e r o f
鍵テキスト	t h e t t r a d i t i o n a l
暗号文	m o i k v m l v q m f b f e

こうして見ると，高頻度文字の組み合わせが，かなり多く存在することに気づくだろう．ここで，暗号文の一番左の文字に注目しよう．変換後の暗号文の文字は「m」である．文字「m」に変換されうる平文／鍵テキストの組をすべてリストアップしてみると，

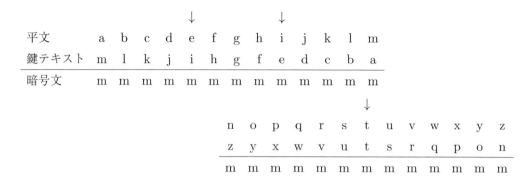

となる．さらに，平文と鍵テキストの両方が高頻度文字であるような組に注目すると，そうした組はわずか 3 通りしかない．以上のことから，すべての暗号文の文字が高頻度文字の組から得られたと仮定するならば，平文と鍵の組み合わせはかなり絞られることになる．さらに，隣接する文字（第 2 文字目，第 3 文字目，…）あたりも調べていって，2 重音字や 3 重音字などの特徴が平文に現れれば，徐々に解読ができてしまう．実際，暗号文の最初の 3 文字「moi」について，平文と暗号文の可能な文字の組み合わせを挙げてみると

m	o	i
e - i	a - o	a - i
i - e	o - a	i - a
t - t	h - h	e - e
		r - r

となり，さらに文頭であることを加味して考えれば，

「平文，鍵テキストともに，最初の 3 文字は定冠詞『the』ではなかろうか」

との推測ができる．実際，この推測は，今回の場合は当たっている．

進行鍵暗号の解読の例は，ランダムな文字列を鍵として用いることの重要性を示している．もし，多アルファベット換字暗号が非周期的で，さらに鍵がランダムな文字列であるならば，解読の手がかりはなくなる．鍵がランダムであるということは，その鍵は使い捨てで，1 回限りしか使われないということである．このような鍵を使い捨てる方式の暗号は，**ワンタイムパッド** (one-time pad; OTP) と呼ばれる．

ワンタイムパッドのよく知られた例として，**バーナム暗号** (Vernam cipher) を使い捨て鍵の下で使う方式がある．バーナム暗号は，米国 AT&T ベル研究所の Gilbert Vernam によって，テレタイプ用に考案された暗号方式である．バーナム暗号では，1 文字は 5 ビットで表現される．平文のビット列を $M = a_1 a_2 \cdots$ とし，鍵のビット列を $K = k_1 k_2 \cdots$ とする．つまり，各 $a_1, a_2, \ldots, k_1, k_2, \ldots$ は 0 または 1 である．このとき暗号文 $C = c_1 c_2 \cdots$ は，各 $i = 1, 2, \ldots$ に関して

$$c_i = (a_i + k_i) \bmod 2$$

で定まる．この式から，バーナム暗号は，平文アルファベットの集合 $\mathcal{A}$ を $\{0,1\}$ とするようなビジュネール暗号と言える．また上記の式は，排他的論理和 $\oplus$ を使って

$$c_i = a_i \oplus k_i \tag{2.2}$$

と書くこともできる．

バーナム暗号は当初，鍵を周期的に使う方式であった．これに対して，米国陸軍の Joseph Mauborgne が，バーナム暗号をワンタイムパッドとして使い捨て鍵の下で使うことを提案した．そのような暗号は解読不可能であり，安全な暗号と言える．しかし，もしバーナム暗号で鍵を再利用する場合，安全とは言えなくなる．たとえば，同じ鍵 $K = k_1 k_2 \cdots$ で暗号化された2つの暗号文

$$\begin{cases} C &= c_1 c_2 \cdots \\ C' &= c_1' c_2' \cdots \end{cases}$$

が手に入ったとしよう．C の平文を $M = a_1 a_2 \cdots$ と，C' の平文を $M' = a_1' a_2' \cdots$ とすると，$i = 1, 2, \ldots$ に関して，

$$\begin{cases} c_i &= a_i \oplus k_i \\ c_i' &= a_i' \oplus k_i \end{cases}$$

である．ここで，$c_i'' = c_i \oplus c_i'$ を計算すると，

$$\begin{aligned} c_i'' &= c_i \oplus c_i' \\ &= (a_i \oplus k_i) \oplus (a_i' \oplus k_i) \\ &= ((a_i \oplus k_i) \oplus k_i) \oplus a_i' \end{aligned}$$

が成り立つ．排他的論理和の基本的な性質として，$(a \oplus b) \oplus b = a$，すなわち，同じ値をかけてやると元に戻る，という性質がある．これより $(a_i \oplus k_i) \oplus k_i = a_i$ であるから，

$$c_i'' = a_i \oplus a_i'$$

が得られる．つまり，

$$c_i'' = (a_i + a_i') \bmod 2$$

である．得られた式より「暗号文 C'' は，平文 M を鍵テキスト M' を使って，進行鍵暗号で暗号化したもの」とみなせる．鍵 M' はもともと文章であったから，先に述べたような高頻度文字の出現を使った解読が可能となり，平文 M がわかってしまうかもしれない．さらに，$k_i = c_i \oplus a_i$ であるから，平文 M がわかれば，鍵 K も容易に求まる．

38 ◆ 第 2 章 古典的な暗号

2.3.5 多重音字換字暗号

これまでに紹介した換字暗号では，平文に対して 1 文字ずつ，暗号化をしてきた．これに対し，複数文字をまとめて暗号化する **多重音字換字暗号** (polygraphic substitution cipher) という考え方がある．たとえば 2 文字を 1 組として暗号化する多重音字換字暗号を **ダイグラフィック換字暗号** (digraphic cipher) と呼ぶが，英小文字のみ（26 文字）を使う場合は，$26^2 = 676$ 種類のアルファベットを扱うことに相当する．平文のアルファベットが増えることになり，アルファベットごとの文字の出現頻度をより均一なものにできるようになるため，頻度分析がより難しくなる．

プレイフェア暗号 (Playfair cipher) はダイグラフィック換字暗号の最初期のもので，19 世紀に Charles Wheatstone によって考案された．Lyon Playfair が普及させたことにちなんで，プレイフェア暗号と呼ばれている．プレイフェア暗号では，5×5 の大きさの行列に各アルファベットを図 2.6 のように並べ，鍵として使う．ただし，英文のアルファベットは 26 文字あるので，「i」と「j」は同一視して同じ場所に入れておくことにする．

ここで，平文 $M = $ hello world を暗号化してみよう．準備として，次の前処理を行う．まず M を 2 文字ずつに区切り，さらに，同じ文字が 2 文字連続するところには空文字（たとえば「x」を空文字と決めておく）を挿入しておく．また，末尾文字が 1 文字しかない場合は，平文の最後に空文字を 1 文字補填する．その結果，

$$M = \text{he lx lo wo rl dx}$$

となり，平文 M は 6 つのブロック（「he」「lx」「lo」「wo」「rl」「dx」）からなる．ここで，各ブロック $a_1 a_2$ に対して，以下を行う（この変換が，プレイフェア暗号の暗号アルゴリズムに対応する）．

1. 図 2.6 の行列の中から，文字 a_1 と文字 a_2 を探す．
2. 次の場合分けによって，平文 $a_1 a_2$ に対する暗号文 $c_1 c_2$ を決定する．

   - a_1 と a_2 が同じ行に現れるときは，c_i ($i = 1, 2$) は，a_i の 1 つ右の文字．ただし，第 5 列の右は第 1 列とする．上記の例では，第 1 ブロック「he」が，この場合に該当する．c_1 と c_2 は，それぞれ，文字 k および文字 g である．
   - a_1 と a_2 が同じ列に現れるときは，c_i ($i = 1, 2$) は，a_i の 1 つ下の文字．ただし，第 5 行の下は第 1 行とする．第 3 ブロック「lo」が，この場合に該当する．c_1 と c_2 は，それぞれ，文字 r および文字 v である．

```
p    l    a    y    f
i/j  r    b    c    d
e    g    h    k    m
n    o    q    s    t
u    v    w    x    z
```

図 2.6 プレイフェア暗号の鍵

- 上記以外の場合は，a_1 と a_2 を 2 つの角とする長方形を考え，残りの 2 つの角にある文字を c_1 および c_2 とする．ただし，c_1 は a_1 と同じ行，c_2 は a_2 と同じ行から持ってくる．第 2 ブロック「lx」が，この場合に該当する．文字 l と文字 x を角に持つ長方形は

$$
\begin{array}{ccc}
\underline{\mathrm{l}} & \mathrm{a} & \mathrm{y} \\
\mathrm{r} & \mathrm{b} & \mathrm{c} \\
\mathrm{g} & \mathrm{h} & \mathrm{k} \\
\mathrm{o} & \mathrm{q} & \mathrm{s} \\
\mathrm{v} & \mathrm{w} & \underline{\mathrm{x}}
\end{array}
$$

である．これより c_1 と c_2 は，それぞれ，文字 y および文字 v である．

各ブロックに対して変換を行った結果，全体の暗号文は，

平文	he	lx	lo	wo	rl	dx
暗号文	kg	yv	rv	vq	gr	cz

である．

演習問題

設問1 UNIX の sed コマンドを使うと，単一換字暗号を簡単に実装できる．たとえば，

```
echo "helloworld" | sed -e y/abcdefghijklmnopqrstuvwxyz/HELOWRDABCF
GIJKMNPQSTUVXYZ/
```

とすれば（紙面の都合上，複数行にわたって書いてあるが，上記は改行せずに 1 行で入力すること），暗号文「AWGGKVKPGO」が得られる．また，復号は

```
echo "AWGGKVKPGO" | sed -e y/HELOWRDABCFGIJKMNPQSTUVXYZ/abcdefghijk
lmnopqrstuvwxyz/
```

である（平文「helloworld」が得られるはずである）．sed コマンドの使い方を調べ，さらに，表 2.1 の鍵（変換表）による暗号文

「pbetfim eto exxgim」

を復号せよ（空白文字が入っているが，これは，わかりやすいように単語を区切るためのもの）．

設問2 適当なプログラミング言語を使って，シーザー暗号を解読する計算機プログラムを作れ．ただし「平文・暗号文とも，使われる文字は a～z のみ」に制約してよいとする．さらに

「gubznf wrssrefba ornyr」

を解読せよ（じつは，本文中で紹介した人物の名前を暗号化したものである）．

設問3 換字暗号をいくつか紹介したが, 鍵は何にあたるか? それぞれの換字暗号ごとに述べよ.

設問4 英文記事を入力し, その記事に現れるアルファベットの出現頻度を計算する計算機プログラムを作れ. また, そのプログラムを使って, いくつかの英文 Web ページを対象に文字の出現頻度を計算せよ. さらに, 表 2.2 の出現頻度のデータと自分の結果を比較してみよ.

設問5 ビジュネール暗号で, 鍵として「oranges」を使い,

$$\text{「i like apples」}$$

を暗号化せよ. また, 同じ鍵で

$$\text{「wefbxqshzoa yiuiiige」}$$

を復号せよ.

設問6 変形版ボーフォート暗号が, 鍵文字を $n - k_i$ としたビジュネール暗号であることを示せ.

設問7 図 2.6 の鍵を使ったプレイフェア暗号による暗号文

$$\text{「qb ug pq rd im yf|」}$$

を復号せよ

参考文献

[1] Mellen, G. E., "Cryptology, Computers and Common Sense," pp. 569–579, in *Proc. NCC, Vol. 42*, AFIPS Press, Montvale, N.J., 1973.

[2] "Beale ciphers", http://en.wikipedia.org/wiki/Beale_ciphers.

[3] "Alberti cipher disk", http://en.wikipedia.org/wiki/Alberti_Cipher_Disk.

[4] Bauer, F. L., *Decrypted Secretes: Methods and Maxims of Cryptology*, Springer, 1997.

推薦図書

[5] D.E.R. デニング, 『暗号とデータセキュリティ』, 培風館 (1988).

第3章

共通鍵暗号

―□ 学習のポイント ―――――――――――――――――――――――――

　本章では，かつて米国の標準的な暗号として採用され，国際的にも広く使われた DES (Data En-cryption Standard) と呼ばれる共通鍵暗号を紹介する．まず最初に DES の構造や暗号化・復号の手順について述べた後，DES に対する暗号解読法について述べる．さらに，DES を 3 回組み合わせることで実現されるトリプル DES と呼ばれる暗号や，DES に代わる暗号の新しい標準である AES についても説明する．最後に，ブロック長を超える平文を適切に扱うための暗号アルゴリズムの適用法について，紹介する．

- DES や AES といった，よく知られた共通鍵暗号について，その動作原理を知る．
- 共通鍵暗号に対する解読法とはどんなものかを知る．
- 暗号アルゴリズムの適用法について理解する．

―□ キーワード ―――――――――――――――――――――――――

　プロダクト暗号，SPN 構造（SP ネットワーク），DES，ファイステル構造，転置，換字，S ボックス，差分解読法，線形解読法，トリプル DES，中間一致攻撃，AES，Rijndael，ブロック，ブロック長，ブロック暗号，ストリーム暗号，鍵ストリーム，電子符号表モード（ECB モード），ブロック連鎖，サイファブロック連鎖モード（CBC モード），カウンタモード（CTR モード）

3.1　はじめに：古典暗号から現代暗号へ

　前章では，転置（文字の出現位置を入れ替える変換）や換字（文字の種類を入れ換える変換）を用いた暗号の方法について，いくつかを紹介した．こうした「古典的」な暗号の考え方は，現代のインターネットで使われる暗号技術（ここでは，現代暗号と呼ぶ）でも使われている．たとえば，本章で紹介する DES などの共通鍵暗号は，換字と転置を交互に組み合わせて実現されている．なお，複数の暗号関数を組み合わせて 1 つの暗号とする方式は **プロダクト暗号** (product cipher; superencryption) と呼ばれ，特に，換字暗号と転置暗号を組み合わせた図 3.1 のような変換器は，**SPN 構造** もしくは **SP ネットワーク** (SP-network; substitution-permutation network) とも呼ばれている．

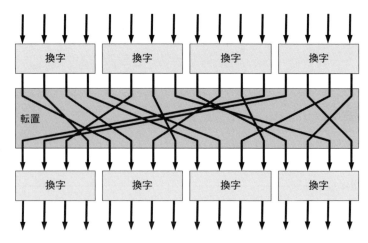

図 3.1 SP ネットワーク.

現代暗号の研究は，1960 年代の終わりから 1970 年代の初頭にかけてコンピュータをネットワークと融合して利用しようとする流れを契機として，いくつかの暗号アルゴリズム（DES, RSA など）の開発などを通じて急速に発展した．コンピュータ処理を前提とする点は，現代暗号の 1 つの特徴といえる．本章では，DES と呼ばれる共通鍵暗号に焦点を当て，その詳細を紹介する．DES は 1970 年代に開発され，かつて米国の標準暗号として使われた暗号である．現代の標準暗号である AES をはじめ，Camellia, CLEFIA, PRESENT, LED, Piccolo, TWINE, PRINCE などのより新しい共通鍵暗号も，DES と同様の考え方で構成されている．DES を学ぶことで，これらのより新しい暗号技術に対しても，基本的な考え方を理解できるようになるだろう．

3.2 DES

複数の暗号方式を組み合わせることでより強い暗号を作り出す考え方は，Claude Shannon により提唱された [9]．その後，IBM 社の Horst Feistel は，この考え方に基づき，転置暗号と換字暗号を交互に繰り返し適用する Lucifer と呼ばれる暗号を開発した．さらに，この Lucifer を発展させる形で開発されたのが，**DES** (data encryption standard) である．DES は，1976 年に米国の標準的な暗号として米連邦標準局（NBS，現 NIST）によって採用され，国際的にも広く使われた．すでに古くなってしまい，今では十分に安全とは言えないが，暗号研究（とりわけ，暗号解読法）の研究を活発化させる大きな役割を果たした暗号である．

DES では，64 ビットの平文を 64 ビットの鍵で暗号化する．ただし，鍵の 64 ビットのうち 8 ビット分はパリティビットなので，鍵は実質的に 56 ビットである．図 3.2 は，DES による暗号化の概要を示したもので，

- 初期転置 IP
- 図 3.3 に示す基本処理（これは，**ファイステル構造** (Feistel network) と呼ばれる）の 16 段

3.2 DES

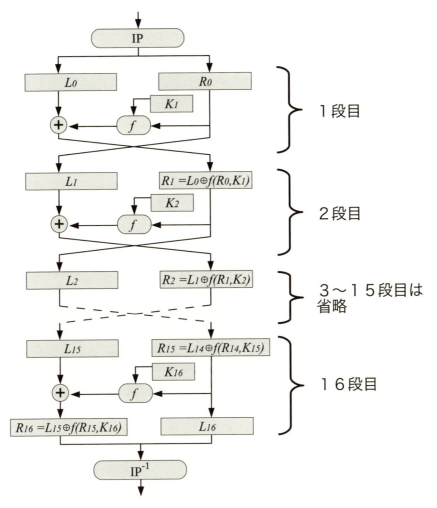

図 **3.2** DES による暗号化.

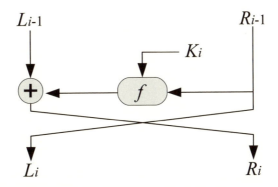

図 **3.3** DES の基本単位（ファイステル構造）.

の積み重ね（ただし，第15段目までは出力の左右を交換するが，第16段目ではこの交換は行わない）

- 最終転置 IP^{-1}（初期転置の逆）

からなる．以下では，これらの処理について説明する．なお本節の残りの部分では，DES を実装したい人向けに，あるいは 3.3 節で紹介する DES に対する解読法を理解する前提として，DES の処理の詳細まで記している．そうした詳細を必要としない読者は，3.4 節まで読み飛ばしても構わない．

(1) IP と IP^{-1}

これらは，平文となるビット列に対する転置処理である．DES による暗号化では，最初に初期転置 IP を，最後に最終転置 IP^{-1} を行って，入力となるビット列を並べ替える．並べ替えのルールは，表 3.1 の (a) と (b) に示されている通りである．この表の各要素の読み順は，左から右へ，上から下へとなっている．つまり，たとえば $a_1 a_2 a_3 \cdots a_{64}$ に対して IP による転置を行った結果は，$a_{58} a_{50} a_{42} \cdots a_7$ である．IP^{-1} を含め，以後述べていく転置のための表についても同様に読むものとする．

表 **3.1** 初期転置 IP と最終転置 IP^{-1}.

58	50	42	34	26	18	10	2
60	52	44	36	28	20	12	4
62	54	46	38	30	22	14	6
64	56	48	40	32	24	16	8
57	49	41	33	25	17	9	1
59	51	43	35	27	19	11	3
61	53	45	37	29	21	13	5
63	55	47	39	31	23	15	7

(a) 初期転置

40	8	48	16	56	24	64	32
39	7	47	15	55	23	63	31
38	6	46	14	54	22	62	30
37	5	45	13	53	21	61	29
36	4	44	12	52	20	60	28
35	3	43	11	51	19	59	27
34	2	42	10	50	18	58	26
33	1	41	9	49	17	57	25

(b) 最終転置

(2) DES の基本単位と関数 f

初期転置を終えたら，初期転置の出力結果 $b_1 b_2 \cdots b_{64}$ を左半分 $L_0 = b_1 b_2 \cdots b_{32}$ と右半分 $R_0 = b_{33} b_{34} \cdots b_{64}$ に分割し，図 3.3 の処理を 16 段分行う．第 i 段目 $(i = 1, \ldots, 16)$ の出力 L_i および R_i は，

$$\begin{cases} L_i & = & R_{i-1} \\ R_i & = & L_{i-1} \oplus f(R_{i-1}, K_i) \end{cases} \tag{3.1}$$

である．ただし，$\oplus$ は排他的論理和（ビット列に対する換字に相当）で，K_i は，DES の鍵から作られる 48 ビットの鍵である．また関数 f は，R_{i-1} と K_i を入力として 32 ビットのビット列を出力する関数である．K_i と f の詳細は後述する．第 1 段目から第 15 段目までは出力の左右を入れ替えて（つまり転置して）次の段に渡しているが，第 16 段目のときのみ，左右の半分を交換しない．これは，同じアルゴリズムを暗号化と復号の両方に使うための工夫である．

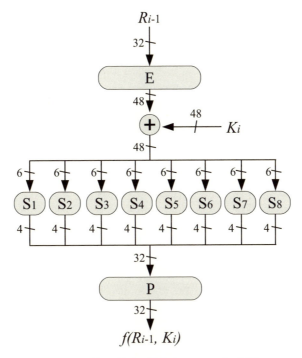

図 3.4 関数 f (矢印の数字はデータのビット数).

表 3.2 転置 E と P.

32	1	2	3	4	5		16	7	20	21
4	5	6	7	8	9		29	12	28	17
8	9	10	11	12	13		1	15	23	26
12	13	14	15	16	17		5	18	31	10
16	17	18	19	20	21		2	8	24	14
20	21	22	23	24	25		32	27	3	9
24	25	26	27	28	29		19	13	30	6
28	29	30	31	32	1		22	11	4	25
(a) 拡大転置 E							(b) 転置 P			

関数 f は,図 3.4 のように計算する.詳しくは,以下の通りである.

1. まず,32 ビットの値 $R_{i-1} = r_1 r_2 r_3 \cdots r_{32}$ を,表 3.2 の (a) にある拡大転置 E に従って置換する.置換結果 $\mathrm{E}(R_{i-1})$ は,$r_{32} r_1 r_2 \cdots r_{32} r_1$ である.R_{i-1} が 32 ビットなのに対して,拡大転置の結果 $\mathrm{E}(R_{i-1})$ は 48 ビットの値である.表 3.2 の (a) を見ると,いくつかの値が 2 度現れており,これにより 32 ビットの値が 48 ビットに拡大される.

2. 転置の結果 $\mathrm{E}(R_{i-1})$ と K_i の排他的論理和をとり(換字に相当),さらにその結果を 6 ビットずつに区切って 8 個のデータ $B_1, \ldots, B_8$ に分割する.

3. 写像 S_j $(j = 1, \ldots, 8)$ を使って,6 ビットの値 B_j を 4 ビットの値 $S_j(B_j)$ に変換する.この写像 S_j は **S** ボックス (substitution box) と呼ばれ,表 3.3 で定められる(この写像は換字に相当する).この表は,各 S_j ごとに分割されていて,それぞれの分割ごとに 0 行

表 3.3 S ボックス（換字表）の定義.

		0	1	2	3	4	5	6	7	8	9	10	11	12	13	14	15
S_1	0	14	4	13	1	2	15	11	8	3	10	6	12	5	9	0	7
	1	0	15	7	4	14	2	13	1	10	6	12	11	9	5	3	8
	2	4	1	14	8	13	6	2	11	15	12	9	7	3	10	5	0
	3	15	12	8	2	4	9	1	7	5	11	3	14	10	0	6	13
S_2	0	15	1	8	14	6	11	3	4	9	7	2	13	12	0	5	10
	1	3	13	4	7	15	2	8	14	12	0	1	10	6	9	11	5
	2	0	14	7	11	10	4	13	1	5	8	12	6	9	3	2	15
	3	13	8	10	1	3	15	4	2	11	6	7	12	0	5	14	9
S_3	0	10	0	9	14	6	3	15	5	1	13	12	7	11	4	2	8
	1	13	7	0	9	3	4	6	10	2	8	5	14	12	11	15	1
	2	13	6	4	9	8	15	3	0	11	1	2	12	5	10	14	7
	3	1	10	13	0	6	9	8	7	4	15	14	3	11	5	2	12
S_4	0	7	13	14	3	0	6	9	10	1	2	8	5	11	12	4	15
	1	13	8	11	5	6	15	0	3	4	7	2	12	1	10	14	9
	2	10	6	9	0	12	11	7	13	15	1	3	14	5	2	8	4
	3	3	15	0	6	10	1	13	8	9	4	5	11	12	7	2	14
S_5	0	2	12	4	1	7	10	11	6	8	5	3	15	13	0	14	9
	1	14	11	2	12	4	7	13	1	5	0	15	10	3	9	8	6
	2	4	2	1	11	10	13	7	8	15	9	12	5	6	3	0	14
	3	11	8	12	7	1	14	2	13	6	15	0	9	10	4	5	3
S_6	0	12	1	10	15	9	2	6	8	0	13	3	4	14	7	5	11
	1	10	15	4	2	7	12	9	5	6	1	13	14	0	11	3	8
	2	9	14	15	5	2	8	12	3	7	0	4	10	1	13	11	6
	3	4	3	2	12	9	5	15	10	11	14	1	7	6	0	8	13
S_7	0	4	11	2	14	15	0	8	13	3	12	9	7	5	10	6	1
	1	13	0	11	7	4	9	1	10	14	3	5	12	2	15	8	6
	2	1	4	11	13	12	3	7	14	10	15	6	8	0	5	9	2
	3	6	11	13	8	1	4	10	7	9	5	0	15	14	2	3	12
S_8	0	13	2	8	4	6	15	11	1	10	9	3	14	5	0	12	7
	1	1	15	13	8	10	3	7	4	12	5	6	11	0	14	9	2
	2	7	11	4	1	9	12	14	2	0	6	10	13	15	3	5	8
	3	2	1	14	7	4	10	8	13	15	12	9	0	3	5	6	11

目から 3 行目までの行番号がついている．さらに各行は，0 列目から 15 列目までの，16 個の値を持つ．入力となる 6 ビットの値 B_j を $x_1x_2x_3x_4x_5x_6$ とするとき，$S_j(B_j)$ の値は，

x_1x_6 を 2 桁の 2 進数とみなしたときの値を p と，$x_2x_3x_4x_5$ を 4 桁の 2 進数とみなしたときの値を q とするとき，表 3.3 の S_j の区分の第 p 行 第 q 列目の位置にある数字を 2 進数表現したもの

である．表の上にある数字は 0 から 15 までの値であり，2 進数 4 桁で表現できる．そのため，$S_j(B_j)$ は 4 ビットの値を返す．たとえば $B_5 = 100101$ であれば，S_5 の区分の第 $(11)_2$ 行 第 $(0010)_2$ 列（すなわち，第 3 行 第 2 列）に現れる数字 12 を 2 進数表現したもの 1100 が，$S_5(B_5)$ の出力である．

4. $S_1(B_1)$ から $S_8(B_8)$ までをつなげ，32 ビットの値を作る．さらに，表 3.2 の (b) に示した転置 P を行い，得られた結果 $P(S_1(B_1) \cdots S_8(B_8))$ を $f(R_{i-1}, K_i)$ の値とする．

関数 f のなかで S ボックスは重要な役割を果たしているが，8 個の S ボックスがどうして表

3.3 のように定められたのかは，DES の開発当初より長らく非公開であった（米政府によって機密情報に指定されていた）．そのため，設計者や米政府関係者のみが知る暗号の脆弱性が仕組まれているのではないか，との懸念も持たれていた．1990 年代になって DES に対する解読法が見つかるようになり，その後，S ボックスの設計方針は公開されている [4]．

(3) 鍵 K_i の生成

図 3.3 のファイステル構造の処理を 16 段分適用する際には，各段階 i ごとに，それぞれ異なる鍵 K_i を使う．これらの鍵は 48 ビットで，64 ビット（ただし，先に述べたように，実質 56 ビット）の初期鍵 K から求められる．

具体的には，関数 K_i は図 3.5 のように計算する．詳しくは，以下の通りである．

1. 鍵 K は，第 $8, 16, 24, \ldots, 64$ ビット目がパリティビットになっている．そこで，まず表 3.4 の (a) にある表を適用してこれらのビットを取り除き，さらに転置を行う．その結果，56 ビットの値が得られる．この処理は，図 3.5 の一番上に書かれている「PC-1」である．
2. PC-1 の処理結果（56 ビット）を左右 28 ビットごとに分割し，2 つの値 C_0 と D_0 を作る．
3. 段数 i の値を 1 から 16 まで順に増やしながら

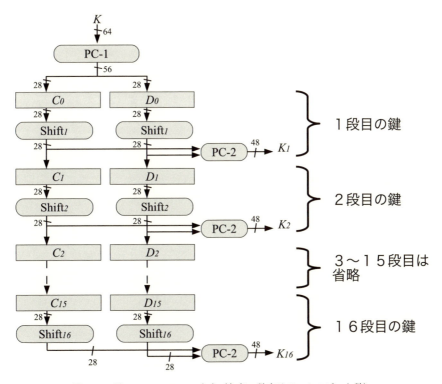

図 **3.5** 鍵 $K_1, \ldots, K_{16}$ の生成（矢印の数字はデータのビット数）．

48 ◆ 第 3 章 共通鍵暗号

表 **3.4** PC-1 と PC-2.

57	49	41	33	25	17	9
1	58	50	42	34	26	18
10	2	59	51	43	35	27
19	11	3	60	52	44	36
63	55	47	39	31	23	15
7	62	54	46	38	30	22
14	6	61	53	45	37	29
21	13	5	28	20	12	4

(a) PC-1

14	17	11	24	1	5
3	28	15	6	21	10
23	19	12	4	26	8
16	7	27	20	13	2
41	52	31	37	47	55
30	40	51	45	33	48
44	49	39	56	34	53
46	42	50	36	29	32

(b) PC-2

$$\begin{cases} C_i & = & \mathrm{Shift}_i(C_{i-1}) \\ D_i & = & \mathrm{Shift}_i(D_{i-1}) \\ K_i & = & \mathrm{PC\text{-}2}(C_i D_i) \end{cases}$$

を計算することで，鍵 $K_1, \dots, K_{16}$ を得る．ここで Shift_i は，決められた回数だけ左巡回シフトを行う処理である．暗号化の際に，何回 左巡回シフトするかは，段数 i に応じて表 3.5 の上段のように定められている．また，PC-2 は，表 3.4 の (b) に基づく転置処理である．ここでは，C_i と D_i をつなげて 56 ビットの値を作り，さらに PC-2 を適用して 48 ビットの出力 K_i を得ている．

表 **3.5** C_n, D_n の巡回シフト回数.

段数	1	2	3	4	5	6	7	8	9	10	11	12	13	14	15	16
暗号化（左巡回シフト）	1	1	2	2	2	2	2	2	1	2	2	2	2	2	2	1
復号（右巡回シフト）	0	1	2	2	2	2	2	2	1	2	2	2	2	2	2	1

(4) DES における復号処理

DES では，復号の際も暗号化と同じアルゴリズムを使うことができる．L_{i-1} と R_{i-1} を，式 (3.1) をもとに L_i と R_i で表すと，

$$\begin{cases} R_{i-1} & = & L_i \\ L_{i-1} & = & L_{i-1} \oplus 0 \\ & = & L_{i-1} \oplus (f(R_{i-1}, K_i) \oplus f(R_{i-1}, K_i)) \\ & = & (L_{i-1} \oplus f(R_{i-1}, K_i)) \oplus f(R_{i-1}, K_i) \\ & = & R_i \oplus f(R_{i-1}, K_i) \\ & = & R_i \oplus f(L_i, K_i) \end{cases} \tag{3.2}$$

と書ける．式 (3.1) と式 (3.2) を比べてみると，"L" と "R" を入れ替える範囲において，同じ形をした式になっていることがわかる．これは，

- (L_{i-1}, R_{i-1}) から (L_i, R_i) を求める操作（暗号化の一部）

- (L_i, R_i) から (L_{i-1}, R_{i-1}) を求める操作（復号の一部）

の2つの処理が，ともに図 3.3 で示したファイステル構造を使って実現できる，ということである．

　DES の暗号文を，図 3.2 の変換を使って復号してみよう．暗号化の最後に行った最終転置 IP^{-1} は，初期転置 IP の逆の転置になっている．そのため，これらの転置は互いに打ち消される．次に，打ち消した結果 R_{16}（左半分であることに注意）と L_{16}（右半分であることに注意）を，それぞれ，図 3.2 の L_0 と R_0 の位置に当てはめてみる．図 3.2 では適用する鍵が K_1 となっているが，もしここが鍵 K_{16} であれば，第1段目の計算によって，

- 第1段目の出力結果：R_{15}（左半分），L_{15}（右半分）

となる．同様に，第2段目以降の鍵が $K_{15}, K_{14}, \ldots, K_1$ となっていれば，

- 第2段目の出力結果：R_{14}（左半分），L_{14}（右半分）
- 第3段目の出力結果：R_{13}（左半分），L_{13}（右半分）
  $\vdots$
- 第15段目の出力結果：R_1（左半分），L_1（右半分）
- 第16段目の出力結果：L_0（左半分），R_0（右半分）

と復元できる．図 3.2 では第16段目のときのみ左右の半分を交換しないので，最後に L_0 が左半分に，R_0 が右半分になっていることに注意しよう．上記の後，最終転置 IP^{-1} を行えば，暗号化の最初に行った初期転置 IP が打ち消され，平文が現れる．

　復号では，鍵を $K_{16}, K_{15}, \ldots, K_1$ の順で，つまり暗号化のときとは逆の順に適用しなければならない．しかし逆順での鍵生成は，図 3.5 の処理に少し工夫を加えることで解決できる．暗号化の処理においては，変換 Shift_i は左巡回シフトであった．これを，復号を行う際には表 3.5 の下段で定められた回数だけ右巡回シフトするように改める．このようにすれば，鍵が $K_{16}, K_{15}, \ldots, K_1$ の順で生成されるようになる．

3.3　DES に対する解読法

　DES に対しては，数多くの暗号解読の研究がなされてきた．これらの研究を通じて，

- $DES_K(P)$ を鍵 K と平文 P による DES の暗号文，$\overline{X}$ をビット列 X の各ビットを反転した結果とするとき，DES は

$$DES_{\overline{K}}(\overline{P}) = \overline{DES_K(P)}$$

を満たす．この性質は，**相補性** (complementation property) と呼ばれる．
- DES には，$DES_K(DES_K(m)) = m$ となる **弱い鍵** (weak keys) K が4個ある．
- DES には，$DES_{K_1}(DES_{K_2}(m)) = m$ となる **やや弱い鍵** (semi-weak keys) K_1, K_2 が6

組ある.

といった DES の特徴が明らかになっている．また，1990 年頃から，差分解読法や線形解読法といった攻撃方法が見つかった．これらの手法は，DES に対する総当たり攻撃よりも効率の良い攻撃方法である．以下では，これらの攻撃について概観する．

3.3.1 差分解読法

差分解読法 (differential cryptanalysis) は，暗号アルゴリズムに対する入力を変化させたとき，出力の変化の分布に偏りがある場合に使われる方法である．DES に限らず，一般の対称暗号に対する分析手法である．DES に関しては，段数を減らして簡単化した DES を対象に，1990 年に Eli Biham と Adi Shamir によって差分解読法が見つけられている [1]．以下の説明でも，簡単のため，図 3.6 の単純化した DES を考えよう．ここでは，16 段あった段数を 3 段に縮小し，転置 IP と IP^{-1} は単なる置換であるから省略してある．64 ビットの入力 $L_0 R_0$ は，左側の 32 ビット (L_0) と右側の 32 ビット (R_0) に分けて考える．

P を平文，K を鍵とし，図 3.6 の単純版 DES を使って P を K で暗号化した暗号文を

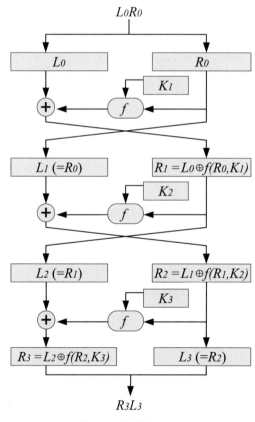

図 **3.6** 単純版 DES.

$C = DES_K(P)$ と書く．また，別の平文 P^* と，P のときと同じ鍵 K で暗号化した暗号文を $C^* = DES_K(P^*)$ と書く．さらに，平文の差分を $P' = P \oplus P^*$ と，暗号文の差分を $C' = C \oplus C^*$ と定める [1]．そのほか，P を暗号化する際の任意の時点で得られる中間データ（たとえば「図 3.6 の第 2 段目の関数 f に入力する直前の値」であるとか，「第 3 段目の関数 f の計算途中で図 3.4 の排他的論理和 $\oplus$ の操作を行った直後に得られた値」など）を X とするとき，P^* の暗号化に関する同じ時点の中間データを X^* と書く．また，差分を $X' = X \oplus X^*$ と定める．

さてここで，単純版 DES に入力する 2 つの平文 $L_0 R_0$ と $L_0^* R_0^*$ を考えよう．ただし，以下の説明では，2 つの平文の右半分は同一だと仮定する．つまり $R_0 = R_0^*$ である場合を考える．また，暗号文 $R_3 L_3 = DES_K(L_0 R_0)$ と $R_3^* L_3^* = DES_K(L_0^* R_0^*)$ も手に入るものとする．ここで $f'(R_{i-1}', K_i) = f(R_{i-1}, K_i) \oplus f(R_{i-1}^*, K_i)$ と定めると，式 (3.1) より，

$$
\left\{
\begin{aligned}
L_i' &= L_i \oplus L_i^* \\
&= R_{i-1} \oplus R_{i-1}^* \\
&= R_{i-1}' \\
R_i' &= R_i \oplus R_i^* \\
&= (L_{i-1} \oplus f(R_{i-1}, K_i)) \oplus (L_{i-1}^* \oplus f(R_{i-1}^*, K_i)) \\
&= (L_{i-1} \oplus L_{i-1}^*) \oplus (f(R_{i-1}, K_i) \oplus f(R_{i-1}^*, K_i)) \\
&= L_{i-1}' \oplus f'(R_{i-1}', K_i)
\end{aligned}
\right.
$$

が成り立つ．これより

$$
\left\{
\begin{aligned}
R_1' &= L_0' \oplus f'(R_0', K_1) \\
L_2' &= R_1' \\
L_3' &= R_2' \\
R_3' &= L_2' \oplus f'(R_2', K_3) \\
&= R_1' \oplus f'(L_3', K_3) \\
&= L_0' \oplus f'(R_0', K_1) \oplus f'(L_3', K_3)
\end{aligned}
\right.
$$

である．2 つの平文の右半分は同一という仮定より，

$$
\begin{aligned}
f'(R_0', K_1) &= f(R_0, K_1) \oplus f(R_0^*, K_1) \\
&= f(R_0, K_1) \oplus f(R_0, K_1) \\
&= 0
\end{aligned}
$$

であるから $R_3' = L_0' \oplus f'(L_3', K_3)$ が得られ，さらに

$$
f'(L_3', K_3) = R_3' \oplus L_0'
$$

---

[1] ビット列 P と P^* の i ビット目を p_i, p_i^* とすると，P と P^* の差分は，各 i ごとに $(p_i - p_i^*) \bmod 2$ を計算した結果である．ただし，$(p_i - p_i^*) \bmod 2 = (p_i + p_i^*) \bmod 2 = p_i \oplus p_i^*$ であるから，排他的論理和が差分の定義として使われている．

52 ◆ 第 3 章 共通鍵暗号

と変形できる.

ここで, $f(L_3, K_3)$ の計算手順を表す図 3.4 を眺めてみよう. 図 3.4 に沿って, 入力 L_3 に転置 E を施し, さらに鍵 K_3 との排他的論理和をとると, 結果となる中間データは $I_1 = \mathrm{E}(L_3) \oplus K_3$ である. また, $f(L_3^*, K_3)$ を計算する際の, 対応する中間データ I_1^* を考えることもできて, $I_1^* = \mathrm{E}(L_3^*) \oplus K_3$ である. よって, I_1 と I_1^* の差分 I_1' をとると,

$$
\begin{aligned}
I_1' &= I_1 \oplus I_1^* \\
&= (\mathrm{E}(L_3) \oplus K_3) \oplus (\mathrm{E}(L_3^*) \oplus K_3) \\
&= \mathrm{E}(L_3) \oplus \mathrm{E}(L_3^*) \\
&= \mathrm{E}(L_3 \oplus L_3^*) \\
&= \mathrm{E}(L_3')
\end{aligned}
\tag{3.3}
$$

が得られる. つまり差分を取ると, 鍵 K_3 が打ち消されるのである. 一方, 転置 P に入力する直前の中間データ I_2 および, それに対応する I_2^* を考えるとき,

$$
\begin{aligned}
I_2' &= I_2 \oplus I_2^* \\
&= \mathrm{P}^{-1}(f(R_2, K_3)) \oplus \mathrm{P}^{-1}(f(R_2^*, K_3)) \\
&= \mathrm{P}^{-1}(f(R_2, K_3) \oplus f(R_2^*, K_3)) \\
&= \mathrm{P}^{-1}(f'(R_2', K_3)) \\
&= \mathrm{P}^{-1}(f'(L_3', K_3)) \\
&= \mathrm{P}^{-1}(R_3' \oplus L_0')
\end{aligned}
\tag{3.4}
$$

である (ただし, P^{-1} は転置 P の逆転置とする). なお, I_1', I_2' について,

- 2 つの平文と 2 つの暗号文 $(L_0 R_0, L_0^* R_0^*, R_3 L_3, R_3^* L_3^*)$ はすでに手に入っているので, I_1', I_2' の値は既知
- I_1' と I_2' は, それぞれ, S ボックスへの入力 I_1, I_1^* の差分と出力 I_2, I_2^* の差分

であることに注意しよう.

ところで, $I_1 = \mathrm{E}(L_3) \oplus K_3$ と $I_1^* = \mathrm{E}(L_3^*) \oplus K_3$ から,

$$
K_3 = I_1 \oplus \mathrm{E}(L_3) = I_1^* \oplus \mathrm{E}(L_3^*)
$$

が成り立つ. いま I_1 や I_1^* の値は未知だが, もし既知の値 I_1', I_2' から I_1 または I_1^* を推定できれば, ($\mathrm{E}(L_3)$ と $\mathrm{E}(L_3^*)$ は既知であるから) 鍵 K_3 の値を計算で求めることができる. じつは, S ボックスへの入力の差分に対して, 出力の差分の分布は一様ではない. この特徴を使って, I_1 を推定できる場合がある.

表 3.6 は, S ボックス S_1 に関する入出力の差分の分布を表している. この表は第 0 行から第 63 行まで, 第 0 列から第 15 列までを持ち, 表の左端の値 (16 進数で 0 から 3F) は 6 ビットの入力を, 表の上端の値 (16 進数で 0 から F) は 4 ビットの出力を, それぞれ表す. ビット列 X の左端 n ビット分を $X^{(n)}$ と書くことにするとき, この表の第 $I_1'^{(6)}$ 行 第 $I_2'^{(4)}$ 列の値は,

表 3.6 S ボックス S_1 に関する差分の分布.

	0	1	2	3	4	5	6	7	8	9	A	B	C	D	E	F
00	64	0	0	0	0	0	0	0	0	0	0	0	0	0	0	0
01	0	0	0	6	0	2	4	4	0	10	12	4	10	6	2	4
02	0	0	0	8	0	4	4	4	0	6	8	6	12	6	4	2
03	14	4	2	2	10	6	4	2	6	4	4	0	2	2	2	0
⋮								⋮								
34	0	8	16	6	2	0	0	12	6	0	0	0	0	8	0	6
⋮								⋮								
3E	4	8	2	2	2	4	4	14	4	2	0	2	0	8	4	4
3F	4	4	4	2	4	0	2	4	4	2	4	8	8	6	2	2

> S ボックス S_1 への 2 つの入力 $I_1{}^{(6)}$, $I_1^{*(6)}$ の差分が $I_1'{}^{(6)}$, 出力 $I_2{}^{(4)} = S_1(I_1{}^{(6)})$, $I_2^{*(4)} = S_1(I_1^{*(6)})$ の差分が $I_2'{}^{(4)}$ となるような組 $(I_1{}^{(6)}, I_1^{*(6)})$ の個数

を表す. たとえば, 入力の差分 $I_1'{}^{(6)}$ が $110100 (= (34)_{16})$, 出力の差分 $I_2'{}^{(4)}$ が $1000 (= (8)_{16})$ のときは, 組 $(I_1{}^{(6)}, I_1^{*(6)})$ は 6 通りある. 具体的には, $(I_1{}^{(6)}, I_1^{*(6)})$ となる組は,

- $(001001, 001001 \oplus I_1'{}^{(6)})$: 出力の組は, $(S_1(001001), S_1(111101)) = (1110, 0110)$
- $(001100, 001100 \oplus I_1'{}^{(6)})$: 出力の組は, $(S_1(001100), S_1(111000)) = (1011, 0011)$
- $(011001, 011001 \oplus I_1'{}^{(6)})$: 出力の組は, $(S_1(011001), S_1(101101)) = (1001, 0001)$
- $(101101, 101101 \oplus I_1'{}^{(6)})$: 出力の組は, $(S_1(101101), S_1(011001)) = (0001, 1001)$
- $(111000, 111000 \oplus I_1'{}^{(6)})$: 出力の組は, $(S_1(111000), S_1(001100)) = (0011, 1011)$
- $(111101, 111101 \oplus I_1'{}^{(6)})$: 出力の組は, $(S_1(111101), S_1(001001)) = (0110, 1110)$

である (出力値の差分が常に 1000 になっていることも, 確認しておこう). よって $I_1{}^{(6)}$ の候補は

$$001001, \ 001100, \ 011001, \ 101101, \ 111000, \ 111101$$

の 6 個に絞られ, さらに鍵 K_3 の左端 6 ビット分 $K_3^{(6)}$ の値は,

$$001001 \oplus \mathrm{E}(L_3)^{(6)} \quad 001100 \oplus \mathrm{E}(L_3)^{(6)} \quad 011001 \oplus \mathrm{E}(L_3)^{(6)}$$
$$101101 \oplus \mathrm{E}(L_3)^{(6)} \quad 111000 \oplus \mathrm{E}(L_3)^{(6)} \quad 111101 \oplus \mathrm{E}(L_3)^{(6)}$$

のどれかということになる.

このようにして, S ボックス S_1 に関する入出力の差分の分布を利用することで, $K_3^{(6)}$ の候補を絞り込むことができる. いまは, 鍵 K_3 の左端 6 ビット分だけを扱ったが, 他の S ボックス $S_2, \ldots, S_8$ についても同様の分析を行うことで, 鍵 K_3 の候補の集合が見つけられる. この時点では, 鍵 K_3 の候補となるビット列は一般に複数あって, 1 つには絞り込めてはいない. しかし, 別の平文に対しても同様の解析を繰り返し行ったとき, あるビット列が常に鍵候補の集

合に入っているならば，それが真の K_3 と言えるだろう．

　K_3 がわかれば，元の鍵 K の 48 ビット分がわかったことになるので，残りの 16 ビット分を総当り的に調べれば，鍵 K が求まる．もしくは，K_3 がわかっているとして，2 段の DES を用いて K_2, K_1 を求めてから K を求めてもよい．

3.3.2　線形解読法

　前節では，3 段の単純版の DES に対する Biham らの差分解読法を紹介したが，長らくの間，実際には 16 段の完全な DES の解読には至らなかった [2]．じつは DES の開発段階から，DES を開発した IBM 社内では差分を用いた攻撃方法（T method と呼ばれていた）が想定されており，それに耐えうるような S ボックスが用意されたためである．

　しかし，新たな解析方法として **線形解読法** (linear cryptanalysis) が，1993 年に松井充によって発表された [7]（じつは，1992 年に FEAL という暗号に対してこの解読法が適用されているが，DES に適用されたのは 1993 年である）．これは，S ボックスへの入出力（非線形変換）を排他的論理和を使った線形の式として近似し，さらに，近似式の入出力と S ボックスの入出力との相関を調べる．強い相関が見つかった場合に，それを手がかりにして鍵を特定してゆく，という方法である．IBM は差分解読法に対する対策はしていたが，線形解読法に対しては考慮していなかったようである．

　1993 年の松井の論文によれば，8 段の DES に対しては 2^{21} 個の平文-暗号文の対を使い，また 16 段の完全な DES に対しては 2^{47} 個の平文-暗号文の対を使えば，暗号文を解読できる．さらに 1994 年には，16 段を持つ DES に対して 2^{43} 個の平文-暗号文の対で解読できる改良がなされた．松井はこの改良に基づき，C 言語とアセンブリ言語で書かれた 1,000 行程度のプログラムを用いて，12 台のワークステーション (HP 9735/PA-RISC 99MHz) で 50 日間かけて DES の暗号文を解読した [8]．なお，50 日のうち 40 日は 2^{43} 個の平文-暗号文対の生成に費やされており，実質，鍵の探索にかかった時間は 10 日ほどであった．これが，最初に成功した DES に対する解読実験である．

　ところで，差分解読法の場合は，解読に都合の良い平文と暗号文の対を解読者が自由に選択できるという，解読者にとっては大変望ましい条件の下で，解読が試みられた．この条件の下で行う攻撃は，**選択平文攻撃** (chosen-plaintext attack) と呼ばれる．これに対して線形解読法では，解読者は自由に平文を選択することはできず，ただ平文と暗号文の対を多数入手できるという状況下で，暗号鍵を求めている．つまり，選択平文攻撃の場合に比べて，解読者にとっては条件がより厳しい．この条件下での攻撃は，**既知平文攻撃** (known-plaintext attack) と呼ばれる．その他の攻撃のクラスとしては，暗号文のみが手に入る条件下で解読を行う **暗号文攻撃** (ciphertext-only attack) や，解読者が任意に選んだ暗号文（ただし，解読対象の暗号文は除く）とそれに対応する平文が得られる条件下で攻撃を行う **選択暗号文攻撃** (chosen-ciphertext attack) が知られている．

3.4 トリプル DES

　鍵空間の大きさは鍵の長さ（ビット数）に依存するので，すべての鍵を総当り的に調べる攻撃に対しては，鍵長を長くとればより安全と言える．しかし DES の開発当初から，実質 56 ビットの鍵では十分な安全性が得られないかもしれないとの指摘がなされていた [5]．DES が開発された 1970 年代より，DES を解読するハードウェアを製作するにはいったいどれぐらいの費用がかかるのか，見積もりが行われており，また 1990 年代後半には Electronic Frontier Foundation (EFF) によって，"Deep Crack" と呼ばれる 25 万ドルほどのハードウェアが実際に製作されている [10]．Deep Crack は，9 日で鍵空間を総当り的に探索できる．

　このように，56 ビットの鍵しか持たない DES が適切なセキュリティを担保できないことが明らかになるにつれて，DES は **トリプル DES** (Triple-DES; 3DES; TDEA) と呼ばれる暗号に置き換えられていった．なお，その後，このトリプル DES も AES と呼ばれるより新しい暗号に置き換わることとなるが，Microsoft のいくつかの製品でトリプル DES が使われていたり，米国立標準技術研究所（NIST，1976 年に DES を米国の標準的な暗号として採用した米連邦標準局 (NBS) の後継組織）がトリプル DES を 2030 年まで使うことを承認するなど，まだトリプル DES は使われているようである．

　トリプル DES は，DES を 3 回組み合わせることで実現される（図 3.7）．つまり，トリプル DES はプロダクト暗号の 1 つである．鍵 K と平文 X による DES の暗号文を $DES_K(X)$，暗号文 X を鍵 K を用いて復号した結果を $DES_K^{-1}(X)$ で表し，P を 64 ビットの平文，C を暗

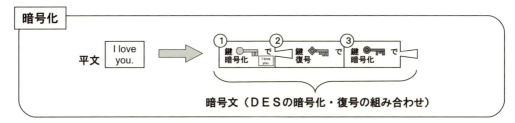

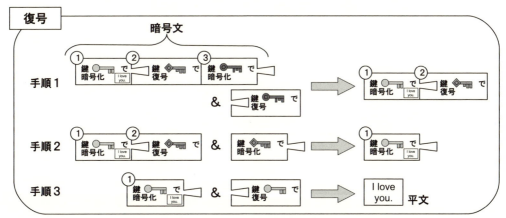

図 **3.7**　トリプル DES．

号文, K_1, K_2, K_3 を DES の鍵とするとき, トリプル DES の暗号文は,

$$C = DES_{K_3}(DES_{K_2}^{-1}(DES_{K_1}(P)))$$

で定められる. 第2段目は暗号化ではなく, K_2 で復号を行っている点に注意されたい. また, トリプル DES での復号は,

$$P = DES_{K_1}^{-1}(DES_{K_2}(DES_{K_3}^{-1}(C)))$$

で与えられる.

トリプル DES では, 鍵 K_1, K_2, K_3 の使い方によって, 次の3通りの場合が考えられる.

1. $K_1 = K_2 = K_3$ とする場合. この場合は, $DES_{K_3}(DES_{K_2}^{-1}(DES_{K_1}(P))) = DES_{K_3}(P)$ および $DES_{K_1}^{-1}(DES_{K_2}(DES_{K_3}^{-1}(C))) = DES_{K_3}^{-1}(C)$ が成り立つので, トリプル DES は通常の DES と同等の振る舞いをする. トリプル DES の暗号化の際に鍵 K_2 で復号を行うのは, 通常の DES との後方互換性を確保するための工夫である.

2. K_1 と K_2 は独立だが, $K_3 = K_1$ とする場合. この場合は, $112 (= 56 \times 2)$ ビットの鍵を使うことに相当し, 鍵長が 56 ビットのときよりも鍵空間は大きくなっている. ただし, 注意しなければならないのは, もし, 鍵 α, β に対して $DES_\alpha(DES_\beta(X)) = DES_\gamma(X)$ となるような別の鍵 γ が存在するならば, DES を2段重ねにしても鍵空間は大きくならない, という点である. 幸いにして, Keith Campbell と Michael Wiener によって,

> 任意の鍵 α, β および平文 X に関して $DES_\alpha(DES_\beta(X)) = DES_\gamma(X)$ を
> 満たすような鍵 γ は存在しない

ということが証明されており, 2つの鍵を使うことで鍵長を2倍にできることが保証されている [3].

3. K_1, K_2, K_3 を, それぞれ独立の値に設定する場合. $168 (= 56 \times 3)$ ビットの長さの鍵を使うことに相当する.

Campbell と Wiener は, 複数の鍵を使って DES を多段にすることで鍵空間が大きくなることを保証した. これは, トリプル DES が, 差分解読法, 線形解読法, 鍵に対する総当り攻撃に対してより強い耐性を持つことを意味している. しかし, トリプル DES は通常の DES を合成して作られており, その構造的な特徴を利用した攻撃が考えられる. たとえば, **中間一致攻撃** (meet-in-the-middle attack) がそれにあたる. 中間一致攻撃は, 等式 $C = DES_{K_2}(DES_{K_1}(P))$ の入力 P と出力 C の両方から出発し, 中間に向けて情報を伝播させていって, 途中で値が合致するかを調べる攻撃方法である. つまり, すべての鍵候補 α について $DES_\alpha^{-1}(C)$ を計算し, 一方ですべての鍵候補 β について $DES_\beta(P)$ を計算してから, $DES_\alpha^{-1}(C) = DES_\beta(P)$ を満たすような鍵候補の組 (α, β) を探す, という考え方である. 実際には, 中間一致攻撃は現実的ではない (トリプル DES は関数を3段重ねにしているため, 探索する鍵候補の3項組が膨大になる) と言われるが, トリプル DES に対しては, 原理的にはこのような攻撃も考えられる.

3.5 AES

それまでの暗号の標準であった DES の安全性が低下してきたことを受け，1997 年に米国 NIST は DES に代わる新しい暗号方式の公募を開始した．世界中からの応募を受け，コンペティション形式で評価が行われた結果，2000 年 10 月に，Joan Daemen と Vincent Rijmen による Rijndael（ラインダール）が新しい標準に選ばれた．この新しい標準は，**AES** (advanced encryption standard) と呼ばれている．

Rijndael は，非力な計算機から強力なものまで，幅広いプラットフォーム上で動作するように設計されている．たとえば，スマートカードのような非力な計算機でも実装できるよう，Rijndael のコードは 1KB 以下に収まっており，36 バイトの作業用メモリ領域があれば動作する（テキスト 16 バイト，鍵 16 バイト，一時記憶 4 バイト）．一方で，強力なプロセッサ向けには，キャッシュや並列計算を利用することによる，動作速度の大幅な向上も可能である．

Rijndael は，平文のサイズも鍵のサイズも，128 ビットから 256 ビットの間で 32 の倍数のビット数あれば，どの値もとれるように設計されている．ただし，AES の仕様は，

- 平文は 128 ビット
- 鍵のビット数は，128，192 または 256 ビットのどれか

なので，実際には AES の求める条件を満たすように Rijndael を制限して利用する（以下では，制限した状況で説明する）．

3.5.1 暗号化の手続き

以下では，Rijndael の暗号化手続きを概観する．DES と同じように，Rijndael でも，基本となる処理単位（ラウンド）を何回か繰り返すことで暗号化を行う．繰り返し処理の段数（ラウンド数）N_r は，鍵のビット数に応じて，10（鍵が 128 ビットの場合），12（192 ビットの場合）または 14（256 ビットの場合）のどれかである．Rijndael の暗号化手続きを，図 3.8 に示す．1 つのラウンドは，関数 Round で処理される（ただし，最終ラウンドのみ，関数 FinalRound で処理される）．個々のラウンドの動作は，図 3.9 に示した通りである．また，各ラウンド内の処理は，次の通りである．

- SubBytes(State)：Rijndael では，変数 State に格納された 16 バイトのデータ

  $$\texttt{State} = a_{0,0}\ a_{1,0}\ a_{2,0}\ a_{3,0}\ a_{0,1}\ a_{1,1}\ a_{2,1}\ a_{3,1}\ a_{0,2}\ a_{1,2}\ a_{2,2}\ a_{3,2}\ a_{0,3}\ a_{1,3}\ a_{2,3}\ a_{3,3}$$

  を，行列

  $$\begin{pmatrix} a_{0,0} & a_{0,1} & a_{0,2} & a_{0,3} \\ a_{1,0} & a_{1,1} & a_{1,2} & a_{1,3} \\ a_{2,0} & a_{2,1} & a_{2,2} & a_{2,3} \\ a_{3,0} & a_{3,1} & a_{3,2} & a_{3,3} \end{pmatrix}$$

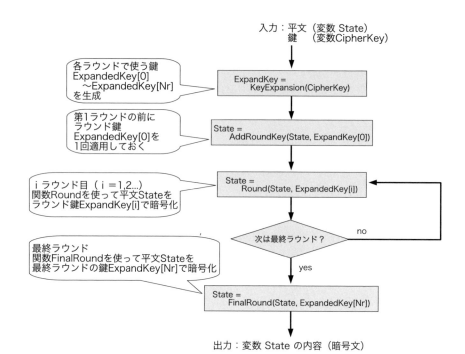

図 3.8 Rijndael による暗号化 Rijndael(State, CipherKey).

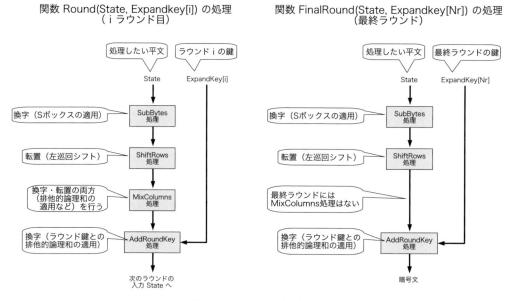

図 3.9 1 ラウンド分の処理.

で表す（各 $a_{i,j}$ は，8ビットの値）[2]．関数 SubBytes は，上記の各 $a_{i,j}$ に対してバイト単位で S ボックスを適用し，その結果を返す．ただし，これは表 3.3 で示した S ボックスではなく，Rijndael 専用のものである．

- ShiftRows(State)：変数 State が表す行列の各行 $(a_{i,0} \quad a_{i,1} \quad a_{i,2} \quad a_{i,3})$ ごとに，i バイトだけ左巡回シフトする[3]．結果は，

$$\begin{pmatrix} a_{0,0} & a_{0,1} & a_{0,2} & a_{0,3} \\ a_{1,1} & a_{1,2} & a_{1,3} & a_{1,0} \\ a_{2,2} & a_{2,3} & a_{2,0} & a_{2,1} \\ a_{3,3} & a_{3,0} & a_{3,1} & a_{3,2} \end{pmatrix}$$

である．

- MixColumns(State)：すべての $i = 0, 1, 2, 3$ に関して，列

$$\begin{pmatrix} (2 \cdot a_{0,i}) \oplus (3 \cdot a_{1,i}) \oplus a_{2,i} \oplus a_{3,i} \\ a_{0,i} \oplus (2 \cdot a_{1,i}) \oplus (3 \cdot a_{2,i}) \oplus a_{3,i} \\ a_{0,i} \oplus a_{1,i} \oplus (2 \cdot a_{2,i}) \oplus (3 \cdot a_{3,i}) \\ (3 \cdot a_{0,i}) \oplus a_{1,i} \oplus a_{2,i} \oplus (2 \cdot a_{3,i}) \end{pmatrix}$$

を第 i 列目に持つような行列を求める．ただし，変数 State が表す行列の第 i 列目を $\begin{pmatrix} a_{0,i} \\ a_{1,i} \\ a_{2,i} \\ a_{3,i} \end{pmatrix}$

としている．また，x を8ビットで表される値，$x \ll n$ を x を n ビット分左シフトした結果，$\oplus$ をビットごとの排他的論理和，100011011 をビット列（定数）とするとき $2 \cdot x$ と $3 \cdot x$ は

$$\cdot\, 2 \cdot x = \begin{cases} (x \ll 1) \oplus 100011011 & （x \geq 128 \text{ のとき}) \\ x \ll 1 & （\text{それ以外}) \end{cases}$$

$$\cdot\, 3 \cdot x = \begin{cases} ((x \ll 1) \oplus 100011011) \oplus x & （x \geq 128 \text{ のとき}) \\ (x \ll 1) \oplus x & （\text{それ以外}) \end{cases}$$

であると定義している．

- AddRoundKey(State, ExpandedKey[i])：図 3.8 中に現れている関数

$$\text{KeyExpansion(CipherKey)}$$

の処理により，鍵 CipherKey から各ラウンドで使う $N_r + 1$ 個の鍵

---

[2] いまは平文を 128 ビットに固定して説明しているが，一般の Rijndael では，より大きなビット数の平文も扱える．より大きな平文を扱うときには，4 列単位で列を増やした行列を扱うことになる．

[3] じつは一般の Rijndael では，平文の長さが 224 ビットと 256 ビットのときは，本文中で述べた数とは異なるバイト数の左巡回シフトを行う場合がある．いまは AES の場合（つまり，平文が 128 ビットの場合）のみを扱うことにして，詳細の説明は省く．

$$\text{ExpandedKey}[0],\dots,\text{ExpandedKey}[N_r]$$

が生成される（生成される鍵のビット数は，平文のビット数と同じ）．関数 AddRoundKey の処理では，第 i 段目の鍵 ExpandedKey[i] を使って，変数 State に対してビットごとの排他的論理和をとる．

このように見ると，1 ラウンドの処理は換字（SubBytes, AddRoundKey）と転置（ShiftRows, MixColumns）の組み合わせになっていることがわかる．つまり，関数 Round と FinalRound はともに，SPN 構造である．

3.5.2 復号の手続き

DES の場合は，暗号化と復号の両方に同じアルゴリズムを使うことができた．しかし Rijndael の場合は，1 つの構造を使って暗号化と復号を行うことはできず，復号アルゴリズムが必要である．図 3.10 は，Rijndael における復号の手続きを表したものである．ただし，x を 128 ビットの値とするとき，InvShiftRows, InvSubBytes および InvMixColumns は，

$$\begin{cases} \text{InvShiftRows}(\text{ShiftRows}(x)) = x \\ \text{InvSubBytes}(\text{SubBytes}(x)) = x \\ \text{InvMixColumns}(\text{MixColumns}(x)) = x \end{cases}$$

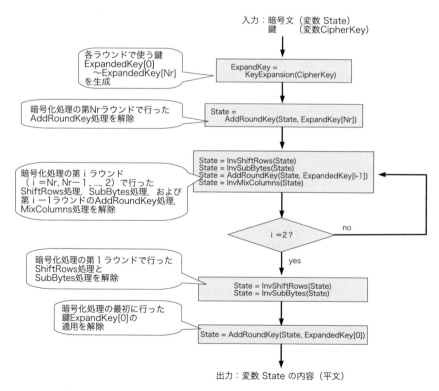

図 3.10　Rijndael での復号処理 InvRijndael(State, CipherKey)．

を満たす関数である.

図 3.10 の手続き InvRijndael と図 3.8 の手続き Rijndael を比べてゆけば,正しく復号できることは容易に読み取れるだろう(図 3.8 に現れる関数 Round と FinalRound をあらかじめ展開しておくと,暗号化処理と復号処理の対応がより読み取りやすくなるだろう).

3.6 暗号アルゴリズムの適用

3.6.1 ブロック暗号とストリーム暗号

これまでに紹介してきた暗号アルゴリズム (DES, AES) は,ある決まった長さの平文を入力し,決まった長さの暗号文を出力していた.たとえば,DES では平文も暗号文も 64 ビット(8 バイト)であるし,AES ではこれらは 128 ビット(16 バイト)である.このような,暗号アルゴリズムで一度に扱えるデータのまとまりのことを**ブロック** (block) と呼ぶ.また,1 つのブロックの長さ(ビット数,バイト数など)のことを **ブロック長** (block length) と呼ぶ.

一般には,暗号化したい平文の大きさは,ブロック長を大幅に超えるものになる.こうした場合,暗号アルゴリズムを複数回適用して,より大きな平文を扱うことになる.これに対する主な考え方としては,ブロック暗号とストリーム暗号の 2 つがある.

ブロック暗号 (block cipher) とは,平文 M を連続したブロック $M_1, M_2, \ldots$ に分割して,同一の鍵 K を使って

$$E_K(M) = E_K(M_1)E_K(M_2)\cdots$$

のように暗号化するタイプの暗号化方式である.一方,**ストリーム暗号** (stream cipher) は,平文 M を連続した文字またはビット列 $a_1, a_2, \ldots$ に分割して,さらに鍵として**鍵ストリーム** (key stream) $K = k_1 k_2 \cdots$ を使い,各 a_i $(i \geq 1)$ に対して k_i で暗号化を行う考え方である.つまり,ストリーム暗号では,

$$E_K(M) = E_{k_1}(a_1)E_{k_2}(a_2)\cdots$$

のように暗号化する.DES は 64 ビットのブロック長を持つブロック暗号であり,AES は 128 ビットのブロック長を持つブロック暗号である.また,進行鍵暗号や使い捨て鍵の下で使われるバーナム暗号は,ストリーム暗号と言える.

3.6.2 ブロック暗号利用モード

(1) ECB モード

ブロック暗号を使うことで,ブロック長を超える長さの平文に対する暗号化が可能となる.だが,ブロック暗号をどのように適用するのかは,よく注意をしなければならない.たとえば,上記の

$$E_K(M) = E_K(M_1)E_K(M_2)\cdots$$

では，別々のブロックに対して同じ暗号化処理を行っている．暗号アルゴリズムのこうした利用法は，**電子符号表モード** あるいは **ECB モード** (electronic codebook mode; ECB mode) と呼ばれる．ECB モードは単純な考え方だが，暗号文から平文に関する情報が漏れてしまうことがある．たとえば

$$M = \text{HE HAS A BOOK. SHE HAS A PENCIL.}$$

という平文（空白文字も 1 文字であることに注意）を，8 文字を 1 ブロックとするような暗号アルゴリズムと鍵 K で暗号化することを考えよう．このとき，

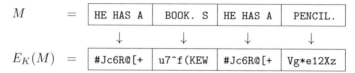

となり，第 1 ブロックと第 3 ブロックの出力は同一である．この結果は，$E_K(M)$ の解読者に「平文 M の第 1～8 文字目と，第 17～24 文字目は同一だ」という情報を与えてしまう．つまり，平文中の「繰り返し」が検出されてしまうのである．

もう 1 つ，別の例を考えよう．いま，A 氏，B 氏，C 氏，D 氏，E 氏，F 氏の 6 人が，3 人の候補者（X 氏，Y 氏，Z 氏）の誰かに電子投票したとする．ここで，投票サーバのデータベースから，次のような情報が外部に漏れてしまったとしよう．

| A 氏 | &aXi9Qcc | B 氏 | idZ30S@1 | C 氏 | idZ30S@1 |
| D 氏 | &aXi9Qcc | E 氏 | c2lspbr(| F 氏 | &aXi9Qcc |

この情報は，

- 各投票者の名前（二重投票を防ぐために，暗号化されていない）
- 投票先（誰に投票したかわからなくするため，ECB モードで暗号化）

のペアのリストである．さらに，投票結果が公開され，

$$\text{X 氏：3 票（当選）\quad Y 氏：2 票 \quad Z 氏：1 票}$$

だったとする．いま，投票先の情報は暗号化されており，平文が何なのかはわからない．しかし，

投票先の暗号文	投票者の名前
&aXi9Qcc	A 氏, D 氏, F 氏
idZ30S@1	B 氏, C 氏
c2lspbr(	E 氏

という対応関係を考えれば，暗号解読をしなくても，A 氏，D 氏，F 氏の 3 人は X 氏に，B 氏と C 氏は Y 氏に，E 氏は Z 氏に投票したはずだ，とわかってしまう．さらに，もし開票前に投票サーバ内のデータベースの内容を

A 氏	idZ30S@1	B 氏	idZ30S@1	C 氏	idZ30S@1
D 氏	&aXi9Qcc	E 氏	c2lspbr(	F 氏	&aXi9Qcc

と書き換えてしまえば（A 氏の投票先データのレコードが，B 氏の投票先データ (idZ30S@1)で上書きされている），投票結果を

X 氏：2 票　Y 氏：3 票（当選）　Z 氏：1 票

に変えてしまう操作も可能である．

(2) CBC モード

ECB モードでは，平文の各ブロックが独立に暗号化される点に注目した解読や改ざんが可能であった．しかし，**ブロック連鎖** (block chaining) の考え方を用いることで，こうした攻撃を防ぐことができる．ブロック連鎖とは，各平文ブロックを暗号化する際に直前の暗号文ブロックをかけあわせて，各ブロックを次々に連鎖させていくという考え方である．2 つの平文ブロックが同じ内容であっても，それらの直前の暗号文ブロックが異なれば暗号化の結果が変わるため，ECB モードで行えたような攻撃が難しくなる．

ここでは，DES や AES の使用モードとして採用されている **サイファブロック連鎖モード** あるいは **CBC モード** (cipher block chaining mode; CBC mode) を紹介する（概要は，図 3.11）．これは，平文ブロック $M_1, M_2, \ldots$ から，暗号アルゴリズム E_K（ただし K は鍵）を使って暗号文ブロック $C_1, C_2, \ldots$ を求める際に，

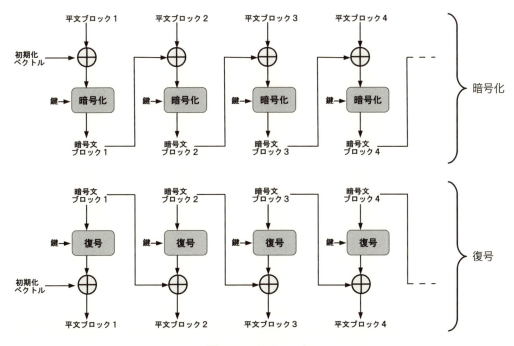

図 **3.11** CBC モード．

$$C_i = E_K(M_i \oplus C_{i-1}) \tag{3.5}$$

とする方法である．つまり，暗号化の前に，平文ブロック M_i と直前の暗号文ブロック C_{i-1} の排他的論理和をとるのである．ただし C_0 は **初期化ベクトル** (initialization vector; IV) と呼ばれ，別途用意されるランダムな値である．復号時は，暗号文に対して復号アルゴリズム D_K を適用してから，直前の暗号文との排他的論理和をとる．つまり，

$$
\begin{aligned}
D_K(C_i) \oplus C_{i-1} &= D_K(E_K(M_i \oplus C_{i-1})) \oplus C_{i-1} \\
&= (M_i \oplus C_{i-1}) \oplus C_{i-1} \\
&= M_i
\end{aligned}
\tag{3.6}
$$

とする．なお上記において，$D_K(E_K(X))$ の形の式を X に変形しているが，これは「平文 X を暗号化して復号すると，元に戻る」を表している．

CBC モードの下では，異なる位置 i, j に現れる平文 M_i, M_j が同一のデータ M だったとしても，直前の暗号文 C_{i-1}, C_{j-1} が異なれば，

$$
\begin{cases}
C_i &= E_K(M_i \oplus C_{i-1}) &= E_K(M \oplus C_{i-1}) \\
C_j &= E_K(M_j \oplus C_{j-1}) &= E_K(M \oplus C_{j-1})
\end{cases}
$$

より，異なる暗号文 C_i, C_j が得られる．

ところで，式 (3.5) を展開すると，

$$
\begin{aligned}
C_i &= E_K(M_i \oplus C_{i-1}) \\
&= E_K(M_i \oplus E_K(M_{i-1} \oplus C_{i-2})) \\
&= E_K(M_i \oplus E_K(M_{i-1} \oplus E_K(M_{i-2} \oplus C_{i-3}))) \\
&\quad\quad \vdots \\
&= E_K(M_i \oplus E_K(M_{i-1} \oplus E_K(M_{i-2} \oplus \cdots E_K(M_1, C_0)\cdots)))
\end{aligned}
$$

となることから，CBC モードで暗号文ブロック C_i を得るには，M_i だけでなく，それまでのすべての平文ブロック $M_1, M_2, \ldots, M_i$ が必要である．また，式 (3.6) から，暗号文ブロック C_{i-1} が伝送エラーなどにより破損した場合，平文ブロック M_{i-1} が得られないばかりか，その次の暗号文ブロック C_i を復号することもできない．これらは，ECB モードと異なる点である．

(3) CTR モード

カウンタモード あるいは **CTR モード** (counter mode; CTR mode) を使うと，ブロック暗号の暗号アルゴリズムを使ってストリーム暗号を実現できる．CTR モードの概要を，図 3.12 に示す．

ストリーム暗号を実現するには鍵ストリームが必要であるが，CTR モードでは，鍵ストリームの生成に暗号アルゴリズムを用いている．具体的には，用いる暗号のブロック長を n ビットとするとき，CTR モードは，カウンタと呼ばれる変数に n ビットの値（下記の式の「$(I_0 + i) \bmod 2^n$」という値）を保持していて，鍵ストリーム $k_1 k_2 \cdots$ の第 i 番目の鍵 k_i を，

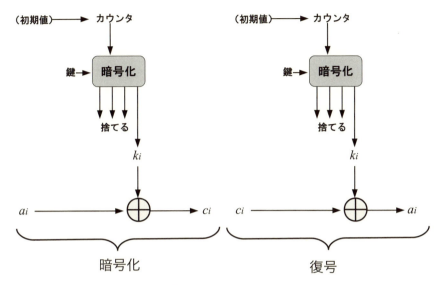

図 **3.12** CTR モード.

$$k_i = select(E_K((I_0 + i) \bmod 2^n))$$

で生成する．ただし，$E_K(x)$ は鍵 K による x の暗号化，I_0 はカウンタの初期値，$select$ は暗号文からいくらかのビットを捨て必要なビットだけを取り出す写像である．

さらに，平文 $M = a_1 a_2 \cdots$ は，生成された鍵ストリーム $k_1 k_2 \cdots$ を用いて，

$$c_i = a_i \oplus k_i \tag{3.7}$$

によって，暗号文 $C = c_1 c_2 \cdots$ に変換される．一方で，復号は，

$$a_i = c_i \oplus k_i$$

によって行われる．つまり CTR モードでは，復号の際も暗号化のアルゴリズム E_K を使って k_i を求めることになるため，復号のアルゴリズムは使われない．

ところで，式 (3.7) を見ると，以前に紹介したバーナム暗号の暗号化の式 (2.3.4 項の式 (2.2)) と同じ形をしていることがわかる．つまり CTR モードは，暗号アルゴリズムを使ってランダムな鍵 $k_1 k_2 \cdots$ を生成することで，ワンタイムパッドを模倣していると言える．ただし，カウンタの値を使い尽くしてしまえば，そこから先は鍵ストリームに周期性が出てきてしまうので，鍵は使い捨てとは言えなくなる．適当な段階（たとえば，鍵ストリームの生成を $2^{\frac{n}{2}}$ 回行ったら）で，暗号アルゴリズムに与える鍵 K と初期値 I_0 を変えて対応する必要がある．また，暗号アルゴリズム E_K に関しては，その出力の列が一様乱数の列と区別できないという前提が必要である．

66 ◆ 第 3 章 共通鍵暗号

演習問題

設問1 DES の暗号化／復号を実装せよ．ソフトウェア的に実現してもよいし（たとえば，
 http://aitech.ac.jp/kwb/networkSecurity/DES/des-hinagata.c
にコードの一部を載せておくので参考にされたい），VHDL や Verilog HDL など
を使ってハードウェア的に実現してもよい．

設問2 以下の点に注意しながら，DES の相補性 ($DES_{\overline{K}}(\overline{P}) = \overline{DES_K(P)}$) を証明せ
よ．ただし，x, y はビット列，$\overline{x}$ はビット列 x の各ビットを反転した結果である．

 1. 任意の転置 $perm$ に関して，$perm(\overline{x}) = \overline{perm(x)}$．
 2. n ビットの左巡回シフト rot に関して，$rot(\overline{x}, n) = \overline{rot(x, n)}$．
 3. $\overline{x} \oplus \overline{y} = x \oplus y$．
 4. 入力 R_{i-1}, K_i および関数 f を 図 3.3 に現れるものと同じとするとき，

$$f(\overline{R_{i-1}}, \overline{K_i}) = f(R_{i-1}, K_i)$$

 である（これは自分で証明せよ．上記の 3 つのヒントを使えば示せる）．
 5. $\overline{x} \oplus y = \overline{x \oplus y}$．

設問3 DES の相補性を利用して，選択平文攻撃での探索量を半分に減らせることを示せ．

設問4 トリプル DES の暗号化／復号を実装せよ．

設問5 表 3.6 には，条件を満たす組 $(I_1{}^{(6)}, I_1^{*(6)})$ の個数のみが書かれている．行 $(34)_{16}$
の各列に関して，条件を満たす具体的な組をすべて求めてリストアップせよ．

設問6 Rijndael の S ボックスがどのようなものか，調べよ．たとえば，標準化に関する
文書 (FIPS-197) [6] が
 http://csrc.nist.gov/publications/fips/fips197/fips-197.pdf
にあるので，参考にするとよいだろう．

設問7 適当なプログラミング言語を使ってブロック暗号を実装し（簡単なものとしては，
第 2 章で紹介したシーザー暗号を実装するとよいだろう），さらにそれを，CBC
モードで暗号化／復号するように拡張せよ．また，適当な平文に対して暗号化を行
い，CBC モードでは同じ入力文字に対しても出力が異なりうることを確認せよ．

設問8 CBC モードでは，まず平文ブロックと直前の暗号文ブロックの排他的論理和をと
り，その後暗号化した．もし，この順番を逆にすると（つまり，平文ブロックを
暗号化してから直前の暗号文ブロックとの排他的論理和をとると），どんな不具合
が起きるだろうか．説明せよ．

参考文献

[1] Biham, E., Shamir, A., "Differential Cryptanalysis of DES-Like Cryptosystems." *Journal of Cryptology*, Vol. 4, pp. 3–72, 1991.

[2] Biham, E., Shamir, A., "Differential Cryptanalysis of the Full 16-round DES." *CRYPTO '92*, LNCS 740, pp. 487–496, 1993.

[3] Campbell, K. W., Wiener, M. J., "DES is not a Group." *CRYPTO '92*, LNCS 740, pp. 512–520, 1993.

[4] Coppersmith, D., "The data encryption standard (DES) and its strength against attacks." *IBM Journal of Research and Development*, Vol. 38, pp. 243–250, 1994.

[5] Diffie, W. and Hellman, M., "Exaustive Cryptanalysis of the NBS Data Encryption Standard." *Computer*, Vol. 10, pp. 74–84, 1977.

[6] "FIPS-197 (Advanced Encryption Standard)."
http://csrc.nist.gov/publications/fips/fips197/fips-197.pdf

[7] Matsui, M., "Linear Cryptoanalysis Method for DES Cipher." *EUROCRYPT '93*, LNCS 765, pp. 386–397, 1993.

[8] Matsui, M., "The First Experimental Cryptanalysis of the Data Encryption Standard." *CRYPTO '94*, LNCS 839, pp. 1–11, 1994.

[9] Shannon, C. E., "Communication Theory of Secrecy Systems." *Bell System Technical Journal*, Vol. 28p, pp. 656–715, 1949.

[10] http://w2.eff.org/Privacy/Crypto/Crypto_misc/
DESCracker/HTML/19980716_eff_des_faq.html

推薦図書

[11] 岡本龍明, 山本博資, 『現代暗号』, 産業図書 (1997).

[12] 結城 浩, 『暗号技術入門 第 3 版 — 秘密の国のアリス』, ソフトバンク・クリエイティブ (2015).

第4章

公開鍵暗号 (1) ── 基本的な考え方

□ 学習のポイント

共通鍵暗号では送受信者の間で鍵を事前に共有しておく必要があるが，これは容易ではない．この問題を解決する方法として，本章では，暗号化と復号で異なる鍵を使う公開鍵暗号を紹介する．公開鍵暗号では，暗号化の鍵（公開鍵）を公開し，復号の鍵（秘密鍵）は受信者のみの秘密にする．公開鍵を持つ者は誰でも平文を暗号化できるが，一方で，暗号文を復号できるのは受信者に限られる．本章では，RSA と呼ばれる公開鍵暗号の方式を紹介する．また，共通鍵暗号と公開鍵暗号の長所を採り入れた，ハイブリッド暗号方式についても述べる．

- 共通鍵暗号の持つ問題について，理解する．
- 公開鍵暗号の動作原理について，理解する．
- ハイブリッド暗号の考え方を知る．

□ キーワード

公開鍵暗号，公開鍵，秘密鍵，RSA 方式，Elgamal 暗号，楕円曲線暗号，剰余，互いに素，オイラーの定理，拡張ユークリッドの互除法，フェルマーの小定理，カーマイケル数，ノンス，リプレイ攻撃，ハイブリッド暗号，準同型性

4.1 はじめに：共通鍵の問題

前章で述べた共通鍵暗号では，送受信の前提として，送信者と受信者の間であらかじめ同じ鍵を秘密裏に共有しておく必要があった．しかし，鍵はどのように共有すればよいのだろうか？鍵 K を事前に平文として送るのであれば，それが盗聴された場合，暗号としてまったく意味をなさなくなってしまう．また，鍵 K を別の鍵 K' で暗号化してから結果 $E_{K'}(K)$ を相手に送るにしても，その鍵 K' を事前に送受信者間で共有しなければならなくなり，堂々巡りになる．送信者と受信者が直接会って鍵を交換する，というのは，1 つの有効な方法に見える．しかし，たとえば地球の裏側に住む人と鍵を交換することを考えたらどうだろう？頻繁に会って鍵を交換することは，かなり難しいと言えるだろう．そのほか，郵送で鍵を送るなどを考えても，それが絶対に盗み見られない，という保証はない．

この問題に対して，Whitfield Diffie と Martin Hellman は，暗号化と復号で異なる鍵を使う **公開鍵暗号** (public-key cryptography) の考え方を示した [1]．公開鍵暗号では，暗号化の鍵を Web ページなどを使って皆に公開し，一方で復号に使う鍵は受信者のみの秘密にする．暗号化の鍵と復号の鍵は，それぞれ，**公開鍵** (public key) および **秘密鍵** (private key) と呼ばれる．公開鍵を手に入れた者であれば誰でも，平文を暗号化して暗号文を送信できる．また，もし暗号文を盗聴されても，それを復号できるのは秘密鍵を持つ受信者に限られるので，平文を秘匿できる．図 4.1 に，共通鍵暗号と公開鍵暗号の違いを示す．

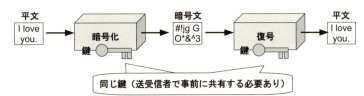

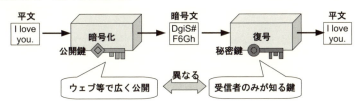

図 4.1　共通鍵暗号と公開鍵暗号．

公開鍵暗号の考え方を実現する方法には，MIT の Ron Rivest, Adi Shamir, Leonard Adleman の 3 名による **RSA 方式** (Rivest-Shamir-Adleman scheme; RSA scheme) [2]，Taher Elgamal による **Elgamal 暗号** (Elgamal encryption) [4]，1985 年に Neal Koblitz と Victor Miller がそれぞれ独立に提案した **楕円曲線暗号** (elliptic curve cryptography) [3] が有名である．本章では，公開鍵暗号の研究の最初期から提案され，その後も長く使われ成功をおさめた RSA 方式を紹介する．RSA 方式の詳細を知ることで，公開鍵暗号の原理や共通鍵暗号との違い・使い分けなどについて，理解することができるだろう．

4.2　公開鍵暗号のアルゴリズム (RSA)

本章では，RSA 方式を紹介する．この方式は，指数演算と剰余の計算をもとにしている．

4.2.1　準備

整数 a, n, q, r（ただし，$0 \leq r < n$）に関して $a = qn + r$ とする．このとき，r のことを剰

余 (residue) と呼び，$a \bmod n$ と書く．剰余は，多くの場合「割り算をしたときの余り」と考えても良いが，少しだけ異なる点がある．たとえば，上記の定義では $-2 \bmod 3$ の値は 1 であるが，「-2 を 3 で割った余り」は -2 である．整数 a の値が負でない場合は，2 つの考え方は同じと思って差し支えない．

a, b を整数，n を正の整数とするとき，

$$(a \ op \ b) \bmod n = ((a \bmod n) \ op \ (b \bmod n)) \bmod n$$

が成り立つ．ただし op は，加算・減算・乗算 $(+, -, \times)$ のどれかである．たとえば乗算 $(\times)$ の場合では，$a = \alpha n + r_1$, $b = \beta n + r_2$（ただし，$0 \le r_1, r_2 < n$）と書けるので，

$$
\begin{aligned}
(a \times b) \bmod n &= ((\alpha n + r_1) \times (\beta n + r_2)) \bmod n \\
&= ((\alpha \beta n + \alpha r_2 + \beta r_1)n + r_1 r_2) \bmod n \\
&= (r_1 r_2) \bmod n \\
&= ((a \bmod n) \times (b \bmod n)) \bmod n
\end{aligned}
\tag{4.1}
$$

である．

整数 x と y が **互いに素** (coprime; relatively prime) とは，それらの最大公約数が 1 のことである．さらに正の整数 n に関して，$\phi(n)$ を，1 から $n-1$ までの値のうち n と互いに素なものの個数とする．このとき，次が成り立つ．

オイラーの定理 互いに素な a, n について，

$$a^{\phi(n)} \bmod n = 1$$

である．

4.2.2 RSA 方式の原理

ビット列は非負整数を 2 進数表現したものとみなせるので，平文 M を 0 から $n-1$ の値として表すことにする．このとき RSA 方式による暗号化は，指数と剰余を用いて

$$C = M^e \bmod n \tag{4.2}$$

と表される．ただし，値のペア (n, e) は公開鍵，C は暗号文である．また，復号は別の鍵 d を使って

$$M = C^d \bmod n \tag{4.3}$$

と書ける．M と n が互いに素ならば，オイラーの定理より $M^{\phi(n)} \bmod n = 1$ である．このとき，もし

$$ed \bmod \phi(n) = 1$$

となるように，つまり，ある α に関して $ed = \alpha \phi(n) + 1$ となるように e, d, n を定めてやれば，

$$
\begin{aligned}
(M^e \bmod n)^d \bmod n &= M^{ed} \bmod n \\
&= M^{\alpha\phi(n)+1} \bmod n \\
&= (MM^{\alpha\phi(n)}) \bmod n \\
&= ((M \bmod n)(M^{\alpha\phi(n)} \bmod n)) \bmod n \\
&= M(M^{\phi(n)} \bmod n)^\alpha \bmod n \\
&= M \cdot 1^\alpha \bmod n \\
&= M \bmod n \\
&= M
\end{aligned}
$$

となり（式変形の途中で，等式 $a^b \bmod n = (a \bmod n)^b \bmod n$ を使った），したがって「平文 M を暗号化して復号すると，元に戻る」ことが保証される．また，じつは RSA 方式では，e, d, n をうまく決めてやることで，M と n が互いに素でない場合でも

$$
(M^e \bmod n)^d \bmod n = M
$$

が成り立つように工夫されている．

4.2.3 鍵の生成

RSA 方式では，e, d, n を次のように計算する．

1. n の計算：式 (4.2) および式 (4.3) に現れる値 n として，

$$
n = pq
$$

を用いる．ただし，p, q は大きな素数である．大きな素数の見つけ方については，4.2.6 項で述べる．

2. $\phi(n)$ の計算：$\{1, \ldots, pq-1\}$ の各要素は，$p-1$ 個の要素

$$
\{\, q, 2q, 3q, \ldots, (p-1)q \,\}
$$

および $q-1$ 個の要素

$$
\{\, p, 2p, 3p, \ldots, (q-1)p \,\}
$$

を除いて pq と互いに素であるから，

$$
\begin{aligned}
\phi(n) &= \phi(pq) \\
&= (pq-1) - (p-1) - (q-1) \\
&= pq - p - q + 1 \\
&= (p-1)(q-1)
\end{aligned}
$$

である．

72 ◆ 第 4 章 公開鍵暗号 (1) — 基本的な考え方

3. e の決定：$1 < e < \phi(n)$ の範囲で，$\phi(n)$ と互いに素な値を見つけ，それを e とする．

4. d の計算：e と $\phi(n)$ は互いに素なので，オイラーの定理より $e^{\phi(\phi(n))} \bmod \phi(n) = 1$ である．つまり，

$$
\begin{aligned}
e^{\phi(\phi(n))} \bmod \phi(n) &= ee^{\phi(\phi(n))-1} \bmod \phi(n) \\
&= (e \bmod \phi(n))(e^{\phi(\phi(n))-1} \bmod \phi(n)) \bmod \phi(n) \\
&= e(e^{\phi(\phi(n))-1} \bmod \phi(n)) \bmod \phi(n) \\
&= 1
\end{aligned}
$$

なので，d の値として $e^{\phi(\phi(n))-1} \bmod \phi(n)$ を用いれば，$ed \bmod \phi(n) = 1$ が成り立つ．しかし，直接 $e^{\phi(\phi(n))-1} \bmod \phi(n)$ を計算するのは大変である．より効率的な d の計算方法については，4.2.4 項で述べる．

以上により，$ed \bmod \phi(n) = 1$ を満たす e, d, n が得られる．

$\phi(n)$ がわかっているとき，e から d は容易に計算できる．しかし $\phi(n)$ が秘密になっているときは，e から d を計算するのは難しい．そこで，$\phi(n)$ と d を秘密にしたまま e と n を公開すれば，平文 M を秘密にしたまま暗号文 $M^e \bmod n$ を公開できるようになる．

もしかすると，$n = pq$ から $\phi(n) = (p-1)(q-1)$ を求められると思う人もいるかもしれない．たしかに，たとえば $n = 35$ のように n の値が小さいときは，ふたつの素数 $p = 5$ と $q = 7$ を素因数分解で求めてから

$$
\begin{aligned}
\phi(n) &= (p-1)(q-1) \\
&= (5-1) \times (7-1) \\
&= 4 \times 6 \\
&= 24
\end{aligned}
$$

を計算することができる．しかし，もっとずっと大きな値の場合，たとえば

```
6584162748301845441250275199214435157898882641560747330992440401262136824977140327981163992881765024628292557845259777229030187144343096981082083886647682627543164262206515766237316178829231641175796248272612445060842743712502778493516316794411710184180184980399964725498931505771893028715203117151797307143121814562450978484916697959972898306129880585239683840882282837090019848924924339916512521924475379077976446623696513579357651619321317506140166738862222836204271705401467903295344103402150685601708106261757235119541850589938871570979599202955904211978342359732470710069406467590923871757305876411889322511160270383808061856540113990214306990111717420425287194884686443677180861643245710284453484385719873524200530907393905143379094672667223464325934953518626857162907793759783880133797309228560874420995153319986822804000443213259707339036335789237999765587885769633489221634507022764674985138120855404494044418286402651370944982348959343901736635886
```

64816823873508759380834448436513628421972523381160533181500742458289082188726068
28866325436131092528621143263720777853692925709005948144810974437812695626473036
71428895764224084402259605109600363098950091998891375812839523613295667253813978
43487917278121728565289546919418121834307875450169474659873821524376974795657255
598959459818063909834489117587945599465238213703824016635806640347545**7**

ではどうだろうか. この値は 2 つの素数

p = 14759799152141802350848986227373817363120661453331697751477712164785702978780789493774073370493892893827485075314964804772812648387602591918144636533026954049696120111343015690239609398909022625932693502528140961498349938822283144859860183431853623092377264139020949023183644689960821079548296376309423663094541083279376990539998245718632294472963641889062337217172374210563644036821845964963294853869690587265048691443463745750728044182367681351785209934866084717257940842231667809767022401199028017047489448742692474210882353680848507250224051945258754287534997655857267022963396257521263747789778550155264652260998886991401354048380986568125041949768669777100**7**

および

q = 44608755718375842957115170640210180988620863241285990111199121996340468579282047336911254526900398902615324593112431670239575870569367936479090349746114707106525419335393812497822630794731241079887486904007027932842881031175484410809487825249486676096958699812898264587759602897917153696250306842961733170218475032458300917183210491605015762888660637214550170222592512522407682960542717357396481299525056941248072073847685529368166671284483119087762060678666386219024011857073683190188647922581041471407893538656249796817872912762959492441196096138671394627989927500695491713975879606122380339353738103466649440295105205904796869325538864793044092510418681700964017176413317241813283635**1**

の積なのだが, p と q を直接的に素因数分解で求めるのは, かなり難しいだろう [1].

  ところで, $\phi(n)$ や d と同様に, p と q も公開されてはならない. もし, p または q のどちらか一方でも明らかになってしまえば, (n は公開されているので) 割り算をすることでもう一方が明らかになり, さらには $\phi(n)$ や d も容易に計算できてしまう.

---

[1] ただし, p と q はメルセンヌ素数という有名な素数で, たとえば http://www.bigprimes.net/archive/mersenne/ などのデータベースで簡単に見つかるため, 暗号に使うのはふさわしくないだろう. メルセンヌ素数は, $3 (= (11)_2)$, $7 (= (111)_2)$, $31 (= (11111)_2)$, $127 (= (1111111)_2)$ のように, 2 進数で表記すると「1」が並ぶ素数 (つまり, $2^x - 1$ と表される素数) である. $p = 2^{2203} - 1$ と $q = 2^{2281} - 1$ は, それぞれ, 2203 ビットと 2281 ビットのメルセンヌ素数である.

74 ◆ 第 4 章 公開鍵暗号 (1) — 基本的な考え方

4.2.4 bc コマンドによる実践：RSA 方式の鍵生成・暗号化・復号

UNIX の bc コマンドを使って，RSA 方式の鍵生成，暗号化，復号までを確認してみよう[2]．bc は電卓として使われることの多いプログラムだが，じつはインタプリタ型のプログラミング言語で，しかも大きな値を扱うことができる．

コマンドラインから bc コマンドを立ち上げてみよう．次のようなメッセージが現れて，カーソルが点滅するはずである．

```
$ bc
bc 1.06.95
Copyright 1991-1994, 1997, 1998, 2000, 2004, 2006 Free Software Foundation, Inc.
This is free software with ABSOLUTELY NO WARRANTY.
For details type 'warranty'.
```

ここで，次のように入力し，最後にエンターキーを押してみよう．

```
p=61
```

この結果，変数 p に素数 61 が代入される．続けて，

```
q=53
n=p*q
phin=(p-1)*(q-1)
```

と入力すれば，変数 q に素数 53 が，変数 n には p×q の値 (3233) が，変数 phin には $\phi(n)$ を計算した値 (3120) が，代入される．ここで，変数 n と phin にきちんと値を代入できたか，確認してみよう．変数名を入力してエンターキーを押せば，値が表示されるはずである（以下の説明では，キーボードからの入力はタイプライタ文字で表し，bc コマンドによる出力は少し大きめの明朝体で表す）．

```
n
3233
phin
3120
```

うまくいっているようなので，次に公開鍵の値を求めたい．$1 < e < phin$ の範囲で，phin と互いに素な e を見つければよい．そのために，最大公約数を求める関数を以下で定義する（こ

---

[2] bc コマンドは，UNIX のほか，Mac OS X にも標準で入っている（「ターミナル」から開いて，コマンドラインから使う）．また，Windows 用のものもあるので，参考にされたい．

の定義をそのまま bc コマンドに入力すれば，関数 gcd が使えるようになる）．

```
define gcd(a,b) {
  auto q,r;
  while(b != 0) {
    r=a % b;
    a=b;
    b=r;
  }
  return(a);
}
```

試しにいくつか入力してみると，

```
gcd(2,phin)
2
gcd(3,phin)
3
gcd(4,phin)
4
gcd(5,phin)
5
gcd(6,phin)
6
gcd(7,phin)
1
```

となり，e の値として 7 が使えそうである．しかし，もう少し続けて試してみることにすると，

```
gcd(8,phin)
8
gcd(9,phin)
3
gcd(10,phin)
10
gcd(11,phin)
1
gcd(12,phin)
12
gcd(13,phin)
13
gcd(14,phin)
2
gcd(15,phin)
15
gcd(16,phin)
16
gcd(17,phin)
1
```

76 ◆ 第 4 章　公開鍵暗号 (1) — 基本的な考え方

となって，e の値としては $7, 11, 17$ あたりが使えることがわかる．ここでは，17 を e の値として使うことにしよう．

```
e=17
e
17
```

次に，$e \times d \bmod \phi(n) = 1$ を満たす値 d を求めよう．4.2.3 項で述べたように，d の値は $e^{\phi(\phi(\mathbf{n}))-1} \bmod \phi(\mathbf{n})$ である．しかし，これを直接計算するとしたら，まず $\phi(\phi(\mathbf{n}))$ の値を求めねばならないなど，大変である．そこで，図 4.2 の関数 inv を使って d を求めることにしよう．この手続きは，**拡張ユークリッドの互除法** (extended Euclidean algorithm) と呼ばれ，$ax \bmod n = 1$ を満たす x を効率的に求めることができる．図 4.2 に示した関数定義をキーボード入力し，さらに以下のように入力すると，d の値が求まる．

```
d=inv(e, phin)
d
2753
```

ここで，(e*d) % phin の値を計算して，1 になるかを確認してみよう．

```
(e*d) % phin
1
```

```
define inv(a, n) {
  auto g, u, v, glast, ulast, vlast, i, y, tmp;
  glast = n; g = a;
  ulast = 1; vlast = 0;
  u = 0; v = 1;
  i = 1;
  while(g != 0) {
    y = glast / g;
    tmp = g; g = glast-y*g; glast = tmp;
    tmp = u; u = ulast-y*u; ulast = tmp;
    tmp = v; v = vlast-y*v; vlast = tmp;
    i = i+1;
  }
  if(vlast >= 0) {
    return(vlast);
  } else {
    return(vlast+n);
  }
}
```

図 **4.2**　$ax \bmod n = 1$ となる x を求める関数 inv.

間違い無く計算できているようである.

さて,公開鍵 $(n, e) = (3233, 17)$ と秘密鍵 $d = 2753$ が求まったところで,何か平文を暗号化してみよう.たとえば,平文 $m = 65$ とすると,暗号化の結果は 2790 である.

```
m=65
m
65

c=m^e % n
c
2790
```

さらに,暗号文 c の値を復号すると,平文 m の値に一致することがわかる.

```
c^d % n
65
m
65
```

4.2.5 より効率的な計算方法

前節では,鍵生成,暗号化,復号を実際に試してみたが,そこではべき乗の計算を何回か行った.たとえば,暗号文 c を求める bc コマンドの命令

$$c = m^e \% phin$$

では,まず m の値を e 回掛け算して,その後剰余をとっている.もし,この通りの順番で計算を行うとすると,まず m^e(m の e 乗)を求めなければならない.そこで,前節での実行結果に引き続き,bc コマンド上で以下を実行してみよう.

```
m^e
6599743590836592050933837890625
```

すると,31 桁もの大きな値が得られてしまった.ここで AES のブロック長が 128 ビットであったことを思い出すと,$2^{128} = 340282366920938463463374607431768211456$(39 桁)であるから,31 桁ぐらいであれば現代の計算機でもなんとか扱えそうである.しかし,c^d ではどうだろう.これを計算すると,9606 桁という,とても大きな数値になってしまう(各自,計算されたい).このような大きな中間値を直接扱うとなると,計算機で効率的に処理するのは大変である.

しかし,この問題に対処する,うまい方法がある.4.2.1 項の式 (4.1) は,べき乗(たとえば $9^{10} \bmod 11 = 1$)を計算する際に,毎回の掛け算で剰余をとって

$$
\begin{aligned}
(1) \quad & 9 \times 9 \bmod 11 & = & \quad 4 \\
(2) \quad & 4 \times 9 \bmod 11 & = & \quad 3 \\
(3) \quad & 3 \times 9 \bmod 11 & = & \quad 5 \\
(4) \quad & 5 \times 9 \bmod 11 & = & \quad 1 \\
(5) \quad & 1 \times 9 \bmod 11 & = & \quad 9 \\
(6) \quad & 9 \times 9 \bmod 11 & = & \quad 4 \\
(7) \quad & 4 \times 9 \bmod 11 & = & \quad 3 \\
(8) \quad & 3 \times 9 \bmod 11 & = & \quad 5 \\
(9) \quad & 5 \times 9 \bmod 11 & = & \quad 1
\end{aligned}
$$

のように計算できることを示している. もし直接的に

$$
\begin{aligned}
9^{10} \bmod 11 & = 3486784401 \bmod 11 \\
& = 1
\end{aligned}
$$

のように計算すると, 中間値 9^{10} が 10 桁の大きな値 (3486784401) になってしまうが, この方法では, 大きな中間値を扱わずに済むので便利である. また, さきの m^e や c^d の場合でも, 毎回剰余をとることで, 中間値は常に 3120 よりも小さい値に抑えられる.

そのほか, 図 4.3 に示すアルゴリズムを使うことで, $a^z \bmod n$ を効率よく計算することもできる.

```
define fastexp(a, z, n) {
  auto a1, z1, x;
  a1 = a;
  z1 = z;
  x = 1;
  while(z1 != 0) {
    while(z1 % 2 == 0) {
      z1 = z1 / 2;
      a1 = (a1*a1) % n;
    }
    z1 = z1-1;
    x = (x*a1) % n;
  }
  return(x);
}
```

図 4.3 $a^z \bmod n$ を計算する関数 fastexp.

4.2.6 大きな素数の見つけ方

オイラーの定理に現れる n が素数 p であるときを考えよう. このとき $\phi(p) = p - 1$ であるから, a と p が互いに素ならば

$$a^{p-1} \bmod p = 1$$

が成り立つ．これは **フェルマーの小定理** (Fermat's little theorem) と呼ばれる．フェルマーの小定理から，

互いに素な a と p について，$a^{p-1} \bmod p \neq 1$ ならば p は素数ではない

が成り立つ．念のために補足すると，適当に選んだ（互いに素な）a, p に関して $a^{p-1} \bmod p = 1$ だったとしても，p が素数であるとは限らない．

RSA 方式では鍵生成で大きな素数をふたつ見つけなければならないが，素朴な方法で大きな素数を探していくのは実質的に不可能である．そこで，乱数を使って大きな正の整数を生成してから，その値が素数と認められるかを確率的に判定する，という方法がとられる．この判定をする 1 つの方法として，フェルマーテストと呼ばれる検査方法がある．

――― フェルマーテスト ―――

1. 大きな正の奇数 p をランダムに選ぶ．
2. $2 \leq a < p$ を満たす整数 a を適当に選ぶ．
3. a と p が互いに素かを検査．互いに素でなければ，p は素数ではない．
4. $a^{p-1} \bmod p$ が 1 と等しいかを検査．等しくなければ，p は素数ではない．
5. 3. と 4. の検査を通過した値 p は，素数かもしれない．しかし，素数ではないが，たまたま検査を通過しただけかもしれない．そこで，再び 2. に戻って別の a に対して検査を繰り返す．p が十分な数の異なる a に対して検査を通過するならば，実際に p は素数であると判定する．

十分な数の a に対して $a^{p-1} \bmod p = 1$ であれば，高い確率で p が素数であると判定できる．ただし，注意しなければならないのは，値 p がフェルマーテストを通過しても，p が素数でない可能性は否定できない，という点である．たとえば，561 は素数ではないが，互いに素でないすべての $2 \leq a < 561$ に対して，$a^{561-1} \bmod 561 = 1$ が成り立つ．このような数は **カーマイケル数** (Carmichael numbers) と呼ばれ，無限に存在することが知られている．

フェルマーテストよりもさらに改良された方法としては，たとえば，ラビン・ミラー・テスト（ミラー・ラビン・テスト とも呼ばれる）などが知られている．

4.2.7 ノンス

公開鍵暗号を使う場合で，平文の総数が非常に少ない状況を考えよう．たとえば，平文として「YES」と「NO」のどちらかしかない場合を考える．さらに，公開鍵 (n, e) を使って RSA 方式で暗号化した暗号文 C が盗聴されてしまったとしよう．もし，盗聴者が「可能な平文は YES か NO のどちらかしかない」ことを知っていれば，C に対応する平文が知られてしまう．なぜなら，可能な暗号文は

- $C_{\text{YES}} = (\text{YES})^e \bmod n$　または
- $C_{\text{NO}} = (\text{NO})^e \bmod n$

のどちらかしかないので，盗聴者があらかじめ自分で C_{YES} と C_{NO} を計算して（公開鍵は，盗聴者にも公開されていることに注意）C と付き合わせて比較すれば，元の平文が何だったのかが，わかってしまうからである．

　こうした攻撃を防ぐ方法として，ノンス (nonce) と呼ばれる値を使う方法がある．ノンスとは，一度しか使われないランダムな値のことである．送信者がノンス n_1 を生成し，平文「$n_1\text{YES}$」を暗号化することにしよう．このとき，暗号文は

$$C_{\text{YES}}^{n_1} = (n_1\text{YES})^e \bmod n$$

である．別の送信者がノンス n_2 を生成して，平文「$n_2\text{YES}$」を暗号化するときは，暗号文は

$$C_{\text{YES}}^{n_2} = (n_2\text{YES})^e \bmod n$$

となり，$C_{\text{YES}}^{n_1}$ と $C_{\text{YES}}^{n_2}$ は異なる値となる．つまり，平文の空間が大きくなるため，より安全になると言える．なお，3.6.2 項で紹介した

- CBC モードの初期化ベクトルの値 C_0
- CTR モードで使うカウンタの初期値 I_0

も，同じ数値を何度も使うことは許されないので，ノンスである．

　ノンスは，しばしば，**リプレイ攻撃** (replay attack) を防ぐために必要となる．リプレイ攻撃とは，送受信者間のやりとりを盗聴・記録しておいて後に再送する，という攻撃である．次のような場合を考えてみよう．

> ネットショッピングのユーザ A が，サーバ S に「商品を 10 個購入する」という注文を送ったとしよう．S は暗号化された注文 C を受け取り，その後，A に商品を 10 個送る．しかし，このプロセスの途中で，C が盗聴されていたとする．盗聴者は，たとえ暗号文 C を解読できなくても，それをそのまま S に再送することはできる．もしこのようなことが行われると，C はもともと正規の注文を暗号化したものであったから，S は再送された不正の注文を受け入れて，商品をもう 10 個送ってしまう．

こうした攻撃を防ぐ 1 つの方法としては，ノンスと注文のペアを暗号化してからサーバに送ることが考えられる．サーバは注文に付与されたノンスを注文番号として，毎回記録しておく．新しく送られた注文に付与されたノンスが過去の注文番号と重複していなければ正規の注文であるし，重複する番号があれば過去の注文データを使ったリプレイ攻撃であると判定する．このようにすれば，不正の注文に対して商品を送ってしまうことを防げる．

4.2.8　RSA の準同型性

　公開鍵 (n, e) の RSA 方式で，平文 m の暗号化 $m^e \bmod n$ を $\mathcal{E}_{n,e}(m)$ と書くことにする．

このとき，

$$
\begin{aligned}
(\mathcal{E}_{n,e}(m_1) \cdot \mathcal{E}_{n,e}(m_2)) \bmod n &= ((m_1^e \bmod n) \cdot (m_2^e \bmod n)) \bmod n \\
&= (m_1^e \cdot m_2^e) \bmod n \\
&= (m_1 m_2)^e \bmod n \\
&= \mathcal{E}_{n,e}(m_1 m_2)
\end{aligned}
$$

より，

$$
(\mathcal{E}_{n,e}(m_1) \cdot \mathcal{E}_{n,e}(m_2)) \bmod n = \mathcal{E}_{n,e}(m_1 m_2)
$$

が成り立つ．この性質は，

- 最初に暗号化を行って $\mathcal{E}_{n,e}(m_1)$ と $\mathcal{E}_{n,e}(m_2)$ を得てから，それらの積を求めて剰余をとった結果
- 最初に平文 m_1 と m_2 の積をとって，その結果を暗号化したもの

の両者が一致することを表し，RSA の**準同型性** (homomorphic property) と呼ばれる．準同型性は，暗号化した状態で演算ができることを示している．

準同型性を利用する簡単な例として，3 人の投票者による電子投票を考えよう．各投票者は表 4.1 の「賛成／反対」行のように投票しようとしている．また各投票者 i には，投票サーバからノンス r_i（表 4.1 の「ノンス」行の値）があらかじめ秘密裏に配布されているとしよう．このとき，投票者 i は，票の値 $r_i \cdot 2^{v_i}$（ただし v_i は，投票者 i が賛成ならば 1，反対ならば 0）を求め，投票サーバの公開鍵 (n, e) で暗号化し，結果 $y_i = \mathcal{E}_{n,e}(r_i \cdot 2^{v_i})$ を投票サーバに送る．投票サーバは，各 i について $\mathcal{E}_{n,e}(r_i \cdot 2^0)$ と $\mathcal{E}_{n,e}(r_i \cdot 2^1)$ の両方を事前に計算しておき，送られてきた値が正しく作られたものかを確かめる．また，それとともに，送られてきた値が $\mathcal{E}_{n,e}(r_i \cdot 2^1)$ であれば，賛成票としてカウントする．すべての投票者の票を受け付けた後，最後に投票サーバは

- 賛成票の数 $K \, (= 2)$
- 各投票者の送ってきた値 y_1, y_2, y_3
- 全投票者のノンスの積 $R \, (= r_1 r_2 r_3)$

を公表する．

このような方法で投票するとき，投票サーバによる不正がないか，確認できるようになっているべきである．実際には，各投票者は

表 **4.1**　3 人による賛成／反対の投票.

投票者	投票者 1	投票者 2	投票者 3
賛成／反対	賛成 (1)	反対 (0)	賛成 (1)
ノンス	r_1	r_2	r_3
票の暗号化	$\mathcal{E}_{n,e}(r_1 \cdot 2^1)$	$\mathcal{E}_{n,e}(r_2 \cdot 2^0)$	$\mathcal{E}_{n,e}(r_3 \cdot 2^1)$

1. 各投票者 i が，自分の（暗号化された）票 y_i がきちんと公表されているかを確認する
2. 全員分（3人分）の結果が公表されているかを確認する
3. $\mathcal{E}_{n,e}(R \cdot 2^K) = y_1 y_2 y_3 \bmod n$ が成り立つかを確認する

を行い，もし不備があれば指摘することができる．3番目の条件については，RSA の準同型性より

$$
\begin{aligned}
\mathcal{E}_{n,e}(R \cdot 2^K) &= \mathcal{E}_{n,e}(R \cdot 2^2) \\
&= \mathcal{E}_{n,e}(r_1 r_2 r_3 \cdot 2^2) \\
&= \mathcal{E}_{n,e}(r_1 r_2 r_3 \cdot 2^{1+0+1}) \\
&= (\mathcal{E}_{n,e}(r_1 \cdot 2^1) \cdot \mathcal{E}_{n,e}(r_2 \cdot 2^0) \cdot \mathcal{E}_{n,e}(r_3 \cdot 2^1)) \bmod n \\
&= y_1 y_2 y_3 \bmod n
\end{aligned}
$$

であることから，確認の基準とすることができる．

4.3 ハイブリッド暗号

本章で紹介した公開鍵暗号は，暗号化の鍵と復号の鍵を分けることにより，4.1 節で述べた共通鍵の問題を解決している．しかし公開鍵暗号には，前章で紹介した共通鍵暗号よりも暗号化や復号の処理速度が遅いという問題がある．そのため，普通，公開鍵暗号を使って長いメッセージを直接暗号化することは行われない．これに対して，メッセージを高速な共通鍵暗号で暗号化し，その暗号化で使う共通鍵を低速な公開鍵暗号で暗号化するという，**ハイブリッド暗号** (hybrid cryptosystem) という方式が知られている．ここで，共通鍵暗号で使われる鍵は**セッション鍵** (session key) と呼ばれる．一般に，セッション鍵は通信の開始から終了までの一定期間（セッションと呼ぶ）有効な暗号鍵で，一連の通信の終了後に破棄される．次回の別のセッションの際には，別のセッション鍵を生成・利用し，同じセッション鍵を使い回すことはしない．

ハイブリッド暗号では，送信者は以下の手順で暗号文を作成・送信する（図 4.4 も参照）．

1. 疑似乱数生成器を使って，セッション鍵 K を生成する．
2. 平文 M（一般に，大きなサイズのデータ）を，共通鍵暗号の暗号アルゴリズム E で暗号化し，暗号文 $E_K(M)$ を得る．
3. さらに，共通鍵 K（小さなサイズのデータ）を公開鍵暗号の暗号アルゴリズム $\mathcal{E}$ で暗号化し，暗号文 $\mathcal{E}_{pk}(K)$ を得る．ただし pk は，受信者の公開鍵である．
4. 組 $(\mathcal{E}_{pk}(K), E_K(M))$ をハイブリッド暗号の暗号文として，受信者に送る．

セッション鍵，すなわち共通鍵暗号の鍵は小さいサイズ（たとえば AES であれば，128，192，256 ビットのいずれか）である．よって，手順 3. で共通鍵を公開鍵暗号で暗号化しても，それほど時間はかからない．また，手順 1. でセッション鍵 K を生成する疑似乱数生成器の実現方法としては，3.6.2 項で紹介した CTR モードのときと同様に，ブロック暗号の暗号アルゴリズ

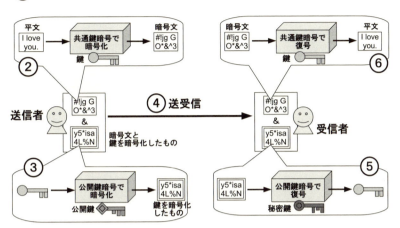

図 4.4 ハイブリッド暗号.

ムを乱数の生成器として使う方法が挙げられる.

一方, ハイブリッド暗号の暗号文 $(\mathcal{E}_{pk}(K), E_K(M))$ を受け取った受信者は, 次の手順で復号する.

5. 組 $(\mathcal{E}_{pk}(K), E_K(M))$ から $\mathcal{E}_{pk}(K)$ を取り出し, 受信者の秘密鍵で復号して K を取り出す.

6. 組 $(\mathcal{E}_{pk}(K), E_K(M))$ から $E_K(M)$ を取り出し, 手順5.で得たセッション鍵 K を使って, 暗号文 $E_K(M)$ を復号する.

上記の結果, 受信者は平文 M を得る.

演習問題

設問1 演算 op が加算の場合と減算の場合について,

$$(a\ op\ b) \bmod n = ((a \bmod n)\ op\ (b \bmod n)) \bmod n$$

を示せ.

設問2 任意の整数 a, 正の整数 b, n に関して

$$a^b \bmod n = (a \bmod n)^b \bmod n$$

を示せ.

設問 3 RSA 方式で，2 つの素数 $p = 61$ と $q = 53$ を扱い，さらに公開鍵 e の値を 11 とした場合を考える．公開鍵に対応する秘密鍵を求め，さらに平文 65 を暗号化せよ．

設問 4 カーマイケル数 561 を素因数分解し，素数でないことを確認せよ．さらに，$2 \leq a < 561$ かつ 561 と互いに素な a に関して，$a^{561-1} \bmod 561 = 1$ が成り立つことを確認せよ．

設問 5 公開鍵 (n, e) による RSA の暗号文 c を考える．もし，攻撃者が c を除く任意の暗号文を復号できるならば，RSA の準同型性を使うことで，攻撃者は c の平文を手に入れられる．このことを示せ．

参考文献

[1] Diffie, W. and Hellman, M., "New Directions in Cryptography." *IEEE Trans. on Info. Theory*, Vol. IT-22(6), pp. 644–654, 1976.

[2] Rivest, R. L., Shamir, A., and Adleman, L., "A Method for Obtaining Digital Signatures and Public-Key Cryptosystems." *Comm. ACM*, Vol. 21(2), pp. 120–126, 1978.

[3] Blake, I., Seroussi, G. and Smart, N., *Elliptic curves in cryptography*, Cambridge University Press, 1999.

[4] Elgamal, T., "A public key cryptosystem and a signature scheme based on discrete logarithms." *IEEE Trans. on Info. Theory*, Vol. 31, pp. 469–472, 1985.

推薦図書

[1] Galbraith, S. D., *Mathematics of Public Key Cryptography*, Cambridge University Press, 2012.

[2] 佐々木良一，吉浦裕，手塚悟，三島久典，『インターネット時代の情報セキュリティ 暗号と電子透かし』，共立出版 (2000).

第5章

公開鍵暗号 (2) ─ デジタル署名と公開鍵の配送

□ 学習のポイント

　前章に引き続き，本章でも公開鍵暗号について紹介する．ただし，前章では情報を秘匿するために公開鍵暗号を使ったが，本章ではデジタル署名を実現する方法としての公開鍵暗号技術について述べる．デジタル署名で認証子を作ることで，否認不可能性が確保される．本章では，まず RSA を用いたデジタル署名の実現法について述べ，さらに，暗号学的ハッシュ関数，メッセージ認証コード，ブラインド署名といった概念についても紹介する．最後に，公開鍵暗号やデジタル署名を使う上で大切となる，送受信者の間での公開鍵の共有の問題について説明する．

- デジタル署名とは何かを知る．
- 公開鍵を配送するための考え方（公開鍵基盤など）について，理解する．

□ キーワード

　否認不可能性，認証子，デジタル署名，署名と検証，暗号学的ハッシュ関数，一方向性（原像計算困難性），弱衝突耐性（第 2 原像計算困難性），衝突，衝突困難性，完全性，PGP，メッセージ認証，HMAC，ブラインド署名，中間者攻撃，形式手法（数理的技法，フォーマルメソッド），公開鍵基盤 (PKI)，認証局 (CA)，公開鍵証明書，信用できる第 3 者 (TTP)，X.509，ルート認証局（ルート CA），失効リスト，信用の輪，信用パス

5.1 デジタル署名

5.1.1 否認不可能性とデジタル署名

　たとえば，ある会社から，あなたに口座番号の連絡を求める電子メールが届いたとしよう.

> 今回，○○サービスの割引をすることになりました.
> 振込先をお知らせ頂いた方に，料金の一部を返金します.
> 口座番号を，当方までお知らせ下さい．××商会より.

あなたは，××商会の○○サービスを利用しているため，この会社に自分の口座番号をメールした．ところが後になって，××商会が，次のように連絡してきた.

> 当社は，そのようなメールは送っておりません．
> 返金もできません．

なんと，これはどういうことか！今回，あなたは返金を受けられないばかりか，自分の口座番号まで知られてしまったことになる．これは大変困った事態である．

ここで気になるのが，最初のメールは本当に××商会が書いたものなのか，という点である．今回のように後になって「そんなメールは，知らないよ」と偽られるのは困りものだが，それができないようになっていることを，**否認不可能性** (non-repudiation) と言う．特に，電子商取引など，見知らぬ人と重要な情報をやりとりする際には，否認不可能性は確保したいものである．

否認防止には「そのメールは確かにその人が送ったのだ」という証拠が必要である．紙ベースの手紙であれば，普通，末尾に送り手のサインを入れる．手書きのサインは，その人しか書けないため，確かな証拠になる．こうした，その人しか作れない情報のことを **認証子** (authenticator) と呼ぶ．もちろん，上記の電子メールの「××商会」という文言は認証子としては使えないし，電子的な文書に対して手書きのサインができるわけではない．しかし，**デジタル署名** (digital signature) と呼ばれる技術を使えば，手書きのサインと似たようなことを電子的にも実現することができる．

5.1.2 公開鍵暗号を使ったデジタル署名の実現

デジタル署名の実現方法には様々なものが知られているが，1 つのやり方として，第 4 章で紹介した公開鍵暗号による実現方法がある．じつは，公開鍵暗号の最初期の論文にはデジタル署名のアイディアが現れており [1,2]，公開鍵暗号は「暗号化」と「デジタル署名」の両方を実現する技術として発展してきたと言える．前章では，「暗号化」の技術としての公開鍵暗号を紹介した．本章では，RSA 方式を題材に，公開鍵暗号のもう 1 つの使われ方であるデジタル署名を紹介する．まず最初に，公開鍵 (n, e) および秘密鍵 d の RSA 方式について，振り返ってみよう．

$\phi(n)$ を「1 から $n-1$ までの値のうち，n と互いに素なものの個数」とするとき，e, d, n は

$$ed \bmod \phi(n) = 1$$

という関係を満たしていた．この式を見ると，e と d は対称な関係にあることに気づく．これはつまり，公開鍵と秘密鍵の役割を逆にして「秘密鍵 d で暗号化して公開鍵 e で復号する」という計算

$$(M^d \bmod n)^e \bmod n$$

をしても，やはり元の平文 M が得られる，ということである．実際，$(M^e \bmod n)^d \bmod n = M$ より，

$$
\begin{aligned}
(M^d \bmod n)^e \bmod n &= M^{de} \bmod n \\
&= M^{ed} \bmod n \\
&= (M^e \bmod n)^d \bmod n \\
&= M
\end{aligned}
$$

である.

このような秘密鍵を使った暗号化は,意味が無いように思われるかもしれない.なぜなら,復号に使う鍵 (n,e) は公開されているので,暗号文 $M^d \bmod n$ は誰でも復号できるからである.しかし,$M^d \bmod n$ は,秘密鍵を持つ送信者しか作れないデータであり,認証子として使うことができる.さらに,公開鍵を持つ者は誰でも復号できるため,$M^d \bmod n$ を復号することで意味のある情報が出てくるかどうかを誰でも確認できる.実際に意味のある情報が出てくれば「確かにその人が送ったのだ」と認めて良いし,その送り手はデータ M の送信を否認することはできなくなる.

デジタル署名では,秘密鍵 d による暗号化の結果 $M^d \bmod n$ を**署名** (signature) と呼ぶ.また,署名に対して復号を行ってデータを確認することを**検証** (verification) と呼ぶ.表 5.1 は,暗号とデジタル署名で,鍵がどのような位置付けにあるかをまとめたものである.

ところで,秘密鍵 d を使った暗号文 $M^d \bmod n$ は誰でも復号できるので,情報 M は秘匿されない.それでは,RSA 方式による暗号とデジタル署名は同時には使えないのだろうか.じつは,次のように暗号化・署名をすれば,うまく解決する.以下の説明では,

- $\mathcal{E}_{n,x}(m) = m^x \bmod n$ （RSA 方式の暗号化処理）
- $\mathcal{D}_{n,x}(m) = m^x \bmod n$ （RSA 方式の復号処理）
- (n_S, e_S) は送信者 S の公開鍵,d_S は S の秘密鍵
- (n_R, e_R) は受信者 R の公開鍵,d_R は R の秘密鍵

としよう（本章の末尾まで,上記の記法を使うことにする）.まず,送信者 S は

1. 平文 M を受信者 R の公開鍵 (n_R, e_R) で暗号化
2. さらに,送信者の秘密鍵 d_S（および n_S）を使って署名

を順に行う.その結果,$D = \mathcal{E}_{n_S,d_S}(\mathcal{E}_{n_R,e_R}(M))$ というデータが得られるので,これを受信者 R に送る.受信者 R はデータ D を受け取り,

表 5.1 暗号とデジタル署名.

	秘密鍵	公開鍵
暗号	受信者が「復号」に使う	送信者が「暗号化」に使う
デジタル署名	署名者が「署名の作成」に使う	検証者 (たち) が「署名の検証」に使う
鍵の保有・管理	個人や企業などが保有,漏えいしないよう厳重に管理	皆に公開

88 ◆ 第 5 章 公開鍵暗号 (2) — デジタル署名と公開鍵の配送

---

3. D を送信者 S の公開鍵 (n_S, e_S) で復号し，$D' = \mathcal{D}_{n_S, e_S}(D) = \mathcal{E}_{n_R, e_R}(M)$ を生成して検証[1]

4. さらに D' を，受信者の秘密鍵 d_R（および n_R）で復号

を順に行うことで，平文 M を得る．もし，メッセージ $D = \mathcal{E}_{n_S, d_S}(D')$ を盗聴されても，D' を復号できるのは受信者 R のみであるから，盗聴者は平文 M を得られない．また，受信者 R が平文 M を得たということは，送信者 S は確かに暗号文 $D' = \mathcal{E}_{n_R, e_R}(M)$ に対して署名したということである．つまり，データ D の送信者は間違いなく S だと言える．

5.1.3 ハッシュ関数の利用

これまでの説明では，平文 M に対して直接署名を行った．しかし実際には，M のハッシュ値を求め，それに対して署名を施すことが行われる．

情報セキュリティの分野では，**暗号学的ハッシュ関数** (cryptographic hash function) と呼ばれるハッシュ関数が使われる．具体的なハッシュ関数としては SHA (SHA-1, SHA-2, SHA-3) や RIPEMD などが知られており，これらは

- 出力は，ある決まったビット長．
- **一方向性** または **原像計算困難性** (preimage resistance)：$hash(x)$ から x を求めることが困難（ただし，$hash$ はハッシュ関数）．
- **弱衝突困難性** または **第 2 原像計算困難性** (second preimage resistance)：x が与えられたとき，$hash(x) = hash(y)$ を満たす y を見つけることが困難．なお，異なる入力 x, y に関してハッシュ値 $hash(x)$ と $hash(y)$ が一致するとき，組 (x, y) は **衝突** (collision) と呼ばれる．
- **衝突困難性** (collision resistance)：$hash(x) = hash(y)$ を満たす (x, y) を見つけることが困難．

を満たすように設計されている．これらの性質から，データ x と同じハッシュ値を持つ別のデータ x' を作ることは困難である．つまりハッシュ値は，入力となるデータが改変されていないこと（データが「本物である」こと）の証拠として使うことができる．データが本物であるとき，**完全性** (integrity) を持つと言う．

さて，ハッシュ関数 $hash$ を使う場合，デジタル署名は以下のように行われる．

1. 送信者 S の公開鍵 (n_S, e_S) を，あらかじめ送受信者間で共有しておく．
2. 送信者 S は，メッセージ M と，その署名 $\mathcal{E}_{n_S, d_S}(hash(M))$ を，それぞれ受信者に送る．
3. 受信者 R は，メッセージ M と署名 s を受け取り，

    - ハッシュ値 $hash(M)$

---

[1] ただしこの時点では，検証時に得られた D' が正しいデータ $\mathcal{E}_{n_R, e_R}(M)$ であったとしても，暗号文なので乱数列と区別できない．実際にデータ送信者の正しさがわかるのは，手順 4. で意味のある平文 M が確認できたときである．

- $\mathcal{D}_{n_S,e_S}(s)$

を計算する.

手順 3. において $hash(M)$ と $\mathcal{D}_{n_S,e_S}(s)$ が一致すれば検証は成功であり，さもなくば失敗である．ハッシュ値 $hash(M)$ から M を求めたり，$hash(M') = hash(M)$ となる別の M' を偽造することは困難なので，$hash(M)$ に対する署名を M に対する署名と同等に信用できるものとして，認証子として扱うことができる.

5.1.4 実験：PGP を使った署名の実践

さてここで，RSA の実装を使った署名の実験をしてみよう.

Pretty Good Privacy (PGP) は，Phil Zimmermann によって 1991 年頃に開発された暗号ソフトウェアである．共通鍵暗号や公開鍵暗号による暗号化・復号や，署名，ハッシュ値の計算の機能などを持っている．商用の実装のほか，OpenPGP 規格 (RFC4880) [9] に沿って GPL (GNU General Public License) に基づいて作られた GNU Privacy Guard (GPG) と呼ばれる実装も知られている [7].

PGP は，RSA 方式に基づく暗号・署名をサポートしている．そこで本節では，これを使って，ファイルに対する署名を試みよう．今回は GPG を使い，UNIX 上で実験を行った．読者の手元の PC に GPG が入っていない場合は，

$$\text{http://www.gnupg.org/}$$

などから入手し，インストールすると良いだろう.

まず最初に，鍵を生成しよう．**gpg** コマンドを入力すると，以下のような表示が現れる（以下，下線部はキーボード入力である）.

```
$ gpg --gen-key
gpg (GnuPG) 1.4.11; Copyright (C) 2010 Free Software Foundation, Inc.
This is free software: you are free to change and redistribute it.
There is NO WARRANTY, to the extent permitted by law.

ご希望の鍵の種類を選択してください:
   (1) RSA と RSA (既定)
   (2) DSA と Elgamal
   (3) DSA (署名のみ)
   (4) RSA (署名のみ)
選択は?
```

ここでは，RSA 方式を指定しよう（「(1) RSA と RSA (既定)」とあるのは，署名で RSA を使い，暗号化でも RSA を使う，という意味）．さらに，鍵のビット長や有効期限を指定しておく.

90 ◆ 第 5 章 公開鍵暗号 (2) ── デジタル署名と公開鍵の配送

```
選択は? 1
RSA keys may be between 1024 and 4096 bits long.
どの鍵長にしますか? (2048) 2048
要求された鍵長は 2048 ビット
鍵の有効期限を指定してください。
          0 = 鍵は無期限
       <n>  = 鍵は n 日間で満了
       <n>w = 鍵は n 週間で満了
       <n>m = 鍵は n か月間で満了
       <n>y = 鍵は n 年間で満了
鍵の有効期間は? (0) 1
鍵は 2013 年 09 月 12 日 03 時 34 分 37 秒 JST で満了します
これで正しいですか? (y/N) y
```

さらに以下の情報を入れ，パスフレーズを与えれば，鍵の生成は完了である．

```
あなたの鍵を同定するためにユーザー ID が必要です。
このソフトは本名、コメント、電子メール・アドレスから
次の書式でユーザー ID を構成します:
    "Heinrich Heine (Der Dichter) <heinrichh@duesseldorf.de>"

本名: Test Kawabe
電子メール・アドレス: test-kawabe@example.com
コメント: test desu
次のユーザー ID を選択しました:
    "Test Kawabe (test desu) <test-kawabe@example.com>"

名前 (N)、コメント (C)、電子メール (E) の変更、または OK(O) か終了 (Q)? O
秘密鍵を保護するためにパスフレーズがいります。
パスフレーズを入力: *********
パスフレーズを再入力: *********
```

パスフレーズの入力後，以下のような表示が出て，鍵が生成される．なお，乱雑さの大きい乱数を得るためにキーボードの打鍵など，何かすることを求められる．PGP が開発された 1990 年代当時よりも計算機は随分速くなっているので，ここでは，動画を再生したりすると良いだろう．

```
今から長い乱数を生成します。キーボードを打つとか、マウスを動かす
とか、ディスクにアクセスするとかの他のことをすると、乱数生成子で
乱雑さの大きないい乱数を生成しやすくなるので、お勧めいたします。

十分な長さの乱数が得られません。OS がもっと乱雑さを収集
できるよう、何かしてください！（あと 280 バイトいります）
....+++++
+++++
今から長い乱数を生成します。キーボードを打つとか、マウスを動かす
とか、ディスクにアクセスするとかの他のことをすると、乱数生成子で
乱雑さの大きないい乱数を生成しやすくなるので、お勧めいたします。
.......+++++

十分な長さの乱数が得られません。OS がもっと乱雑さを収集
できるよう、何かしてください！（あと 90 バイトいります）
......+++++
gpg: 鍵 42EE6665 を絶対的に信用するよう記録しました
公開鍵と秘密鍵を作成し、署名しました。


gpg: 信用データベースの検査
gpg: 最小の「ある程度の信用」3、最小の「全面的信用」1、PGP 信用モデル
gpg: 深さ: 0  有効性:   2 署名:    0  信用: 0-, 0q, 0n, 0m, 0f, 2u
gpg: 次回の信用データベース検査は、2013-09-11 です
pub   2048R/42EE6665 2013-09-10 [満了: 2013-09-11]
                    指紋 = E4DC DBD0 6A1E 5D87 529C  0CB2 BD64 E0A1 42EE 6665
uid                   Test Kawabe (test desu) <test-kawabe@example.com>
sub   2048R/9D749192 2013-09-10 [満了: 2013-09-11]


$
```

ここで，再度 gpg コマンドを使い，生成された公開鍵を画面に表示してみる．

```
$ gpg --export -armor "Test Kawabe"
-----BEGIN PGP PUBLIC KEY BLOCK-----
Version: GnuPG v1.4.11 (GNU/Linux)

mQENBFIvZswBCADcfz//xmz4e6j67Pxu4f+AsY7BFQwljW9v8l2k6H5lcCOlzmpw
9Gm5CzuelaH+IzBXgKvnBo64WFmji4SUAUD+AYmX74TqT6Zwsb4wbCRjkzFMKy5E
ssMb8fV1q6YEqXMXWMGQXsHQK8AnOZ9as2qtP7WiRr+iR7P6WMBZSAl6x1eGzZgx
0cDw85Z89jc5uRO35lWHEmFTZ5C8e0yOfA8pr0FthD73RfoVeCcav8wT1mOoFiGm

(中略)

wGOsM9udbCckCgjKRsEt1mOmH2SPeGRJtqXQfLPxsUIjPYS8arAByGWQIW0U63tb
ejePnTyWIhL/SFmxORTgFvqbSG65I4smVZGjHrBQ/RQPLczeeFCrecGc9wKKm1Jf
CC1bQWa2oYRpOoJW
=yy2Q
-----END PGP PUBLIC KEY BLOCK-----
$
```

92 ◆ 第 5 章　公開鍵暗号 (2) —— デジタル署名と公開鍵の配送

さて，鍵の生成ができたところで，

signature test

という内容のテキストファイル「sig-test.txt」を作って，署名してみよう．以下のように
すればよい．

```
$ \rm sig-test.txt*
$ echo "signature test" > sig-test.txt
$ gpg -b -a sig-test.txt

次のユーザーの秘密鍵のロックを解除するには
パスフレーズがいります: "Test Kawabe (test desu) <test-kawabe@example.com>"
2048 ビット RSA 鍵，ID 42EE6665 作成日付は 2013-09-10

パスフレーズを入力:  *********
$
```

すると，sig-test.txt.asc という，署名をおさめたファイルができる．cat コマンドで，中
身を確認してみよう．

```
$ cat sig-test.txt.asc
-----BEGIN PGP SIGNATURE-----
Version: GnuPG v1.4.11 (GNU/Linux)

iQEcBAABAgAGBQJSL5VYAAoJEL1k4KFC7mZl6awIANgIz4xmYdEbSQWKqr6a6m7f
Lto+Fr56kUw1Anh2dTlSzNasxNAtp+i//DKOrxIDD/NBScOagi4jCoZX2TDiwTkn
oFV2biluw6oTjZvIL7gA2LgGBuhqIh+48J65gErJxnqjtXHwO6jvJz6DN91UpeYO
vraUneaIPUalSVESST52I+P9sudYCUiGohTrzhNqtuOx5rnI4GOc9t9kroHuYIwo
yfvlfdG/pwSMWdRIh5CSbKbIsYzZ5i/B6TXEGFWDw06xDTtKKnUo6x2fDJKZ8EN7
/qiGDntdude2CxYsQmWWGAQZxe27axCZ65k5rtYeSlcbI3xEc1u9aAkugGxHxAg=
=e4Pq
-----END PGP SIGNATURE-----
$
```

最後に，署名を検証しよう．ファイル sig-test.txt.asc にある署名を使って，テキストファ
イル sig-test.txt に対する検証を行ってみる．

```
$ gpg --verify sig-test.txt.asc sig-test.txt
gpg: 2013 年 09 月 11 日 06 時 55 分 36 秒 JST に RSA 鍵 ID 42EE6665 で施された署名
gpg:  "Test Kawabe (test desu) <test-kawabe@example.com>" からの正しい署名
$
```

うまく署名できているようである．さらにここで，試しに

```
$ gpg --verify sig-test.txt.asc sig-test.txt.asc
```

と入力してみよう．つまり，ファイル sig-test.txt.asc に入っている署名を使って，テキスト
ファイル sig-test.txt.asc に対する検証を行うのである．本来のファイル (sig-test.txt)
ではないものと付き合わせて検証するわけであるから，検証には失敗するはずである．すると，

```
gpg: 2013 年 09 月 11 日 06 時 55 分 36 秒 JST に RSA 鍵 ID 42EE6665 で施された署名
gpg: "Test Kawabe (test desu) <test-kawabe@example.com>" からの 不正な 署名
$
```

となり，（意図した通りに）不正な署名であるとの結果を得た．

gpg コマンドには様々な暗号アルゴリズムによる暗号化や署名の機能があるので，興味のあ
る読者は参考にされたい．

5.1.5 メッセージ認証コード

前節までに紹介したデジタル署名は，公開鍵暗号の鍵を用いて署名をする方式であった．こ
れに対応するものとして，共通鍵暗号の鍵を用いて署名をする方式を考えることができる．そ
れが，以下で述べるメッセージ認証コードである．

メッセージ認証コード (message authentication code; MAC) は，デジタル署名と異なり
否認不可能性は確保できないものの，メッセージの完全性を保証し，さらに メッセージ認証
(message authentication) を行える技術である．メッセージ認証とは，そのメッセージが正し
い送信者から送られたものであることを証明し，受信者に納得させることである．メッセージ
の送受信者が鍵を共有し，送受信者だけが同じ値（MAC 値と呼ばれる，共通鍵暗号の鍵を用
いた署名に相当する値）を生成できるようにすることで，攻撃者が送信者になりすますことを
防ぐ．デジタル署名とメッセージ認証コードの比較については，表 5.2 を参照されたい．

メッセージ認証のアルゴリズムは，任意長のデータと送受信者の共通鍵を入力し，MAC 値を出
力する．様々な実現法があるが，ここではハッシュ関数を使う方式である **HMAC** (hash-based
message authentication code; HMAC) を紹介しよう．HMAC では，ハッシュ関数 $hash$ を
使って

$$hash((key \oplus opad) \| hash((key \oplus ipad) \| mesg))$$

表 **5.2** デジタル署名とメッセージ認証コードの比較．

	デジタル署名	メッセージ認証コード
否認不可能性	○	×
認証	○	○
完全性	○	○
使われる鍵	送信者の秘密鍵	送受信者で共有する鍵

94 ◆ 第5章 公開鍵暗号 (2) — デジタル署名と公開鍵の配送

を計算することで，MAC値を求める．ただし，*mesg* と *key* は，それぞれ，メッセージと鍵である．鍵 *key* のビット長がハッシュ関数 *hash* のブロック長よりも短いときは，*key* の値を左に寄せて末尾を 0 で埋めておく．また *opad* と *ipad* は，それぞれ，ビット列 01011100 と 00110110 をハッシュ関数のブロック長まで繰り返したものである．さらに，$A \parallel B$ はデータ A と B の連接であり，$\oplus$ は排他的論理和である．

メッセージ認証コードの利用手順は，以下の通りである．

1. 送受信者は，事前に鍵 *key* を共有しておく．
2. 送信者は，メッセージ *mes* だけでなく，MAC値 *mac* とメッセージの組 (mac, mes) を受信者に送る．
3. 組 (m, mes) を受け取った受信者は，メッセージ *mes* と鍵 *key* を使って，MAC値を独自に計算する．

手順 3. で計算した結果が m と一致すれば，m は正しいMAC値である（認証成功）．さもなくば，正しい送信者ではないと判断する（認証失敗）．

5.1.6 ブラインド署名

封筒に紙とカーボンコピー用紙を一緒に入れ，封筒の外から手書きで署名すると，中に入れた紙にも署名が写りこむ．これと同じことを電子的に実現する方法として，**ブラインド署名** (blind signature) が知られている．ブラインド署名は「署名者にデータの中身を知られることなく署名が行われる」という特徴があるため，電子現金や電子投票に利用される．たとえば，電子投票 [3] では「投票先を書き込んだ投票券」を有効化するために，有権者がその投票券を選挙管理委員に送り，署名を受ける．投票先は，選挙管理委員を含む誰にも知られてはならないので，ブラインド署名が利用される．

カーボン用紙が仕込まれた封筒にデータ m を入れる操作を $blind(m, b)$，封筒 m' の中身を取り出す操作を $unblind(m', b)$ で表す．ただし，上記の b はノンスである．等式

$$unblind(\mathcal{E}_{n,d}(blind(m, b)), b) = \mathcal{E}_{n,d}(m)$$

の両辺は，

- $unblind(\mathcal{E}_{n,d}(blind(m, b)), b)$：データ m をカーボン用紙が仕込まれた封筒に入れ，秘密鍵 d で封筒の外側から署名してから，中身を取り出した結果
- $\mathcal{E}_{n,d}(m)$：データ m に直接署名した結果

である．よって，この等式の両辺が一致するということは，

「$blind(m, b)$ の値を得ても m がわからないとき，署名者にデータ m の中身を知られることなく m への署名ができる」

ことを表す．

公開鍵 (n, e)，秘密鍵 d の RSA 方式を使って，ブラインド署名を実現することを考えよう．

前提として，ノンス b は n と互いに素でなければならない．さらに，$0 < b < n$ とする．このとき，関数 $blind$ と関数 $unblind$ は，

$$
\begin{cases}
blind(m, b) &= m \cdot b^e \bmod n \\
unblind(m', b) &= m' \cdot b^{-1} \bmod n
\end{cases}
$$

で与えられる．ただし b^{-1} は，$b \cdot b^{-1} \bmod n = 1$ となる値で，図 4.2 にある手続き inv を使って $\text{inv}(b, n)$ を計算すれば求められる．

いま，$ed \bmod \phi(n) = 1$ より，ある α を使って $ed = \alpha\phi(n) + 1$ と書けることと，オイラーの定理より $b^{\phi(n)} \bmod n = 1$ であるから，

$$
\begin{aligned}
\mathcal{E}_{n,d}(blind(m, b)) &= (m \cdot b^e \bmod n)^d \bmod n \\
&= m^d \cdot b^{ed} \bmod n \\
&= (m^d \bmod n)(b^{ed} \bmod n) \bmod n \\
&= (m^d \bmod n)(b^{\alpha\phi(n)+1} \bmod n) \bmod n \\
&= (m^d \bmod n)(b \cdot b^{\alpha\phi(n)} \bmod n) \bmod n \\
&= (m^d \bmod n)((b \bmod n)(b^{\alpha\phi(n)} \bmod n) \bmod n) \bmod n \\
&= (m^d \bmod n)((b \bmod n)((b^{\phi(n)} \bmod n)^{\alpha}) \bmod n) \bmod n \\
&= (m^d \bmod n)((b \bmod n)(1^{\alpha}) \bmod n) \bmod n \\
&= (m^d \bmod n)(b \bmod n) \bmod n \\
&= m^d \cdot b \bmod n
\end{aligned}
$$

である．さらに，$b \cdot b^{-1} \bmod n = 1$ より，

$$
\begin{aligned}
unblind(\mathcal{E}_{n,d}(blind(m, b)), b) &= unblind(m^d \cdot b \bmod n, b) \\
&= (m^d \cdot b \bmod n) \cdot b^{-1} \bmod n \\
&= (m^d \cdot b \cdot b^{-1}) \bmod n \\
&= (m^d \bmod n)(b \cdot b^{-1} \bmod n) \bmod n \\
&= (m^d \bmod n) \cdot 1 \bmod n \\
&= m^d \bmod n \\
&= \mathcal{E}_{n,d}(m)
\end{aligned}
$$

である．

5.2 公開鍵の配送について

5.2.1 中間者攻撃

これまでの公開鍵暗号（およびデジタル署名）の話では，事前に送受信者の間で公開鍵が正しく共有できていると仮定した．しかし，この仮定は常に成り立つと思って良いのだろうか．実際には，（場合によっては，送受信者も気づかずに）正しくない公開鍵が使われて情報が漏れて

96 ◆ 第 5 章　公開鍵暗号 (2) — デジタル署名と公開鍵の配送

図 **5.1**　素朴な公開鍵の共有.

しまう，ということがありうる．まず，素朴な方法で公開鍵を共有する手順（図 5.1）を確認しよう．この手順は，

1. まず最初に送信者 S が「公開鍵を送って欲しい」と受信者 R に依頼する．
2. R はそれに応えて，自身の公開鍵 (n_R, e_R) を S へ送る．
3. R の公開鍵を受け取ったら，S はその鍵でデータを暗号化して R に送る．

というものである．一見すると何の不備も無いように見えるやりとりだが，じつは，**中間者攻撃** (man-in-the-middle attack) と呼ばれる次のような攻撃が可能である．インターネットなどの環境では，単なる盗聴のほか，メッセージを止めてしまったりすり替えたりする攻撃者も考えられる．たとえば図 5.2 を見ると，送受信者の間に立ち，送受信者間で流れるメッセージをブロック・操作する攻撃者（中間者）がいる．この状況では，送受信者は図 5.1 の手順のつもりでやりとりをしても，実際には，中間者に通信内容を盗聴され，また通信内容をすり替えられてしまう．やりとりの様子（図 5.2）は，以下の通りである．

1. 送信者 S（図 5.2 の左側）は「公開鍵を送って欲しい」というリクエストを受信者 R（図 5.2 の右側）に送る．しかし，これは中間者 E（攻撃者）によって一旦ブロックされる．その後，E は R にそのリクエストを転送する．

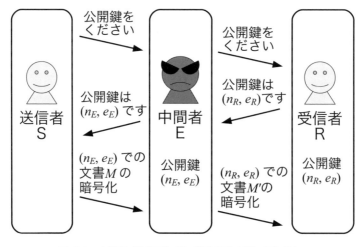

図 **5.2**　中間者（攻撃者）が，送受信者の間に割り込む.

2. R は，自身の公開鍵 (n_R, e_R) を S に向けて送る．しかし実際には，このメッセージは中間者 E によってブロックされ，S には届かない．

3. E は，ブロックした公開鍵 (n_R, e_R) の代わりに，E 自身の公開鍵 (n_E, e_E) を S に送る．

4. S は E の公開鍵 (n_E, e_E) を R の公開鍵だと誤解したまま受け取る．さらに，平文 M を鍵 (n_E, e_E) で暗号化し，その結果 $\mathcal{E}_{n_E, e_E}(M)$ を R に向けて送る．

5. 中間者 E は，メッセージ $\mathcal{E}_{n_E, e_E}(M)$ をブロックする．もともと，(n_E, e_E) は E の公開鍵であるから，この中間者は対応する秘密鍵を持っている．よって，E は平文 M を取り出して通信内容を盗み見ることができる．

6. さらに，適当な平文 M' を作って R の公開鍵 (n_R, e_R) で暗号化する．そして，暗号文 $\mathcal{E}_{n_R, e_R}(M')$ を R に送ることで，通信内容のすり替えを行うこともできる．

中間者は暗号を解読することなく，平文 M を手に入れている点に注意しよう．つまり，この攻撃は，プロトコルの不備をついた攻撃である．たとえ暗号が完全でも，その暗号を使うプロトコルに不備があれば，情報が漏れてしまう．

ところで上記の例では，簡単化のため，いくらか簡略化した設定で説明した．Gavin Lowe は，1995 年に（上記で述べた設定の完全版と言える）Needham-Schroeder 公開鍵認証プロトコル [6] を扱い，中間者攻撃の存在を指摘している [4]．さらに Lowe は，プロトコルの不備に対する改善策も示している（その改善を施したプロトコルは，Needham-Schroeder-Lowe プロトコルと呼ばれている）．Needham-Schroeder 公開鍵認証プロトコルの発表は 1978 年であるから，じつに 20 年近く不備が見逃されてきたことになる．ここに，安全なセキュリティプロトコルを設計することの難しさを垣間見ることができる．最近では，セキュリティプロトコルが安全に設計できていることを示すため，**形式手法**，**数理的技法** または **フォーマルメソッド** (formal method) と呼ばれる手法を用いて，論理的にプロトコルの正しさを保証することが行われている．Lowe も，Needham-Schroeder 公開鍵認証プロトコルに対しては，形式手法に基づき，FDR[2] と呼ばれるツールを使って検証を行っている [5]．

5.2.2 公開鍵基盤 (PKI)

前節で見たように，公開鍵暗号を使う上で「正しい公開鍵」を使うことは，大変重要である．そこで，「この公開鍵は本物である」という保証をする手段が必要になる．これを実現するのが，**公開鍵基盤** あるいは **PKI** (public-key infrastructure) である．公開鍵基盤には **認証局** あるいは **CA** (certification authority) と呼ばれる構成要素（エンティティ）がいて，利用者の身元確認を行ったり，公開鍵が本物であることの「お墨付き」である **公開鍵証明書** (public-key certificate) を発行する．認証局は，信用できる存在でなければならない．このような存在は，**信用できる第 3 者** または **TTP** (trusted third party) と呼ばれる．認証局を利用する手順は公開鍵基盤ごとに異なるが，たとえば以下のようなものである（図 5.3）．これは，送信者 S が

---

[2] FDR は "Failures-Divergences Refinement" の略．しかし，FDR という略称の方がよく知られているようである．

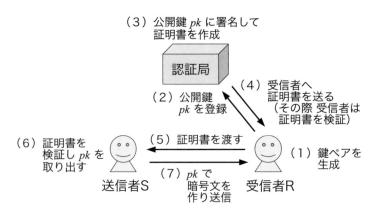

図 5.3 認証局を用いた鍵の配送．

受信者 R の公開鍵を得て，メッセージを送るまでの流れである．

1. 利用者 R は，公開鍵 $pk = (n_R, e_R)$ と秘密鍵 d_R のペアを生成する．
2. R は，1. で生成した公開鍵 pk を，認証局に送る．このとき，身分証明書を見せるなど，何らかの方法で自分の身元証明を行う．
3. 認証局は，R の身元がチェックできたら，

   - R の公開鍵 pk
   - 利用者 R の識別子
   - 証明書のシリアル番号
   - 証明書の有効期限

   などを含むメッセージ $M = pk \| R \| \ldots$ を作り，認証局自身の秘密鍵 d_{CA} で M に署名する．ここで，M は公開鍵証明書である．なお，署名 $\mathcal{E}_{n_{CA}, d_{CA}}(M)$ に対する検証を行うために，すべての利用者に認証局の公開鍵 (n_{CA}, e_{CA}) をあらかじめ配布しておく必要があるが，これは正しく行われていると仮定する．
4. 認証局から R に，M と $\mathcal{E}_{n_{CA}, d_{CA}}(M)$ を送る．この際，R は認証局の公開鍵 (n_{CA}, e_{CA}) を使って，署名 $\mathcal{E}_{n_{CA}, d_{CA}}(M)$ を検証する．
5. 署名の正当性が確認できたら，R は，公開鍵を共有したい利用者 S に対して，M と $\mathcal{E}_{n_{CA}, d_{CA}}(M)$ を送る．
6. S は，認証局の公開鍵で署名 $\mathcal{E}_{n_{CA}, d_{CA}}(M)$ を検証し，署名の正当性を確かめる．さらに，M の内容を確かめて問題なければ，M から公開鍵 pk を取り出す．
7. S は公開鍵 pk を使って暗号文を作り，R に送る．

なお，手順 7. で，S が共通鍵暗号の鍵 K を生成し，それを暗号化して R に送れば，その後の S と R の間の暗号通信は共通鍵暗号で行うことができる．一般に，公開鍵暗号は共通鍵暗号に比べて暗号化や復号に時間がかかるので，このようにするのは処理速度の点から有利である．

表 5.3 X.509 で定める公開鍵証明書のフォーマット（バージョン 1）.

X.509 公開鍵証明書のバージョン番号
シリアル番号
証明書の発行者名
証明書の有効期限（いつから）
証明書の有効期限（いつまで）
利用者名（公開鍵の所有者の名前やメールアドレス）
公開鍵のアルゴリズム
公開鍵本体
予備領域（詳しくは，省略）
上記項目に署名をする際に使うアルゴリズムの名前
上記項目に対する認証局による署名

公開鍵基盤については，国際電気通信連合 (ITU) が **X.509** と呼ばれる規格を設けている (ISO/IEC 9594-8 も同一の規格) [8]. この規格では，公開鍵証明書（上記手順 1. から 7. における，メッセージ M）のフォーマットなどを定めている. 表 5.3 に，X.509 で定める公開鍵証明書の項目を示す.

また X.509 では，認証局間の相互認証についても定めている. 単独の認証局で世界中のすべての利用者を扱うことは，事実上不可能である. そこで通常は，組織や地域に応じて複数の認証局を用意し，運用することになる. しかし，複数の認証局を使うとなると，

「各認証局の公開鍵の正しさを，誰が保証するのか」

という問題に突き当たる. この問題に対する最も簡単な方法は，認証局を階層的に配置し，上位の認証局が下位の認証局の公開鍵の正しさを保証する，というものである. たとえば，ある大学であれば，工学部の認証局，経営学部の認証局，情報科学部の認証局，... といったように学部ごとに認証局を設置し，さらに大学全体の認証局を設けて，各学部の認証局の公開鍵の正しさを保証する. 大学全体の認証局には，さらなる上位の認証局は存在しない. こうした組織の最上位の認証局は，**ルート認証局** とか **ルート CA** (root certificate authority) と呼ばれる[3].

このほか，認証局は，公開鍵が使えなくなったときの破棄処理も行う. 利用者が公開鍵に対応する秘密鍵を紛失・漏えいしてしまった場合などに，利用者からの申し出を受けて，認証局は証明書を破棄する処理を行う. 認証局は，**失効リスト** (certification revocation list; CRL) と呼ばれる，破棄された公開鍵証明書のシリアル番号の一覧を持っている. そして，失効リストとそれに対する署名を，利用者に常時公開している. 手元にある公開鍵のシリアル番号が失効リストに載っている場合，対応する秘密鍵はすでに攻撃者の手に渡っていると考えるべきである. したがって，その公開鍵は使うべきではない. また一般に，公開鍵基盤の利用者は，認証局の最新の失効リストを調べ，手元の公開鍵が安全に使用可能なものなのかをチェックする必要がある. もちろん，自分の鍵が破棄すべき状態になってしまった場合は，速やかに認証局

---

[3] ルート CA では，自分自身の公開鍵に対して署名する運用が行われることがある.

に届け出なければならない．

5.2.3 PGP と信用の輪

5.1.4項で紹介した PGP では，**信用の輪**（web of trust. **信頼の輪**と呼ばれることもある）と呼ばれる考え方に基づく相互認証を採り入れている．この考え方は，十分に信用できる知り合い（自分のメール仲間など）に依頼して自分の公開鍵に署名してもらうことで，公開鍵の信用性をその人に保証してもらう，というものである．たとえば，図 5.4 の双方向矢印（⟷）は，

「お互いの公開鍵が間違いなく本物であると，信じている」

という信用関係を表す．Alice と Bob は互いに信用しているし，Bob と Christine も互いに信用している．さらに，Christine と David の間にも信用関係がある．また，Alice と David の間には，Bob および Christine を経由する形での信用がある．その他の利用者間の信用関係も，同様である．2 者間に信用があるとき，**信用パス**（trust path）あると言う．

認証局を使う方式が TTP からお墨付きをもらうというトップダウン的なアプローチであるのに対して，信用の輪はボトムアップ的なアプローチと言えるだろう．信用の輪の場合では，「導入の際に，どこかの認証局を探して自分の公開鍵を登録しなければならない」といった手間はかからない．比較的コストが小さいと言え，容易に使うことができる．やりとりをする範囲が比較的小規模な場合に，信用の輪は使いやすい方法といえるだろう．しかし一方で，電子商取引など，見知らぬ相手とやりとりする場合には，公開鍵基盤方式を使うのが望ましいと言える．

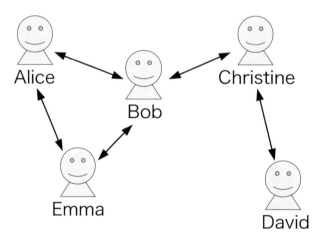

図 5.4 信用の輪．

演習問題

設問1 UNIX の `openssl` コマンドには，指定したファイルのハッシュ値を計算して返す機能がある．これを使って，`sig-test.txt` ファイルのハッシュ値を計算せよ．ハッシュ関数としては，SHA-1 を指定せよ．

設問2 遠隔地にいる2人のユーザ A と B の間で，メールでじゃんけんをすることを考えよう．

> 1. A は，自分の「手（グー，チョキ，パー）」とノンスをファイル（`janken.txt`）に書き込み，さらに `janken.txt` のハッシュ値 h を求める．A は B に，h を送る．
> 2. B は A に，自分の「手」を送る．
> 3. A は B に，`janken.txt` を送る．B は受け取ったファイルのハッシュ値を求め，h と一致するかを確認する．一致すれば，`janken.txt` の完全性が成り立つ．
> 4. A と B は，互いに交換した情報から，じゃんけんの勝ち負けを判定する．

> ここで，以下に答えよ．

(Q1) ユーザ A と B が，不正（あと出し，途中で手を変える）をできない理由を述べよ．

(Q2) `janken.txt` に自分の「手」のみを書き込んでノンスを書き込まない場合，B は A の手がわかってしまう．なぜか．

設問3 PGP の実装（たとえば `gpg`）を使って，適当なデータに対して署名および検証を行え．

設問4 メッセージ認証コードで否認防止ができない理由を考えよ．

設問5 公開鍵基盤の実装を2つ挙げ，どのようなものかを詳しく調べてまとめよ．

参考文献

[1] Diffie, W. and Hellman, M., "New Directions in Cryptography." *IEEE Trans. on Info. Theory*, Vol. IT-22(6), pp. 644–654, 1976.

[2] Rivest, R. L., Shamir, A., and Adleman, L., "A Method for Obtaining Digital Signatures and Public-Key Cryptosystems." *Comm. ACM*, Vol. 21(2), pp. 120–126, 1978.

[3] Fujioka, A., Okamoto, T., and Ohta, K., "A practical secret voting scheme for large scale elections." *AUSCRYPT '92*, LNCS 718, pp. 244–251, 1993.

[4] Lowe, G., "An attack on the Needham-Schroeder public key authentication protocol." *Information Processing Letters*, Vol. 56 (3), pp. 131–133, 1995.

[5] Lowe, G., "Breaking and fixing the Needham-Schroeder Public-Key Protocol using FDR." *TACAS '96*, LNCS 1055, pp 147–166, 1996.

[6] Needham, R., and Schroeder, M., "Using encryption for authentication in large networks of computers." *Comm. ACM*, Vol. 21(12), pp. 993–999, 1978.

[7] "The GNU Privacy Guard – GnuPG.org." `http://www.gnupg.org/`

[8] ITU-T, "ITU-T Recommendation database." `http://www.itu.int/ITU-T/X.509`

[9] OpenPGP.org, "The OpenPGP Alliance Home Page." `http://www.openpgp.org/`

推薦図書

[10] 岡本龍明，山本博資，『現代暗号』，産業図書 (1997).

[11] 萩谷昌己，塚田恭章 編，『数理的技法による情報セキュリティ』，共立出版 (2010).

第6章

ユーザ認証

□ 学習のポイント

　スマートフォン，PC，Web サーバへのログインの際に実施するユーザ認証は，私たちにとって最も身近なセキュリティコントロールと言える．本章では，この重要かつ必需のセキュリティ要素技術であるユーザ認証の仕組みについて掘り下げる．また，近年はマルウェアによる Web サービスの不正利用が大きな問題となっており，ユーザが人間であることを認証する技術が必要となっている．本章では，通信相手が人間かコンピュータであるかを検査するチューリングテストを実現する CAPTCHA 技術についても学ぶ．

- ユーザ認証の原理を理解する．
- 3 種類に大別される認証情報のそれぞれについて理解する．
- ユーザ認証に対する脅威について学ぶ．
- ユーザ認証を強化するための各種方法を学ぶ．
- CAPTCHA の仕組みを理解する．

□ キーワード

　1 対 1 認証，1 対 n 認証，認証トークン，What-you-have，パスワード，What-you-know，生体認証，What-you-are，総当たり攻撃，辞書攻撃，リスト攻撃，レインボー攻撃，覗き見攻撃，偽造生体，リプレイ攻撃，ソーシャルエンジニアリング，マン・イン・ザ・ブラウザ攻撃，多要素認証，タールピット，ソルト，生体検知，テンプレート保護型生体認証，ワンタイムパスワード，チャレンジ＆レスポンス，アウトオブバンド認証，CAPTCHA，チューリングテスト，リレー攻撃

6.1　ユーザ認証とは

　ユーザ認証 (User authentication) とは，「被認証者」が本人であることを「認証者」に確信させる技術の総称である．一般的に，サービス提供者が認証者であり，サービス利用者が被認証者となる．たとえば，ユーザが自身のスマートフォンや PC を利用する際には，スマートフォンまたは PC（認証者）がユーザ（被認証者）を認証することになる．また，ユーザが Web サービスを利用する際には，Web サーバ（認証者）がユーザ（被認証者）を認証する．

　ここで，厳密には，認証者による被認証者の身元確認だけでなく，被認証者による認証者の

身元確認も重要であることを知っておくべきである．特にオンラインサービスの場合は，相手を物理的に視認することができないため，フィッシングサイト（本物のサービス提供者を騙った偽物の Web サーバ）などによる詐欺が横行している．オンラインバンキングやオンラインショッピングなどにおいてはこの問題は致命的であり，これに対し，公開鍵証明書によるサーバ認証がすでに実用に供されている．このように，ユーザ認証（認証者による被認証者の身元確認）は，本来的には，サーバ認証（被認証者による認証者の身元確認）とワンセットとなって機能するセキュリティ要素技術であると言える．

9.4.1 項で後述するように，認証 (Authentication)，認可 (Authorization)，記録 (Accounting) が情報セキュリティ対策の基本機能である．主体（人，装置，プログラムなど）の認証は，この「認証・認可・記録」の起点を成す重要なセキュリティ要素技術である．そして，その中でも，利用者の正当性・真正性を検証する役割を担うユーザ認証は，私たちユーザにとって最も身近な技術である．私たちは日頃から，スマートフォン，PC，Web サーバなどの情報資源を定常的に利用しているが，その利用の都度，毎回ほぼ必ず，ユーザ認証の実施が強制され，自身が正規ユーザである旨を証することが求められる．

6.2 ユーザ認証の仕組み

ユーザ認証の概念は，古くから「合言葉」という形で世界中の至る所に存在している．認証者と被認証者は，認証のために用いる何らかの情報（合言葉やパスワードといった認証情報）を前もって秘密裏に共有しておく．その後，被認証者がその認証情報を提示することができた場合に，認証者は被認証者を正規ユーザとして承認する．すなわちユーザ認証は，「登録フェーズ」と「認証フェーズ」から構成される形態となる（図 6.1）．登録フェーズにて共有される認証情報と認証フェーズにて入力される認証情報を区別するために，ここでは，前者の認証情報を「登録情報 [1]」，後者の認証情報を「提示情報」という名称で呼び分ける．

登録フェーズでは，認証者と被認証者が認証情報を共有する手順が実行される．認証情報は，その後の認証フェーズにおけるトラストアンカ（信用の起点）となる情報であるため，登録フェーズでは，第三者による盗聴や覗き見を排除することはもちろんのこと，被認証者が他人を騙ってユーザ登録することを阻止することも必要となる．また，認証情報の漏えいはなりすましに直結するため，認証情報は，推測・複製が困難なものでなければならず，かつ，認証者と被認証者の間で秘密に保管されることが求められる．複数のユーザを収容するシステムにおいては，認証情報はユーザ名とセットとなって管理されている．

認証フェーズでは，被認証者が認証者に認証情報を提示し，認証者が認証情報を確認する手順が実行される．典型的には，被認証者が「ある特定のユーザ本人」であるか否かの照合 (Verification) が行われる．これを「1 対 1 認証」もしくは「ID 付き認証」と呼ぶ．1 対 1 認証においては，被認証者が認証者に提示するのはユーザ名と認証情報のセットとなる．認証者は，ユーザ名に紐づく登録情報を取り出し，提示された認証情報がその登録情報と等しい（も

---

[1] 生体認証では「テンプレート」と呼ばれることが多い．

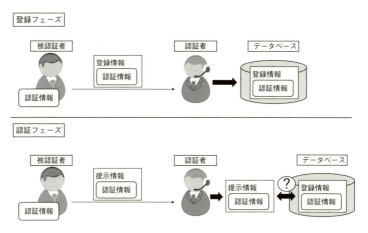

図 6.1 ユーザ認証.

しくは十分近い）ことを検査することによって，被認証者が正規ユーザであるか否かの確認を行う．これに対し，被認証者が「登録されているユーザ群の内のどのユーザ」であるかの識別 (Identification) を行うものを，「1 対 n 認証」もしくは「ID レス認証」と呼ぶ．1 対 n 認証においては，被認証者が認証者に提示するのは認証情報のみである．認証者は，登録されている全ユーザの登録情報に対し，提示された認証情報がどのユーザの登録情報と等しい（もしくは十分近い）かを検査することによって，被認証者の身元を特定する．認証フェーズにおいても，認証情報の漏えい防止は必須であり，第三者による盗聴や覗き見に対する対策が求められる．

6.3 認証情報

認証情報は，What-you-have 型，What-you-know 型，What-you-are 型の 3 種類に大別される（表 6.1）.

表 6.1 認証情報の種類[2].

型	長所	短所	例
What-you-have	・認証検査が簡素 ・認証情報空間の確保が容易 ・認証情報の更新が容易 ・認証情報の記憶が不要	・所有物の所持が必要 ・所有物の盗用や貸与によるなりすまし	認証トークン スマートフォン
What-you-know	・認証検査が簡素 ・認証情報の更新が可能 ・所有物の所持が不要	・認証情報を記憶する負荷 ・認証情報空間が狭い ・認証情報の漏えいや伝授によるなりすまし	パスワード パス画像
What-you-are	・認証情報の記憶が不要 ・所有物の所持が不要 ・ユーザの本人性を直接認証している	・認証精度が不十分 ・プライバシーの問題 ・生体情報は更新できない ・偽造生体によるなりすまし	顔，指紋 音声，歩容

---

[2] 9.5.1 項 (1) も参照されたい．

6.3.1 What-you-have 型

What-you-have 型の認証情報は，被認証者のみが持つ所有物に関する情報であり，認証トークンがその典型である．認証トークンの中に秘密データが格納されており，登録フェーズの時点でその秘密データを被認証者と認証者とで共有しておくという運用が一般的である．すなわち，What-you-have 型の認証情報の実体は被認証者と認証者の間で共有される秘密データに他ならず，この構造が様々な特長を産み出している．

第1の特長は，認証検査が簡素な点である．認証情報が n ビットのデータ列 D である場合，提示情報（認証フェーズにて被認証者から提示された認証情報 D2）と登録情報（登録フェーズにて登録された認証情報 D1）の一致は単純なビット検査で実行できる．また，D1=D2 であれば任意の関数 f に対して f(D1)=f(D2) が成り立つため，データ列 D そのものの一致を暗号ドメインで確認することができる．たとえば，ハッシュ関数 H を用いて H(D1)=H(D2) を検査するようにすれば，検査者（認証者）に生のデータ列 D を隠したままで，提示情報 H(D2) と登録情報 H(D1) の一致／不一致を確認可能である．事実，現在実運用されている認証システムのほとんどが，登録情報を H(D) の形で保管している．

第2の特長は，認証情報空間の確保である．現代暗号においては「計算量的安全」と呼ばれる安全性指標があり，その時代の最速のコンピュータを用いたとしても暗号鍵の全数探索（総当たり攻撃 (Brute force attack) によってしらみつぶしに暗号鍵を発見する）に天文学的な時間を要することが期待される程度の鍵空間を用意する必要がある．2015 年の時点で共通鍵暗号の鍵は 256 ビット（すなわち 2^{256} 通りの鍵空間）が推奨されているので，認証情報のデータ列 D を 256 ビット以上の乱数として設定すれば，ユーザ認証においても現代暗号レベルの安全性（すなわち 2^{256} 通りの認証情報空間）を確保することができるということになる．

第3の特長は，認証情報の更新である．認証トークン内に記録されているデータ列 D を変更することによって，認証情報を更新することができる．認証トークン（被認証者）と認証サーバ（認証者）の間でデータ列 D を更新するためのルールを共有し，そのルール通りに認証情報を更新してやれば，ワンタイムパスワード (One-Time Password) 型のユーザ認証として運用することも可能である．たとえば，S/KEY と呼ばれる方式 [1] では，ハッシュ関数 H を用いて図 6.2 のようなワンタイムパスワードを実現している．

What-you-have 型認証の短所は，被認証者であるユーザに認証トークンの常時携帯を強いる点である．ユーザが認証トークンを携帯し忘れたり，紛失してしまった場合は，ユーザ認証を実行することができない．また，What-you-have 型認証は「認証トークンを所持しているユーザ」か否かを確認しているに過ぎないため，認証トークンの盗用（攻撃者が，盗んだ認証トークンを提示することによって他人になりすます）や貸与には無力である．すなわち，What-you-have 型の認証情報においては，利便性（常時携帯の負担）と安全性がトレードオフの関係となる．ただし，近年のスマートフォンの普及によって，ユーザが各自のデバイス（スマートフォン）を常時携帯するという環境が一般化しつつある．ユーザのスマートフォンを認証トークンとして用いる形の What-you-have 型認証は，今後ますます増加していくだろう．

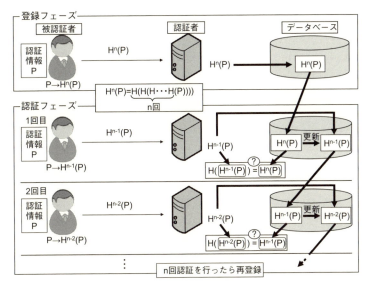

図 **6.2** S/KEY.

6.3.2 What-you-know 型

What-you-know 型の認証情報は，被認証者（と認証者）のみが知る記憶情報であり，パスワードがその典型である．記憶とは人間の脳内に保管されている秘密情報であることに鑑みると，What-you-know 型認証を「脳を認証トークンとした What-you-have 型認証」と捉えることができる．すなわち，What-you-know 型認証は，6.3.1 項で述べた What-you-have 型認証の特長（の多く[3]）を継承する．そしてその上で，自分の身体（脳）以外の持ち物が不要であるという点で，What-you-have 型認証が有する利便性（常時携帯の負担）と安全性のトレードオフを克服している．現在，パスワード認証が世界中で最もよく利用されている理由の大きな要因の 1 つが，What-you-know 型認証が持つこれらの特長にあると考えられる．

What-you-know 型認証の最大の短所は，認証情報空間の確保の難しさである．被認証者（ユーザ）が人間である以上，その記憶能力には限界がある．6.3.1 項で述べた通り，本著執筆当時で共通鍵暗号の鍵は 256 ビットが推奨されている．これに対し，人間の短期記憶の容量は 7 ± 2 チャンク[4] と言われており [2]，人間が覚えられるパスワードは 5〜9 文字となる．128 通りの文字（数字，アルファベットの大文字・小文字，特殊記号など）を含むキーボードを使用したとすると，9 文字のパスワードは 128^9 通りのパスワード空間を構成するが，これは暗号鍵 63 ビット分（$128^9 = 2^{63}$）にしか満たない．記憶するパスワードの文字数を増やすことは，ユーザの利便性の低下（そもそも覚えきれない，何とか覚えたとしてもすぐに忘れてしまう）に直

---

[3] ただし，後述の通り，What-you-know 型認証においては，What-you-have 型認証が有する第 2 の特長（認証情報空間の確保）については，これを満たさない．
[4] チャンクとは，「意味のまとまり」または「意味の塊」．ランダムパスワードの場合は，パスワードを構成する文字間には意味のつながりはないため，各文字を 1 文字ずつ独立に覚えることになる．すなわち，人間が覚えられるランダムパスワードの文字数は，一般的に 5〜9 文字となる．

108 ◆ 第6章 ユーザ認証

結する．また，ユーザにとって覚えやすい情報（たとえば，生年月日や住所などの個人情報や，フレーズやことわざなどの一般知識）は，一般的に，攻撃者にとっても推測しやすい情報となる．このため，そのような情報をパスワードとして選んでしまうと，推測攻撃に対して脆弱となる．以上にように，What-you-know 型の認証情報においては，利便性（記憶の負担）と安全性がトレードオフの関係となる．

6.3.3 What-you-are 型

What-you-are 型の認証情報は，被認証者（ユーザ）各自の生体情報であり，これが What-you-are 型認証が「生体認証 (Biometric authentication)」と呼ばれる所以である．生体情報は，指紋，静脈，顔などの静的情報と，手書き署名，音声，歩容などの動的情報に大別される．6.3.2 項で What-you-know 型認証が（自分の身体以外の）持ち物が不要な What-you-have 型認証であるという説明をしたが，What-you-are 型認証においては「認証情報を記憶する」という行為さえ不要である．また，生体情報は身体の一部であるため，ユーザが自分の生体情報を紛失したり，どこかに置き忘れるようなことも起こりえない．さらに，所有物あるいは記憶情報の確認を通じてユーザを間接的に検査している What-you-have 型認証，What-you-know 型認証に対し，What-you-are 型認証はユーザの本人性を直接検査している．これらの特長が，What-you-are 型認証を「究極のユーザ認証」と呼ばしめている．

しかし，What-you-are 型認証には解決すべき課題も多く残っており，これらに対する技術的あるいは法的な解決が生体認証の本格的な普及への鍵となる．

What-you-are 型認証の第 1 の課題が認証精度である．一般的に，生体情報はアナログ情報であるため，静的な生体情報であっても読み取りのたびに誤差が混入することになる．動的な生体情報に至っては，ユーザがまったく同じ動作を再現することは不可能であると言ってよいだろう．このため，提示情報（認証フェーズにて被認証者から提示された生体情報 B2）とテンプレート（登録フェーズにて登録された生体情報 B1）が完全に一致することはなく，両者が十分に近いか（両者の類似度が閾値以内か）否かを確認することになる．生体情報に混入する誤差は非線形であり，モデル化も困難であるため，類似度の検査には高度なアルゴリズムが要求される．本人拒否の発生を防ぐためには類似度検査の閾値をできるだけ緩くする必要があるが，閾値を緩くし過ぎると今度は他人受入が発生しやすくなるため，閾値設定の調整が難しい．また，$B1 \approx B2$ であってもそのハッシュ値は $H(B1) \approx H(B2)$ とはならないため，生体情報 B の類似度を暗号ドメインで確認することができない．さらに，生体情報は基本的に他人であっても類似した形状となっている（たとえば，指紋が市松模様の形状となっている人はいない）ため，生体情報空間の大きさ自体も限定的となっている [5]．

What-you-are 型認証の第 2 の課題はプライバシーである．生体情報は，個人の身体的な情報であるため，生体情報から本人を特定することが可能である．また，パスワードや認証トー

---

[5] 生体情報空間の大きさについては，これを正確に評価する方法は現在のところ知られていないが，実用的には「他人受入率の逆数」が生体情報空間の大きさ（正確には，当該生体認証装置に対する生体情報空間の大きさ）と考えられる [3]．仮に生体認証システムが 99.9999%の精度（他人受入率 0.0001%）を有していたとしても，生体情報の空間はたかだか 100 万通りである．

クンのように変更や交換によって本人との紐づきをリセットできないため，匿名ユーザ群または仮名ユーザ群の複数の生体情報に対し，生体情報を使って同一ユーザを名寄せすることが可能である．また，上述のように，生体情報の類似度を暗号ドメインで確認することができないので，生体認証においては，必ず，被認証者（ユーザ）の生の生体情報を事前に認証者に送って登録しておく必要がある．このため，ユーザ本人の手元から生体情報が漏えいすることを防ぐだけでなく，テンプレートを保管している認証システムからの生体情報の漏えいについても十分に気をつけなければならない．

What-you-are 型認証の第 3 の課題は偽造生体 (Fake biometric sample) によるなりすましである．実際に，正規ユーザの指をかたどって作成した偽造指によって，指紋認証システムが突破されたことが報告されている [4]．生体認証においては，提示された生体が偽造物でないことを確認するための「生体検知 (Liveness detection)」との併用が必須である．

6.4 ユーザ認証に対する脅威

6.2 節で述べた通り，ユーザ認証のトラストアンカは「認証者と被認証者の間で共有されている認証情報」である．よって，第三者が何らかの方法を用いてこの認証情報を不正取得することができれば，なりすましに成功する．一般に，認証情報の不正取得の手段には，探索，盗取，詐取が存在する．

6.4.1 認証情報の探索

最もシンプルであり，かつ，シンプルであるからこそ強力で多用される探索手段が，総当たりである．6.3.2 項および 6.3.3 項で述べたように，What-you-know 型の認証情報（パスワードなどの記憶情報）や What-you-are 型の認証情報（生体情報）の場合は認証情報空間の大きさが計算量的安全のレベルに満たないため，総当たりは実効的な攻撃手段となる．ユーザが設定するであろう認証情報の候補が推測できる場合は，総当たり攻撃はさらに効果的となる．たとえばパスワード認証においては，ユーザが単語やフレーズをパスワードとして設定することが往々にしてあるため，辞書に載っている単語をしらみつぶしに試すという攻撃手段が採られる場合がある．同様に，複数の認証システムに対して同じパスワードを使い回すユーザも多いため，管理の甘い認証サーバから漏えいした認証情報のリストを使い，リストの中に存在するパスワードを候補として総当たりを試みるという攻撃も存在する．認証情報の候補を推測することを「推測攻撃 (Educated guess attack)」，辞書掲載語による総当たり攻撃を「辞書攻撃 (Dictionary attack)」，パスワードリストによる総当たり攻撃を「リスト攻撃 (Password list attack)」と呼ぶ．

総当たり攻撃は，オンライン型とオフライン型に大別される．

オンライン型は，攻撃者が被認証者になりすまし，攻撃者と認証者の間で認証に通過するまで認証フェーズの実行を繰り返すタイプの総当たり攻撃である．1 対 1 認証の認証フェーズにおいては被認証者から認証者にユーザ名と認証情報が提示されるが，攻撃者の目的がある特定

の正規ユーザ Alice へのなりすましである場合は，ユーザ名を Alice に固定した上で，認証情報の総当たりを実行する形となる．攻撃者の目的が正規ユーザのいずれかになりすますことである場合は，認証情報の一候補（たとえば，qwerty というパスワード）を固定した上で，様々なユーザ名をしらみつぶしに探索することによって，qwerty というパスワードを設定している正規ユーザを発見する形となる．前者を「（狭義の）総当たり攻撃」，後者を「リバース総当たり攻撃 (Reverse brute force attack)」と呼ぶ（図 6.3）．（狭義の）総当たり攻撃は，同一ユーザ名での認証失敗が連続[6]した時点で攻撃の発生を検知することが可能である．これと比べると，リバース総当たり攻撃の検知は難度が高い．特に，攻撃者が複数の認証システムにまたがった総当たりを行った場合は，複数の認証システムが連携して監視しない限り，リバース総当たり攻撃の発生を検知することはできない．

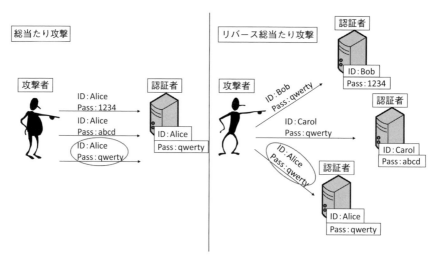

図 6.3 　総当たり攻撃とリバース総当たり攻撃．

オフライン型は，認証者が暗号化などによって秘密に管理している認証情報（登録情報）を攻撃者が何らかの方法で入手していることが前提であり，攻撃者はこの登録情報に対して「辻褄の合う情報」をしらみつぶしに探索するタイプの総当たり攻撃である．6.3.1 項で述べたように，認証システム（認証者）内では認証情報 D はハッシュ値 H(D) の形で保管されている[7]．攻撃者は，この H(D) を不正入手した上で，総当たりによって H(D) の原像 D を探索する．また，あらかじめあらゆる認証情報のハッシュ値を計算し，膨大な対応表（レインボーテーブル (Rainbow table)）を用意しておくことで，ターゲットとなるハッシュ値 H(D) の原像 D をテーブルルックアップ操作のみで高速に発見する「レインボー攻撃 (Rainbow attack)」という攻撃方法も存在する（図 6.4）．

---

[6] たとえば銀行 ATM では，3 回の認証失敗により口座取引が凍結される．
[7] 6.3.3 項で述べたように，What-you-are 型の認証情報（生体情報）の場合は，ハッシュ値による一致／不一致の検査ができないため，ハッシュ値の形で保管されることはない．

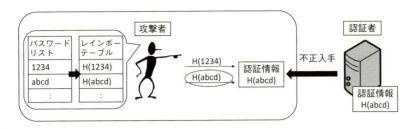

図 6.4 レインボー攻撃.

6.4.2 認証情報の盗取

認証フェーズにおける認証情報は，(1) 被認証者（ユーザ）によって物理的に提示された後に，(2) 認証システムの内部では電子データとして処理される．よって，攻撃者には，(1) の段階の認証情報を物理的に盗むという選択肢と，(2) の段階の電子データ化された認証情報を盗むという選択肢がある．

攻撃者が認証情報を物理的に盗むにあたっては，認証情報の種類によって盗取方法が異なる．

What-you-have 型の認証情報の盗取は，攻撃者が正規ユーザの認証トークンを盗み出すことによって行われる．認証トークンの盗難に対しては，ユーザ認証の多段化による対策が採られることが一般的である．すなわち，認証トークンをアクティベートするためのユーザ認証が，認証トークン自体に追加される．

What-you-know 型の認証情報の盗取は，攻撃者が正規ユーザの認証試行を覗き見ることによって行われる．パスワード認証システムの多くにおいて，ユーザによって入力されたパスワードを画面にそのまま表示せずに，「****」という形で隠蔽表示する方法が採用されているのは，覗き見攻撃に対する対策に他ならない．しかし，近年は認証行為を盗撮カメラでビデオ撮影するような攻撃も報告されている [5]．パスワード入力にあたってのキーボードの打鍵を直接覗き見られてしまう攻撃に対しては，画面のみを隠蔽するだけでは不十分である．また，スマートフォンではパターンロックの利用が普及しているが，パターンロックをはじめとした画像認証においては，画面を隠蔽してしまうと正規ユーザさえも認証操作が不能となるため，画面の隠蔽という対策を採用すること自体が困難である．

What-you-are 型の認証情報の盗取は，たとえば，遠くから望遠レンズで正規ユーザの顔や虹彩などの生体情報を盗撮することによって行われる．6.3.3 項で述べたように，盗まれた生体情報から偽造生体が作成され，なりすましに用いられる．生体検知技術の併用が基本的な対抗策となる．また，攻撃者が生体情報読み取り装置を不正に改造し，読み取り装置に提示された正規ユーザの生体情報を横取りするような悪事も不可能ではない．

一方，攻撃者が電子データ化された後の認証情報を盗むにあたっては，認証情報の種類について気に掛ける必要はない．What-you-have 型の認証情報であれ What-you-know 型の認証情報であれ What-you-are 型の認証情報であれ，電子データ化されてしまえば，いずれの認証情報も 0/1 のデータ列となるからである．この場合，攻撃者の盗取目標は，正規ユーザが認証

フェーズを実行した際に認証システム内にて処理される電子データのトランザクションとなる．攻撃者は，ひとたび認証情報（電子データ）の入手に成功すれば，その後は，認証システムに当該電子データを再度提示してやることによって正規ユーザになりすますことができる．この攻撃は「リプレイ攻撃 (Replay attack)」と呼ばれる．

被認証者（ユーザ）と認証者（認証サーバ）が遠隔地に存在している場合は，認証フェーズを実行した際の電子データのトランザクションはインターネット経由で行き交うことになる．この場合，攻撃者に通信経路を盗聴されてしまうと，攻撃者の手元に認証情報（電子データ）が渡り，それ以降，攻撃者にリプレイ攻撃によるなりすましを許すことになる．

6.3.3 項で述べたように，生体情報の場合はハッシュ値による一致／不一致の検査ができないため，テンプレート（登録フェーズにて被認証者から認証者に提示された生体情報）がそのままの形で認証システム内に保管されることになる[8]．このため，what-you-are 型の認証においては，攻撃者がテンプレートを盗取する事態も考慮する必要がある．

6.4.3 認証情報の詐取

ユーザの心理や行動の隙を突いてユーザの認証情報を詐取する攻撃を「ソーシャルエンジニアリング (Social engineering)」と呼ぶ．心理の隙を突くタイプのソーシャルエンジニアリングの典型が，話術によってユーザを言葉巧みにだまし，ユーザ自身から認証情報を詐取する攻撃である．攻撃者は，たとえば，銀行のシステム管理者を騙ってユーザに電話をかけ，「あなたのオンラインバンキングの口座に不正アクセスがあった．こちらで銀行システム内のデータを修復してあげることができるが，その操作には認証情報が必要となる．この電話で教えて欲しい」などと虚言を並べ，ユーザ本人から認証情報を訊き出そうとを試みる．行動の隙を突くタイプのソーシャルエンジニアリングの典型が，ユーザの認証行為の覗き見 (Shoulder hacking[9])である．攻撃者は，たとえば，銀行の ATM の近辺に隠しカメラを設置し，現金の引き下ろしの際にユーザが入力する暗証番号を入手しようと試みる．残念なことに，このような詐欺や盗撮の脅威は古今東西に通じており，情報システムへの攻撃の多くもソーシャルエンジニアリングによってなされているという現実がある [6]．

社会の情報化の進展に伴い，認証情報を詐取するためのソーシャルエンジニアリングの手法も多様化・高度化している．Web サービス，SNS サービス，基盤サービスに対する近年のソーシャルエンジニアリングの傾向を以下に示す．

Web サービスの認証情報を詐取する手法としては，フィッシング (Phishing) が有名である．攻撃者は，正規 Web サイトと酷似している偽の Web サイト（フィッシングサイト）を用意する．その上で，正規サイトの Web サービスを利用しようと思ったユーザが，誤ってフィッシングサイトにアクセスしてしまうような細工を施した偽の HTML メール（フィッシングメール）をユーザに送信する．フィッシングメールは，たとえば，オンラインショップのバーゲンセー

---

[8] テンプレートを暗号化した形で保管している認証システムであっても，テンプレートと提示情報（認証フェーズにて被認証者から提示された生体情報）の一致／不一致を検査する時点においては，テンプレートが復号される．

[9] 「Shoulder surfing」，「Observation attack」，「Peeping attack」」などとも呼ばれる．

ルを告知するダイレクトメールを装っており，文面に記されている正規サイトへのハイパーリンクをクリックすると，フィッシングサイトに誘導されるようになっている．普段利用している正規サイトだと思い込んだユーザが，フィッシングサイトにログイン情報を入力してしまうことによって，攻撃者に認証情報が渡ってしまう．

また，膨大な種類の情報サービスが Web サービスの形で提供される今日においては，Web ブラウザが Web サービスを利用するにあたっての認証操作を実行するためのインタフェースとなることが一般的である．攻撃者がこれを逆用し，Web ブラウザに認証情報を盗み取るマルウェア[10]を感染させる事例が近年，多数報告されている．攻撃者によって「Web ブラウザの中に攻撃者（マルウェア）が居る」という状況が作り出され，このマルウェアが「中間者」となって 5.2.1 項で述べた中間者攻撃 (Man-In-The-Middle attack) を実行する．このことから，この攻撃は「マン・イン・ザ・ブラウザ攻撃 (Man-In-The-Browser attack)」と呼ばれる．図 6.5 は，ユーザがオンラインバンキングの Web サービスを利用している間に，Web ブラウザに感染しているマルウェアが，正規ユーザが入力した認証情報を攻撃者に密かに通知している例である（図 6.5 の ④）．このマルウェアは，さらに，正規ユーザから銀行サーバへの送金指示情報を改ざんし，攻撃者の銀行口座にお金が不正に振り込まれるように謀っている（図 6.5 の ⑥）．このマルウェアによって銀行サーバから正規ユーザへの送金完了通知も改ざんされる（図 6.5 の ⑨）ため，正規ユーザは不正に気づかないことに注意されたい．

SNS サービスの認証情報を詐取する手法としては，攻撃者が SNS メッセージの形でフィッシングメールを送信する方法がある．友達申請によってコミュニティが広がっていく SNS で

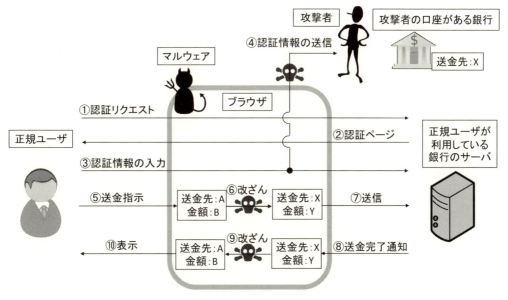

図 **6.5** マン・イン・ザ・ブラウザ攻撃．

---

[10] より正確には，ユーザの Web ブラウザを外部からリモートコントロールするためのマルウェアを感染させることが一般的である．

は「メッセージは友人から届く」という先入観が働くため，ユーザはメッセージの内容を鵜呑みにしがちで騙されやすい．また，ログインのための認証情報を忘れてしまった場合に，友達の助けを借りて認証情報の再設定を行うことができる SNS サービスが存在する．これは，ユーザの利便性に配慮した運用であるが，一方で，友達が勝手にユーザの認証情報を再設定することができてしまうという脆弱性を併せ持つ．すなわち，攻撃者はひとまず善人を装って攻撃対象ユーザと友達になっておき，任意のタイミングで当該ユーザの認証情報の再設定を実行することによって，認証情報を乗っ取ってしまう（攻撃者の思い通りに認証情報を書き換える）ことが可能である．

基盤サービスの認証情報を詐取する手法としては，「標的型攻撃（Targeted attack，あるいは Spear attack）」が深刻化している．攻撃者は，基盤サービス運用者（標的）に関するありとあらゆる情報を丹念に収集し，その知識を用いて「運用者には本物そっくりに見える偽のメール（標的型メール）」を書いて，運用者に送信する．この標的型メールにはマルウェアが仕込まれており，基盤サービス運用者がこのメールを読むと，運用者の使用している PC がウイルスに感染し，これによって運用者が管理している基盤サービスの認証情報が攻撃者に詐取される．最近では，国家や大企業においても，情報システムがその重要基盤を成している．そのような組織の基盤サービスを構成する情報システムは，当然，敵国やライバル会社からの深刻な攻撃に晒される状況となっている．中には，標的組織の基盤サービスの認証情報やその他の重要情報を何年もかけて攻略するような攻撃事例も報告されている．このような非常に執拗な攻撃は「APT 攻撃 (Advanced-Persistent-Threat attack)」と呼ばれる．

6.5 ユーザ認証の強化

6.4 節で述べたユーザ認証における脅威を軽減するために，ユーザ認証を強化するための様々な工夫や各種方式が提案されている．

6.5.1 認証情報の探索に対抗するための強化策

総当たり攻撃に対する根本的な解決策は，認証情報空間の拡張である．What-you-know 型の認証情報（パスワードなどの記憶情報）や What-you-are 型の認証情報（生体情報）に関しては単独の認証情報のパスワード空間や生体情報空間を広げることは困難であるが，ユーザの利便性をある程度犠牲にしてでも安全性を高める必要がある場合には，複数の認証情報を併用するというアプローチを採ることができる．これを「多要素認証 (Multi-factor authentication)」と呼ぶ．多要素認証は，一般的には，異種の認証情報を複数併用することを指すことが多い[11]が，同種の認証情報を複数併用する方法[12]もある．ただし，多要素認証は，単純に要素 1 の認証結果と要素 2 の認証結果の AND を取っただけでは本人拒否が増加（利便性が低下）してしまい，単純に要素 1 の認証結果と要素 2 の認証結果の OR を取っただけでは他人受入が増加

---

[11] 生体認証においては「マルチモーダル認証」とも呼ばれる．
[12] 「アンサンブル型多要素認証」と呼ばれることがある．

（安全性が低下）してしまう，という点に十分配慮する必要がある．生体認証の分野では，逐次確率比検定に基づいて，利用する生体情報の数を理論的に最小限に留める逐次的融合判定型のマルチモーダル認証方式が提案されている [7]．

オンライン型の総当たり攻撃に対しては，6.4.1 項で述べたように，同一ユーザ名での認証失敗が連続した時点でユーザアカウントをロックアウトするという対策が可能である．また，オンライン型のリバース総当たり攻撃には，「タールピット (Tar pit)」による対策が有効となる．タールピットとは，毎回の認証の際にユーザに一定時間の待機を求める仕組みのことである．総当たり攻撃は，正しい認証情報を発見するまで認証試行を繰り返すことによって行われるため，タールピットを設置して毎回の認証に要する時間をわずかに増加させることによって，総当たり攻撃全体に要する時間を膨大にすることができる．また，タールピットのコンセプトをユーザ認証に融合させた技術として，計算機援用ユーザ認証方式が提案されている [8]．タールピット（および，アカウントのロックアウト）がオフライン型の総当たり攻撃（や，リバース総当たり攻撃）に対しては適用できないのに対し，計算機援用ユーザ認証方式は認証情報をハッシュ化する機構の中にタールピットを仕込んでおり，オフライン型総当たり攻撃に対しても一定の効果が期待されるという特長を有する．

レインボー攻撃に対しては，「ソルト (Salt)」による対策が有効である．ソルトとは，認証情報空間の「見かけ上の大きさ」を増加させるために認証情報に付加する乱数のことである．具体的には，認証情報 D のハッシュ値 H(D) を認証情報 D とソルト S のハッシュ値 H(D,S) に置き換える．S のビット長を十分大きくすることにより，レインボーテーブルの作成には天文学的な時間を要するようになる．ソルトの値 S は登録情報とともに平文で保管されており，正規ユーザは認証フェーズにて今まで通り認証情報 D のみを提示してやりさえすれば，認証システムが自動的にソルト S を補って H(D,S) を計算し，登録情報との一致／不一致を検査してくれる．すなわちソルトは，認証情報空間の「実質の大きさ」を増加させるものではなく，単純な総当たり攻撃（S と H(D,S) を不正入手した攻撃者が D に対する総当たりによって H(D,S) の原像 D を求める攻撃）に対する対策にはなりえていない．

6.5.2 認証情報の盗取に対抗するための強化策

認証情報の物理的な盗取に対しては，6.4.2 項で述べた「ユーザ認証の多段化」，もしくは，6.5.1 項で述べた「ユーザ認証の多要素化」が 1 つの対策となる．また，画像認証における画面の（目視による）覗き見攻撃に対しては，モザイク画像を利用するアプローチが提案されている [9]．モザイク画像認証では，原画像の代わりにモザイク画像をパス画像として使用する（図6.6）．人間は，高い画像記憶能力を有するが，無意味に見える画像についてはこれを記憶することは容易ではない．このため攻撃者は，認証フェーズにて正規ユーザのパス画像（モザイク画像）を覗き見ても，それを認識することが困難となる．正規ユーザにのみ，登録フェーズの時点で（モザイク画像とともに）原画像が提示される．これにより正規ユーザは，モザイク画像を有意味なパス画像として記憶することができる．

What-you-are 型認証（生体認証）のテンプレート（登録フェーズにて被認証者から認証者

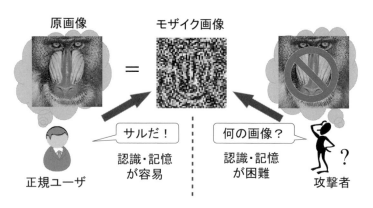

図 6.6 モザイク画像認証.

に提示された生体情報）の盗取に関する問題の対抗策としては，テンプレート保護型生体認証 (Template protected biometric authentication) 方式が提案されている．その代表例が，生体情報と乱数を組み合わせることにより，テンプレートを保護するキャンセラブル生体認証 [10] である．キャンセラブル生体認証では，生体情報 B と乱数 R の演算 B⊕R が「登録情報 B1⊕R と提示情報 B2⊕R の類似度が，生体情報 B1 と B2 の類似度を反映する」ように設計されている．このため，提示情報 B2⊕R と登録情報 B1⊕R の類似度を測ることによって，検査者（認証者）に生の生体情報 B1 および B2 を隠したまま B1 と B2 の一致／不一致を確認することが可能である．乱数によって生体情報が秘匿されるため，テンプレートからの生体情報の漏えいを防ぐことができる．また，乱数を変更することによって（生涯不変である生体情報であっても）テンプレートの更新が可能となる．乱数が攻撃者の手に渡ってはならない．

リプレイ攻撃に対する対策としては，認証フェーズを実行するたびに毎回，認証情報が異なる電子データに変換されるような仕組みを取り入れることが肝要である．6.3.1 項で述べた「ワンタイムパスワード」は，この要求を満たす．

通信経路の盗聴によるリプレイ攻撃に対しては，通信路の暗号化が有効である．Web サービスにおいては，8.2 節で後述する SSL 通信（HTTPS 通信）が普及しており，PKI（公開鍵基盤）を利用してユーザと Web サーバの間に暗号チャネルを構築することが可能となっている．通信路の暗号化が不可能な場合は，チャレンジ & レスポンス (Challenge & response) 型の認証メカニズムを利用するという方法がある．チャレンジ&レスポンス型認証の認証手順は以下の通りとなる（図 6.7）．

1. 認証者と被認証者は，登録フェーズの時点で認証情報 D を共有している．便宜上，認証者側の認証情報（登録情報）を D1，被認証者側の認証情報（提示情報）を D2 と呼び分ける．
2. 被認証者から認証者に認証フェーズの実施を要求する（図 6.7 の Step 1）．
3. 認証者は乱数 R を生成し，これを「チャレンジ」として被認証者に送る（図 6.7 の Step 2）．
4. 被認証者は，チャレンジ R と提示情報 D2 からハッシュ値 H(D2,R) を計算し（図 6.7 の Step 3），これを「レスポンス」として認証者に送る（図 6.7 の Step 4）．

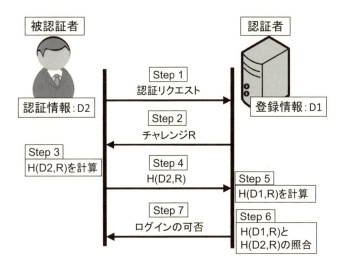

図 6.7 チャレンジ&レスポンス型認証.

5. 認証者は，チャレンジ R と登録情報 D1 からハッシュ値 H(D1,R) を計算する（図 6.7 の Step 5）．
6. 認証者は，H(D1,R)= H(D2,R) であるか否かを計算する（図 6.7 の Step 6）．一致すれば，被認証者を正規ユーザとして認証する（図 6.7 の Step 7）．

認証フェーズの実行のたびに新たなチャレンジ（乱数）R が送られてくるため，そのレスポンス H(D,R) も毎回異なる．このため，攻撃者がある時点のレスポンスを盗聴したとしても，それを再利用して正規ユーザになりすますことはできない．

6.5.3 認証情報の詐取に対抗するための強化策

ソーシャルエンジニアリングに対しては，今のところ，根本的な解決策は残念ながら見つかっていない．認証情報を詐取するにあたっての手間を増加させることによって，攻撃者のコストパフォーマンスを低下させるということであれば，6.4.2 項で述べた「ユーザ認証の多段化」や 6.5.1 項で述べた「ユーザ認証の多要素化」は対抗策となりえるだろう．

マン・イン・ザ・ブラウザ攻撃に対する対策としては，「アウトオブバンド認証 (Out-of-band authentication)」が用いられている．アウトオブバンド認証は，ユーザ認証の多段化・多要素化の一種であり，複数の「通信端末」を用いることがその特徴である．たとえば，正規ユーザが使用している PC とスマートフォンの両者を使ってユーザ認証を実行する場合，認証サーバはワンタイムの認証情報をスマートフォンに送信し，ユーザにその認証情報を PC 経由で入力させる．攻撃者はユーザの PC とスマートフォンの両方にマルウェアを感染させる必要が生じるため，攻撃を成功させるにあたってのハードルを高めることが可能である．

6.6 CAPTCHA

サービスによっては，被認証者の身元を特定する必要はなく，被認証者がサービス利用資格

を有していることさえ確認できれば十分である場合がある．このようなタイプのユーザ認証を「属性認証」と呼ぶ[13]．現在，Webサービスを運用する上で非常に重要となっている属性認証技術の1つが，サービス利用者が人間であることを認証するCAPTCHAである．

6.6.1　CAPTCHAの目的

Webサービスの発展に伴って，「誰がWebページを閲覧しているのか」を特定するための認証（いわゆるユーザ認証）ではなく，「Webページを閲覧しているのが人間か」を判定するための認証（「人間である」という属性を検証するための属性認証）技術に対する要求がますます高まっている．Webメールやブログなどのwebサービス提供サイトに対し，自動プログラム（マルウェア）を使って，大量にアカウントを不正取得したり，多数のブログサイトにスパム記事を不正投稿するなどのサービスの不正利用が定常的に頻発しているためである．チューリングテスト (Turing test)[14]は，このようなマルウェア（悪意のある自動プログラム）と正規のユーザ（人間）を識別するために必須の技術であり，CAPTCHA(Completely Automated Public Turing test to tell Computers and Humans Apart) と呼ばれる方式が現在広く利用されている．

CAPTCHAは，人間には容易に正解できるが，コンピュータ（マルウェア）には正答困難である問題をユーザに出題することで，正解できたユーザを人間だと判定する．CAPTCHAの基本形態は，歪曲やノイズが付加された文字列画像をWebページに提示し，閲覧者がその文字を判読できるか否かを試すものである．この方式のCAPTCHA（文字判読型CAPTCHA）の例を図6.8に示す．また，画像に限らず，音声にノイズを付加したCAPTCHAなども利用されている．

図 **6.8**　Googleで利用されているCAPTCHA．

6.6.2　CAPTCHAの強化

6.6.1項で紹介したCAPTCHAは，人間の画像認識能力や音声認識能力が（現在の）コンピュータよりも高いことを利用し，人間とコンピュータを判別している．しかし，近年，これらのCAPTCHAに関する脆弱性が多くの研究者によって指摘されている．たとえば，文字判読型CAPTCHAに対しては，すでに高機能な自動文字読取 (OCR: Optical Character Reader)

---

[13] 生体認証においても，性別や年代を判別することを目的とした「ソフトバイオメトリクス」と呼ばれる技術分野がある．
[14] 正確には，Alan Turingのチューリングテストとは，通信相手が人間かコンピュータであるかを「人間が検査する」テストを指す．CAPTCHAの場合，通信相手 (Webサービス利用者) が人間かコンピュータ（マルウェア）であるかを「機械 (Webサービス提供サイト) が検査する」テストとなるため，「逆チューリングテスト」と呼ばれる場合がある．

機能を備えるマルウェアが出回っている [11]．文字列に加える変形やノイズを大きくすることによってマルウェアを排除する確率を向上させることはできるが，そのような文字は人間にとっても難読度が高まるため，人間の正答率まで低下させてしまう．

　この問題に対し，人間の「より高度な知識処理」を利用して CAPTCHA を強化する方法が検討されてきている．その代表的なものとして Asirra [12] がある．Asirra では，様々な動物の画像を複数枚表示し，その中から特定の動物の画像を選ばせる．たとえば「猫を選べ」という質問に対し，たくさんの画像の中から猫の画像のみを正しく選択することができれば人間であるとして判定する．人間は自身が獲得している「常識」を総動員して画像の意味を理解する．コンピュータにこの処理を行わせるためには，人間が有する常識をすべてコンピュータに身につけさせる必要があるが，それは，現在もなお未踏の領域である．しかし，その後，Asirra を破る自動プログラムに関する研究報告がなされ，研究者の間に衝撃が走った [13]．マルウェアにとっては，人間と同レベルの常識を獲得した上で画像の意味を理解する必要はなく，機械学習などによって「猫の画像」を判別する分類器さえ構築できれば，Asirra を破ることが可能となる．このような「正攻法でない」攻撃方法についても配慮することは，（CAPTCHA に限らず）ほとんどのセキュリティ技術について肝要なポイントである．

　コンピュータ（マルウェア）の能力の向上は留まるところを知らない．マルウェアがいかに高度になろうとも，マルウェアによる不正解答が根本的に不可能である「究極的な CAPTCHA」がいよいよ必要とされる時代になってきたと言える．また，一方で，正規のユーザ（人間）にとっては，CAPTCHA に解答することは，本来は不要の「煩わしい手間（自分が人間であることをわざわざ証明しなければいけない）」である．よって，CAPTCHA は，人間の手間を極力小さく押さえる方式であるか，もしくは，人間に煩わしさを感じさせない方式（ユーザにとって心地良い方式）でなければならないという要求も満たす必要がある．

6.6.3　CAPTCHA の課題

　CAPTCHA の解読に自動プログラム（マルウェア）を使うのではなく，インターネット上のユーザ（人間）を労力として活用する攻撃が報告されている．攻撃者は，自身が運営する不正 Web サイトを用意するとともに，「正規 Web サイトにアクセスして，正規 Web サイトの CAPTCHA 画像をコピーし，不正 Web サイトへ送る」という仕事を受け持つマルウェアを使役する．マルウェアから送られてきた正規 Web サイトの CAPTCHA 画像は，不正 Web サイトを（それが不正なサイトであるとは知らずに）閲覧しにきたユーザ（人間）に対して表示される．不正者 Web サイトの閲覧者は，表示される CAPTCHA を（それが不正な CAPTCHA であるとは知らずに）解読し，不正 Web サイトにその回答を入力する．不正 Web サイトは，閲覧者からのこの回答を正規 Web サイトに転送してやれば，正規 Web サイトの CAPTCHA を通過することができる．この攻撃は，CAPTCHA 画像およびその回答が不正 Web サイトの閲覧者に受け渡されることから「リレー攻撃 (Relay attack)」と呼ばれている．

　6.6.2 項で述べたように，コンピュータ（マルウェア）の能力が人間の能力に近付くにつれて，マルウェアと人間の識別は困難を極めていく．2045 年にはコンピュータが人間を超えると

いう予見もあり [14], そのような状況においては CAPTCHA という技術が成立しない可能性がある.

このように, CAPTCHA には, 人間とコンピュータの能力の差を利用した技術であるが故の課題が存在する.

演習問題

設問1 1 対 1 認証が適しているアプリケーション, 1 対 n 認証が適しているアプリケーションをそれぞれ考察せよ.

設問2 What-you-have 型認証, What-you-know 型認証, What-you-are 型認証を, 安全性と利便性の観点から比較検討せよ.

設問3 認証データ D1≈D2 に対し, そのハッシュ値が H(D1)≈H(D2) となるようなハッシュ関数 H があったとする. そのようなハッシュ関数 H は, 暗号学的に安全か否か考察せよ.

設問4 死んでいる人間は動かない. 動的な生体情報を用いた生体認証方式においても, 生体検知技術の併用は必要か否か考察せよ.

設問5 ソーシャルエンジニアリングやマン・イン・ザ・ブラウザ攻撃に対する対策が難しい理由を考察せよ.

設問6 6.5.1 項に「ハッシュ化の機構の中にタールピットを仕込むことによって, オフライン型総当たり攻撃に対しても一定の効果が期待されるタールピットが構成されている」という旨が記載されているが, ハッシュ化の機構の中にタールピットを仕込むということが具体的にどういう方法であるのか考察せよ.

設問7 16 ビットの認証情報 D に対するレインボーテーブルを作成するのに要する時間と, 16 ビットの認証情報 D に 32 ビットのソルト S を加えた情報に対するレインボーテーブルを作成するのに要する時間が, どれくらい異なるか考察せよ.

設問8 PC へのマルウェアの感染とスマートフォンへのマルウェアの感染が独立事象であったとすると, ユーザの PC のみにマルウェアが感染している確率とユーザの PC とスマートフォンの両方にマルウェアが感染している確率が, どれくらい異なるか考察せよ.

設問9 4 コマ漫画を利用した CAPTCHA が提案されている [15]. この方式では, 各コマがランダムにシャッフルされた 4 コマ漫画が画面に表示される. 人間であれば各コマの絵や台詞の意味を理解でき, 各コマの順序をどのように並べたら面白いストーリになるか類推できるため, 4 つのコマを正しい順番に並べ替えることができる. この CAPTCHA の長所と短所を考察せよ.

参考文献

[1] Neil Haller: The S/KEY One-Time Password System, Proceedings of the Internet Society Symposium on Network and Distributed Systems, pp.151–157, 1994.

[2] George A. Miller: The Magical Number Seven, Plus or Minus Two: Some Limits on Our Capacity for Processing Information, Psychological Review, Vol.101, No.2, pp.343–352, 1995.

[3] 高橋健太：テンプレート保護と生体認証基盤，2012年電子情報通信学会ソサイエティ大会講演論文集（基礎・境界），pp.SS-53–SS-54，2012.

[4] Matsumoto, T., Matsumoto, H., Yamada, K. and Hoshino, S: Impact of artificial 'gummy' fingers on fingerprint systems, Proceedings of SPIE, Optical Security and Counterfeit Deterrence Techniques IV, Vol. 4677, pp.275–289, 2002.

[5] 三菱東京 UFJ 銀行：当行 ATM コーナーにて盗撮されたとみられることが判明した件（旧 UFJ 銀行），http://www.bk.mufg.jp/info/ufj/ufj_20051227_1.html（2015 年 9 月確認）.

[6] Kevin D. Mitnick, William L. Simon: The Art of Intrusion, John Wiley & Sons, 2002.（ケビン・ミトニック，ウィリアム・サイモン，（訳）岩谷宏：欺術，ソフトバンククリエイティブ，2003.）

[7] 高橋健太，三村昌弘，磯部義明，宇都宮洋，瀬戸洋一：逐次確率比検定とロジスティック回帰を用いたマルチモーダル生体認証，電子情報通信学会論文誌 D，Vol.J89-D，No.5，pp.1061–1065，2006.

[8] 兼子拓弥，本部栄成，高橋健太，西垣正勝：計算機援用ユーザ認証，情報処理学会論文誌，Vol.55，No.9，pp.2072–2080，2014.

[9] 原田篤史，漁田武雄，水野忠則，西垣正勝：画像記憶のスキーマを利用したユーザ認証システム，情報処理学会論文誌，Vol.46，No.8，pp.1997–2013，2005.

[10] N. K. Ratha, J. H. Connell and R. M. Bolle: Enhancing Security and Privacy in Biometrics-based Authentication Systems, IBM Systems Journal, Vol.40, No.3, pp.614–634, 2001.

[11] J.Yan, A.S.E.Ahmad: Breaking Visual CAPTCHAs with Naïve Pattern Recognition Algorithms, 2007 Computer Security Applications Conference, pp.279–291, 2007.

[12] Microsoft Research: Asirra, http://research.microsoft.com/en-us/um/redmond/projects/asirra/（2015 年 9 月確認）.

[13] P.Golle: Machine Learning Attacks Against the ASIRRA CAPTCHA, 2008 ACM conference on Computer and communications security, pp.535–542, 2008.

[14] Ray Kurzweil: The Singularity is Near: When Humans Transcend Biology, Duck-

worth Overlook, 2005.（レイ・カーツワイル，（監訳）井上健，（訳）小野木明恵，野中香方子，福田実：ポスト・ヒューマン誕生——コンピュータが人類の知性を超えるとき，NHK出版，2007.）

[15] 可児潤也，鈴木徳一郎，上原章敬，山本匠，西垣正勝：4コマ漫画CAPTCHA，情報処理学会論文誌，Vol.54，No.9，pp.2232–2243 (2013.9).

第7章

組織内ネットワークのセキュリティ

□ 学習のポイント

　この章と次の章では，これまで学んできた暗号や認証などのセキュリティ要素技術を応用し，様々な脅威からネットワークを守るための仕組みについて学ぶ．はじめに，第7章では，組織内において，ネットワーク上の様々な機器を用いてどのようなセキュリティ対策を行うことができるのかについて学ぶ．ここではまず，企業などの組織における一般的なネットワークがどのように構成されているのかを示し，そこで用いられている機器としてどのようなものがあるかを述べる．次に，これらのネットワーク上の機器において，どのようなセキュリティ対策が行われているのかを述べる．そして，次の第8章ではインターネットを安全に利用するための仕組みについて学ぶ．

- 様々なネットワーク機器を用いて実現できるセキュリティ対策について理解する．
- ファイアウォール，IDS/IPS の仕組みについて理解する．

□ キーワード

　ファイアウォール，内部ネットワーク，イントラネット，DMZ，不正アクセス，IEEE802.X，プライベート IP アドレス，NAT，アドレス変換テーブル，フィルタリングルール，ステートフル・インスペクション，IDS，シグネチャ，IPS，検疫ネットワーク，無線 LAN，アクセスポイント，暗号化，SSID，WEP，AES，EAP，認証局，RADIUS サーバ

7.1 組織内ネットワーク

　現代では，企業や大学，家庭などの LAN(Local Area Network) や，通信事業者などが提供する WAN(Wide Area Network) などの個々のネットワークが，様々なネットワーク機器で相互に接続された巨大なネットワークを形成しており，インターネットはその巨大なネットワークの上に TCP/IP という統一された枠組みで互いにつながった世界を構成している．インターネットを構成する機器には，PC やサーバなどのコンピュータの他にも，ルータやスイッチ，無線 LAN 装置をはじめ，様々な機器がある．さらに，ファイアウォールをはじめとしたネットワークセキュリティのための専用の機器もある．

　ここではまず，企業などの組織における一般的なネットワークがどのように構成されている

のかを示し，そこで用いられている機器としてどのようなものがあるかを述べる．そして，7.2 および 7.3 では，これらのネットワーク上の機器において，どのようなセキュリティ対策が行われているのかを述べる．さらに，7.4 では様々なリスクのある無線 LAN のセキュリティ対策について述べる．

　企業などの組織における一般的なネットワークの構成の例を図 7.1 に示す．主要拠点は，企業では本社や主要な支社などが該当し，一般的には数百台から千台以上のコンピュータがある（図 7.2）．特殊な場合を除き，ほぼすべての従事者がネットワークを利用することが一般的であることから，ネットワークの利用者数も多く，重要なデータを保管するサーバなど高度に安全性を確保する必要のある機器や，外部に公開するサーバなどが置かれる場合も多い．他の拠点

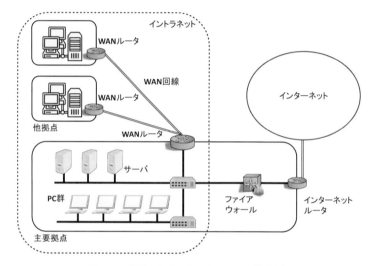

図 7.1　組織におけるネットワークの構成例．

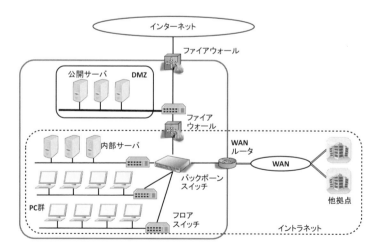

図 7.2　主要拠点のネットワーク構成例．

との間を WAN 回線で結び，社内ネットワーク（イントラネット[1]）を構築するためのルータ（WAN ルータ）や，インターネットと接続するためのルータ（インターネットルータ）を介して外部と接続される．内部の業務で用いられるサーバ（内部サーバ）や PC はスイッチ（フロアスイッチ）によって接続されて LAN を構成し，複数の LAN がさらにスイッチ（バックボーンスイッチ）やルータで接続されて内部ネットワークを構成する．内部ネットワークはファイアウォールによって外部からアクセスできないように守られる．内部ネットワークとは別に，DMZ（DeMilitarized Zone，非武装地帯）と呼ばれる特別なネットワークを設け，一定の管理の下で外部（インターネット）からアクセス可能な状態で Web などの外部に公開するためのサーバを設置する．このようにすることで，万一外部に公開しているサーバが不正アクセスを受けても，内部ネットワークへは直接被害が及ばないようにすることができる．リモート拠点からや外部からのアクセスの集中などに備え，負荷分散装置とともに複数のサーバを置いて冗長化する場合や，ネットワーク装置と回線を二重化するなどのネットワークの冗長構成をとる場合もある．

リモート拠点は，企業の支店や工場などが該当し，一般的には数十から数百程度のコンピュータがある．単一の LAN や複数の LAN から構成されるネットワークで，WAN ルータにより WAN 回線を介して主要拠点と結ばれる．また，インターネットルータを介して外部と接続されることもある．リモート拠点では，インターネットルータにファイアウォールの機能などを持たせる場合が多い．

拠点間を結ぶ WAN としては，専用線を用いる場合もあるが，近年では仮想プライベートネットワーク (VPN : Virtual Private Network) 技術を用いてインターネット VPN や IP-VPN として実現する場合が多い．これに関しては次の第 8 章で詳しく述べる．

7.2 ネットワーク機器におけるセキュリティ対策

ルータやスイッチといったネットワーク機器において，どのようなセキュリティ対策を行うことができるかについて述べる．

7.2.1 スイッチによるセキュリティ

スイッチ（スイッチングハブ）は，LAN を構成する最も基本的な機器であり，PC やサーバなどのコンピュータがネットワークに接続されるための最初の入り口にあたる．スイッチでは，図 7.3 のように，ポート（レイヤ 4 のトランスポート層で用いられる論理的なポートと区別するために，物理ポートあるいはレイヤ 1 ポートと呼ばれることもある）の一つひとつに，LAN ケーブルを介してコンピュータや他のスイッチ，ルータなどのネットワーク機器が接続される．スイッチでは，各ポートの先に接続されている機器が何であるかを，物理アドレスと呼

---

[1] 社内ネットワークも TCP/IP 技術に基づいて構築されており，その意味ではインターネットの一部であるとも言えるが，外部の様々な脅威からファイアウォールで守られた範囲をイントラネットと呼び，インターネットと区別することが多い．

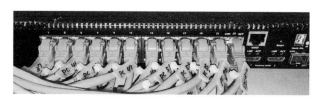

図 7.3 スイッチングハブ．

ばれるその機器（正確には，機器のポート一つひとつ）に固有の識別子で管理している．物理アドレスとしては，通常 MAC(Media Access Control) アドレスと呼ばれる 48 ビットの値が用いられる．MAC アドレスは上位 24 ビットがその機器を製造しているベンダの識別子，下位 24 ビットがそのベンダ内で管理される機器固有の番号となっていて，通常機器が製造される際に固定的に割り当てられる．スイッチのポートセキュリティと呼ばれる機能を用いると，特定の MAC アドレスの機器のみがスイッチのポートに接続できるようにすることができる．これは，あらかじめ登録しておいた MAC アドレスと一致しない機器との通信フレームを廃棄することによって実現される．

しかしながら，ネットワークに接続する端末数が数千にも上るような大規模なネットワークでは，この MAC アドレスの登録を管理者が行うのは現実的ではない．そこで，大規模なネットワークでも効率よくネットワークに接続できる端末を管理する方法として，IEEE802.1X を用いた認証がある．IEEE802.1X は，認証を行う認証サーバ，認証要求を行うサプリカント（端末上のソフトウェア），認証要求を受け付けて認証サーバへ問合せを行いアクセス制御を実行するオーセンティケータ（LAN スイッチや無線 LAN のアクセスポイントなど）から構成されるシステムにおいて，LAN スイッチなどネットワーク機器のポート単位でユーザ認証する手順を定めたものである．IEEE802.1X の認証では，ネットワークを利用するユーザのユーザ ID とパスワードによってスイッチのポート使用の可否を判断する．この方法によれば，MAC アドレスなどの機器固有の情報に依存しないため，PC を新たに導入する際にも，ユーザ ID とパスワードを覚えてさえいれば，登録情報の更新などの必要もなくそのままネットワークを利用できる．

7.2.2 ルータによるセキュリティ

WAN ルータやインターネットルータは LAN と WAN との橋渡しといった本来の機能の他，パケットフィルタリングや NAT(Network Address Translation)，VPN などのセキュリティに関連する機能を持っているものが多い．ここでは，これらのうち NAT について詳しく述べる．パケットフィルタリングは 7.3 節で述べるファイアウォールにおけるフィルタリング機能の説明においてその詳細を述べる．また，VPN については第 8 章で詳しく述べる．

(1) プライベート IP アドレスとアドレス変換装置

現在，インターネットで広く用いられている IPv4 では，コンピュータやルータなど，ネットワークに接続される装置を一意に識別するための番号として 32bit からなる IP アドレスが用

いられている．しかしながら，インターネットが急速に普及し，そこに接続される装置も爆発的に増えたため，そのアドレスが枯渇してしまっている．その解決策として，広大なアドレス空間を持つ IPv6 が開発されているが，世界中の隅々まで行き渡ったインターネットにおいて，すべての機器を一気に IPv6 に対応できるものに置き換えることは難しく，当分の間，IPv4 によるネットワーク接続が多くの場面で継続して用いられると考えられる．そこで，限られた IP アドレス空間を有効に利用するために考え出されたのが，「プライベート IP アドレス」の概念である．

　プライベート IP アドレスは，特定の範囲の IP アドレスについて再利用できるようにしたもので，ネットワークサービスプロバイダや企業，学校などが，それぞれの組織で独自に管理・運用することができる．プライベート IP アドレス以外の一般の IP アドレスを，プライベート IP アドレスと区別するために「グローバル IP アドレス」と呼ぶ．また，プライベート IP アドレスで運用されるネットワークを「プライベートアドレスネットワーク」，それ以外を「グローバルアドレスネットワーク」と呼んで区別することがある[2]．

　1 つのプライベートアドレスネットワーク内の機器は，プライベート IP アドレスを用いて相互に通信できるが，グローバルアドレスネットワークの機器との直接の通信は行えない．そこで，外部のグローバルアドレスネットワークと内部のプライベートアドレスネットワークの境界に設置し，アドレス変換と呼ばれる技術を用いて相互に通信できるようにするための装置が「ネットワークアドレス変換装置 (NAT)」である．

(2) NAT の機能

　NAT には，1 つ以上のグローバル IP アドレスが割り当てられる．このグローバル IP アドレスの集合を「アドレスプール」と呼ぶ．図 7.4 に示すように，NAT はアドレスプールの要素であるグローバル IP アドレスとプライベート IP アドレスとの対応づけを登録しておく「アドレス変換テーブル」を管理し，アドレス変換テーブルの内容に従って，自身を通過するパケットの IP ヘッダ内の送信元 IP アドレスあるいは宛先 IP アドレスの書き換えを行う．このとき，内部ネットワークから外部ネットワーク向きのパケット（外向きパケット）については，その送信元 IP アドレスをプライベート IP アドレスからグローバル IP アドレスへ，外部ネットワークから内部ネットワーク向きのパケット（内向きパケット）についてはその宛先 IP アドレスをグローバル IP アドレスからプライベート IP アドレスへそれぞれ書き換える．このようにすることで，プライベートアドレスネットワーク内の装置は，NAT を意識することなく透過的に外部の装置と通信することができる．また，外部の装置からは，あたかも NAT と通信しているように見える．

---

[2] 単に「プライベートネットワーク」，「グローバルネットワーク」と呼ぶことも多いが，ここでは第 8 章で述べる「プライベートネットワーク」と区別するために，このように呼ぶことにする．

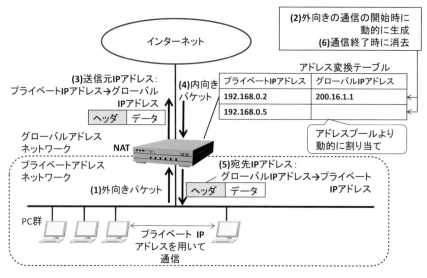

図 7.4　NAT の動作.

(3)　NAT による内部ネットワークの保護効果

　アドレス変換テーブルには，内部の装置から外部への通信を開始するパケットが到着した際に，その内部の装置のプライベート IP アドレスとその時使われていないアドレスプールの要素であるグローバル IP アドレスの1つが対応づけられ，登録される．登録された内容は，その通信が終了するとアドレス変換テーブルから削除される．その後，別の内部から外部に向けた通信が開始される際に，同じグローバル IP アドレスが対応づけられて登録される．このようにして，1つのグローバル IP アドレスが再利用されることにより，少ないグローバル IP アドレスで見かけ上たくさんのプライベートアドレスネットワーク内の装置が外部と通信可能になる．ここで特に，アドレス変換テーブルへの登録は，内部から外部への通信が開始される際に初めて行われる．したがって，図 7.5 に示すように，外部から内部の特定の装置への通信を開始しようとしても，そのプライベート IP アドレスとグローバル IP アドレスとの対応が登録されていないため，NAT においてアドレス変換を行うことができず，結果として通信ができない．このことは，外部からの通信の開始が原理的に行えないことを意味する．さらに，外部からは内部の装置のプライベート IP アドレスはわからないので，プライベートアドレスネットワーク内部のネットワーク構成を隠蔽する効果がある．

　このように，NAT は IP アドレスの有効利用という本来の目的の他に，強力なセキュリティ対策としての役割を果たすため，多くの企業ネットワークでは，ファイアウォールとともに用いられている．また，家庭内の LAN や SOHO(Small Office/Home Office) と呼ばれる小規模な企業のネットワークを，WAN を介してインターネットに接続するためのアクセスルータでは，ファイアウォールの機能とともに，NAT の機能を合わせて持っていることが多い．

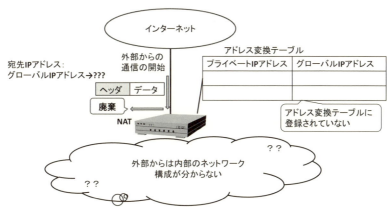

図 7.5 NAT による内部ネットワークの保護効果.

7.3 ファイアウォールと侵入検知システム

ファイアウォールをはじめとしたネットワークセキュリティのための専用の機能や機器を用いたセキュリティ対策について述べる.

7.3.1 ファイアウォール

ファイアウォールは火事の際に延焼を防ぐための「防火壁」を指す言葉であるが, ネットワークにおいては, 外部ネットワークと内部ネットワークの境界に設置し, そこを通過するパケットの監視や制御を行う装置のことを言う.

(1) ファイアウォールの機能

図 7.6 に示すように, ファイアウォールでは外向きパケットおよび内向きパケットについてその通過の可否を判断し, 許可されたもののみ通過させるパケットフィルタリングを行う. パケットフィルタリングのためのルールの設定は, 送信先および送信元の装置を識別する IP アドレス, それぞれのアプリケーションを識別するポート番号, 通過の可否などを指定することにより行う. ファイアウォールでは, 許可または拒否したパケットに関して, その IP アドレス, ポート番号, 許可／拒否の区別や処理した時刻などの値を収集し, ログとして保存する.

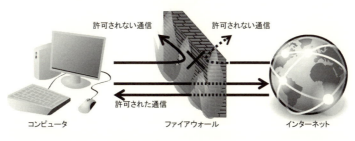

図 7.6 ファイアウォール.

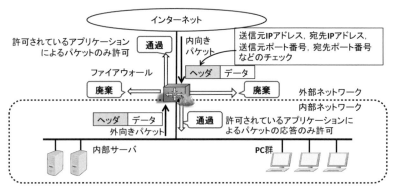

図 7.7 ファイアウォールによるパケットフィルタリング．

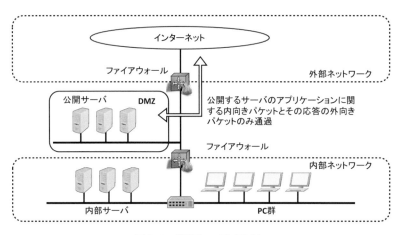

図 7.8 公開サーバと DMZ．

パケットフィルタリングのルールとしては，図7.7に示すように，外向きパケットに対しては許可されているアプリケーションによるパケットのみ許可し，内向きパケットに対してはその応答パケットのみ許可する，というのが一般的である．ただし，WWWサーバやファイルサーバなど，外部に公開するサーバを設置する場合には，それらのサーバに対して外部からのアクセスを許可するために，内向きパケットを通過させるように設定する必要がある．その場合は，図7.8に示すように，DMZに各種サーバを設置し，DMZと外部ネットワークとの間では公開するサーバのアプリケーションに関する内向きパケットと，その応答の外向きパケットのみ通過させるようにする．

(2) フィルタリングルール

あらかじめ固定的に定められたフィルタリングルールに従って，常に同じ処理を行うものを静的フィルタリングと呼ぶ．これに対し，許可されたアプリケーションによるパケットを検知

した際に，その応答パケットを許可するように，一時的にフィルタリングルールを追加し，通信が終了したらそのルールを自動的に削除するようにしたものを動的フィルタリングと呼ぶ．また，やりとりされるパケットの内容を読み取り，通信プロトコルやシーケンス番号から次のパケットを予想し，適合するパケットのみ通過を許可するような機能をもったものをステートフル・インスペクション方式のファイアウォールと呼ぶことがある．さらに，アプリケーションゲートウェイあるいはプロキシと呼ばれるアプリケーションの機能を仲介する装置により，特定のアプリケーションのデータを再構築し，許可された通信だけを通過可能にすることにより高度なアクセス制御を行うことが可能である[3]．ステートフル・インスペクション方式のファイアウォールやアプリケーションゲートウェイは，より高度なアクセス制御が行える反面，単純なファイアウォールに比べて機能が複雑であるため，処理速度に限界がある．また，コストの問題や，対応したプロトコルやアプリケーション以外には適用できないといった制約もある．

(3) 実現の形態

ファイアウォールの実現の形態としては，企業や学校などの組織がネットワーク全体を防御するために導入する「ゲートウェイ型ファイアウォール」と，パーソナルコンピュータにソフトウェアとして簡易なファイアウォール機能を実現する「パーソナルファイアウォール」がある．ゲートウェイ型ファイアウォールはソフトウェアで実現されるものや，ネットワークアプライアンスと呼ばれるハードウェアと一体型のものがある．ここで，ネットワークアプライアンスとは，特定の用途向けにカスタマイズされた専用のネットワーク装置のことである．ファイアウォール製品としては，通常，ベンダが用意するハードウェアとOS上にファイアウォール機能のソフトウェアをあらかじめ組み込んだ装置として提供される．一方，パーソナルファイアウォール（図7.9）はウイルス対策ソフトウェアと組み合わされて提供されているものも多く，インターネットに常時接続する個人ユーザにも効果的である．次項で述べるように，ファ

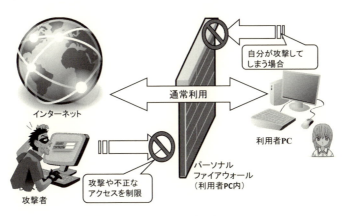

図 **7.9** パーソナルファイアウォール．

---

[3] たとえば，WAF(Web Application Firewall) は Web サイト上のアプリケーションに特化したファイアウォールであり，データの中身をアプリケーションレベルで解析することにより，Web サイトを対象にしたクロスサイトスクリプティングや SQL インジェクションなどの攻撃から守る機能などがある．

イアウォールには限界があり，単独で利用しただけでは十分とは言えないため，ゲートウェイ型ファイアウォールとパーソナルファイアウォールを組み合わせて利用することで，安全性の向上を図るのが一般的である．

(4) ファイアウォールの限界

ファイアウォールは外部のネットワークに接続した環境にとっては，なくてはならない重要なセキュリティ対策である．しかしながら，ファイアウォールのみで，ネットワークの安全が完全に守られるわけではない．特に内部ネットワークからの攻撃に対しては有効性が低い．たとえば，USB メモリやメール添付ファイルの形で内部に取り込まれてしまったコンピュータウイルスやボットなどが，外部に対して不正なアクセスを行う場合や，ユーザの操作で不正なファイルをダウンロードしてしまうような場合は，ファイアウォールでそれらを防ぐことは難しい．またファイアウォール自身を通過しない通信には一切対応できないため，内部ネットワークのどこかに侵入できる箇所が存在し，そこから不正アクセスを受けたりする場合にはファイアウォールでは対応できない．さらに，ファイアウォールの負荷を異常に高めてその機能を無効化したりネットワークの機能を低下させたりするような，ファイアウォール自体への DoS 攻撃などにも対処する必要がある．

7.3.2　侵入検知システム

侵入検知システム (IDS : Intrusion Detection System) はネットワークやサーバ上で不正アクセスを検知し，それをログとして記録した上で，管理者に異常を通知する機能をもつシステムである．不正アクセスはネットワーク経由で行われる場合やサーバにログインした状態で行われる場合などがある．異常の通知には，コンソールへの出力やメール送信などの他，警告灯の点灯や警報音などによる場合もある．

IDS には，監視の対象によって，ネットワーク型とホスト型の 2 つのタイプがある．また，侵入を検出するための手法により，不正検知型と異常検知型に分類される．

(1)　ネットワーク型 IDS

図 7.10 に示すように，ネットワーク型 IDS(NIDS : Network-based IDS) はネットワーク上を流れるパケットを分析しながら，不正アクセスのためのパケットが流れていないかを監視する．設置する場所は，ファイアウォールによって内部セグメントから隔離されたインターネット側の LAN セグメントや，内部用サーバや PC の設置されている内部ネットワークセグメントが一般的である．また，外部公開用サーバが設置されているセグメントを監視するために，DMZ に設置することもある．対象とするすべてのパケットを収集する必要があるため，スイッチのミラーポートと呼ばれる他のポートのすべての送受信データのコピーが転送されるポートを介して接続される．この他，インライン型と呼ばれる NIDS は，図 7.11 に示すように，スイッチを介さずネットワーク上に直接組み入れられる形で設置される．

NIDS は通常，WWW でやりとりされる情報やメールの中身も監視し，パケットに含まれるウイルスの流入や，機密データの流出なども検出するものがある．ただし，暗号化されたデー

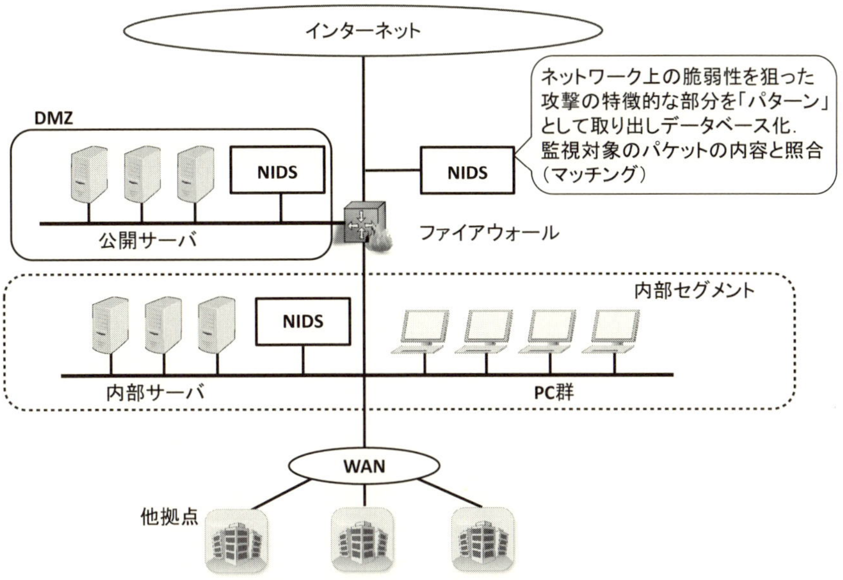

7.3 ファイアウォールと侵入検知システム

図 7.10 ネットワーク型 IDS(NIDS).

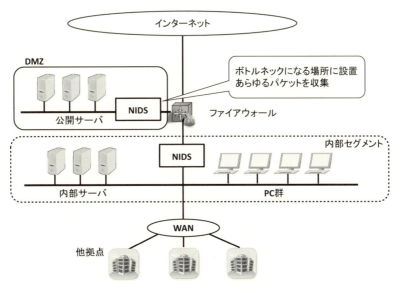

図 7.11 インライン型 IDS.

タは解析できない．また，一般には解析に時間を要するため，高速な通信回線においてはすべてのパケットを解析できないことや，通信速度をカバーできずボトルネックとなってしまうこともある．NIDS 製品としては，汎用 OS 上で動作するソフトウェアとして提供されるものや，アプライアンス製品もある．

(2) ホスト型 IDS

ホスト型 IDS(HIDS：Host-based IDS) はサーバなど単独の装置を監視の対象とする IDS である．図 7.12 に示すように，通常はそのサーバなどに常駐するソフトウェアとして組み込まれ，不正アクセスを監視する．OS が記録するアクセスログをチェックするほか，ユーザの利用状況や使用したコマンド，CPU やメモリの使用率，ディスクアクセスなど，細かい点まで監視できるが，サーバなどの装置ごとに HIDS を用意し，かつそれらを対象の装置に合わせて個別に詳細な設定を行う必要がある．

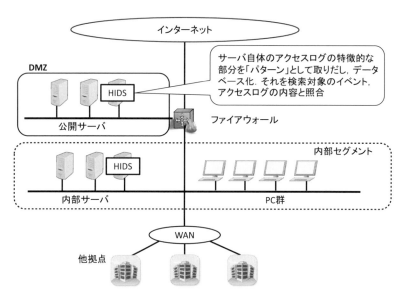

図 **7.12** ホスト型 IDS(HIDS)．

(3) 不正検知型 IDS

不正検知型 IDS はシグネチャ型 IDS とも呼ばれ，あらかじめ不正な攻撃パターン情報（シグネチャ）をデータベース化しておき，そのパターンと一致するものを不正とみなして検知する．不正検知型 IDS はシグネチャとして登録されている既知の攻撃には非常に有効であるが，未知の攻撃は検出できない．したがって，ネットワーク管理者は常にシグネチャの更新を行い，新たな攻撃パターンにできるだけ早く対処できるようにしなければならない．

(4) 異常検知型 IDS

異常検知型 IDS はネットワークトラフィックやユーザの利用状況が通常とは異なる状況のときに異常として検知するものである．アノマリ型 IDS とも呼ばれる．ネットワークのトラフィック情報，ユーザの使用したコマンド，利用の時間帯など，正常時のパターンを登録しておき，そのパターンにあてはまらない事象が発生したときに異常として検知する．シグネチャを必要とせず，未知の攻撃にも対応できるという利点があるが，正常時のパターンとして登録されていない正常なアクセスも不正侵入として誤検知してしまう場合もある．

7.3.3 侵入防止システム

IDS は不正アクセスやその予兆を検知し管理者に通知するまでの機能を持つが，防御の機能はもたないため，実際の対処はすべて管理者が行う必要がある．それに対して，侵入防止システム (IPS : Intrusion Prevention System) は IDS の機能に加えて，不正なパケットの通過を自動的に遮断するための機能を持つ．具体的には，図 7.13 に示すように，IPS を防御する対象のネットワーク上に設置し，異常を検知するとファイアウォールに対し不正パケットを通過させないように設定変更を指示して不正侵入を食い止める．

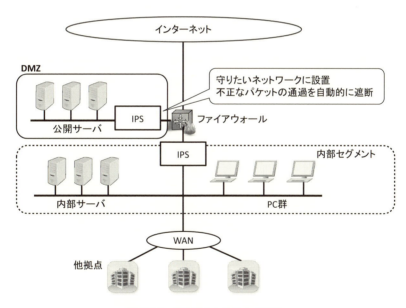

図 7.13　侵入防止システム (IPS)．

7.3.4 検疫ネットワーク

ファイアウォールや IDS，IPS はインターネットなど外部からの攻撃や不正アクセスから内部のネットワークを守るためのシステムであるのに対し，検疫ネットワークは内部からの不正アクセスや情報漏えいなどへのセキュリティ対策のためのものである．

一般に，内部のユーザで悪意をもった者が内部ネットワークに接続することで，サーバにある重要な情報を不正に盗み出されてしまう恐れがある．また，ネットワーク上でのデータのやりとりが盗聴されてしまう危険や，ウイルスに感染したPCをうっかり持ち込んでネットワークに接続してしまうことも考えらえる．検疫ネットワークはこのようなリスクを減らすためのもので，内部のネットワークに接続してくるPCの状態を検査してからネットワークへの接続を許可する仕組みである．

図7.14に示すように，検疫ネットワークはスイッチやサーバ，PCから構成され，これらが連動して動作することによりその機能を発揮する．内部に持ち込もうとするPCは，まず社内ネットワークとは切り離されている検査用ネットワークに接続され，そこでPCがその組織で定めたセキュリティポリシーに適合しているかどうかの確認をされる．一般的には，OSの修正プログラム（パッチ）の適用状況，セキュリティ対策ソフトのバージョン，ファイアウォールの有効化などの項目が検査される．ここで基準に満たしていないPCについては，基準を満たすための処置が自動的に行われる．基準を満たすことが確認されたら，内部ネットワークに接続される．

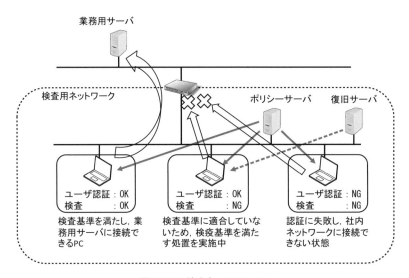

図 **7.14**　検疫ネットワーク．

7.4　無線LANのセキュリティ

近年，モバイル端末の急速な普及に伴い，無線LANはネットワークへの接続手段として大変一般的な手段となってきた．無線LANにおいては，有線の場合と異なり，どことどこが接続されているか，信号の影響する範囲がどこまでかなどが物理的にわかりにくいため，不正アクセスや盗聴，干渉などのリスクが起こりやすい．ここでは，そのような様々なリスクのある無線LANのセキュリティ対策について述べる．

7.4.1 無線 LAN の構成

無線 LAN はアクセスポイントと呼ばれる基地局と無線 LAN クライアントと呼ばれる無線端末から構成される．インフラストラクチャ・モードと呼ばれる一般的なモードでは，通信は無線 LAN クライアントとアクセスポイントとの間で行われ，無線 LAN クライアントどうしの通信はアクセスポイントを介して行われる．多数のアクセスポイントを含む大規模なネットワークでは，アクセスポイント間の電波干渉が起こらないように電波が届く範囲を自動的に調整しながら，アクセスポイント間のロードバランスを行い特定のアクセスポイントに負荷がかかりすぎないようにする機能を持つ，無線 LAN コントローラと呼ばれる装置を用いる場合もある．

7.4.2 無線 LAN のリスクとセキュリティ対策

無線 LAN においては，盗聴，不正アクセス，不正アクセスポイントの設置に伴うリスクなどに対策が必要である（図 7.15）．無線 LAN は電波を介した通信であるため，有線 LAN と異なり物理的に信号を遮断することが難しい．このため，盗聴のリスクがより大きいと言える．盗聴に対しては，データの暗号化が有効である．

また，不正アクセスは，正規ユーザ以外のユーザが許可なく無線 LAN を介してネットワークにアクセスすることであり，ファイアウォールをすり抜け内部ネットワークに直接アクセスを許してしまう重大なリスクとなりえる．不正アクセスを防ぐ手段として，SSID(Service Set Identifier) の設定や MAC アドレスフィルタリングなどの他，IEEE802.1X 認証が有効である．

さらに，無線通信の相手は直接目に見えないため，正規のアクセスポイントに見せかけた不

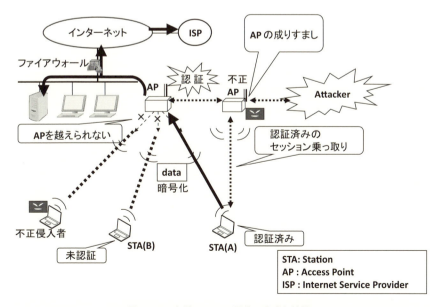

図 **7.15** 無線 LAN に関する脅威と対策．

正なアクセスポイントが設置されてしまうと，それとは知らずに接続した無線 LAN クライアントから，内部ネットワークへのアクセスに必要なパスワードなどの機密情報が盗まれてしまうなどのリスクがある．よって，不正なアクセスポイントを検出する仕組みが必要である．

7.4.3 データの暗号化

無線 LAN の暗号化方式には，従来から標準として使われている WEP(Wired Equivalent Privacy) がある．しかし，脆弱性が指摘されており，企業ネットワークでは使用禁止になっている場合が多い．WEP の弱点を補うために規格化された暗号化方式として WPA(Wi-Fi Protected Access) がある．また，WPA の後継である WPA2 はさらに安全性が高く，その利用が推奨されている．WPA2 では暗号化アルゴリズムに AES(Advanced Encryption Standard) を採用している．AES は共通鍵暗号方式の 1 つであり，米国商務省標準技術局 (NIST : National Institute of Standards and Technology) によって米国政府の新世代標準暗号化方式として制定された．

7.4.4 アクセス制御

無線 LAN は，一般にアクセスポイントを中心にネットワークが構成される．それぞれの無線 LAN を識別するために，アクセスポイントに SSID と呼ばれるグループ名を設定する．アクセスポイントと同じ SSID を持つクライアントだけが，ネットワークに接続できる．

アクセスポイントの設定では，SSID が空白または「any」であるクライアントからの接続要求を受け付けるままの設定にしていると，そのアクセスポイントを誰でも利用できてしまい，危険な状態となる．不正ユーザの利用を防ぐために，これらのクライアントからの接続要求を拒否する「ANY 接続拒否機能」を利用するべきである．さらに，アクセスポイントからはその存在を知らせるために SSID を含むビーコンという信号が発信される．これにより，悪意のある第三者が SSID を容易に入手できるので，ビーコン信号に SSID を隠ぺいする機能（ステルス機能）も利用するのが望ましい．

しかし，これらの SSID の設定のみでは不十分であり，暗号化方式やユーザ認証システムと併用しないと，LAN アナライザやパケットアナライザなどと呼ばれるパケットをキャプチャするソフトウェアによって容易に漏えいし，不正アクセスされる可能性が高くなる．

また，接続する機器の MAC アドレスをあらかじめ登録しておくことによってアクセスポイントにアクセスできる機器を制限できる．これを MAC アドレスフィルタリングと呼ぶ．しかし，無線送受信パケットの MAC アドレスが盗み見られた場合，「なりすまし」による不正アクセスのリスクがある．

7.4.5 IEEE802.1X 認証

IEEE802.1X 認証は，現在，企業ネットワークなどで主流となっているユーザ認証によるアクセス制御の手法である．7.2 節でも述べたように，IEEE802.1X は，サプリカント，オーセンティケータ，認証サーバから構成されるシステムにおいて，LAN スイッチなどネットワー

ク機器のポート単位でユーザ認証する手順を定めたものである．IEEE802.1X は様々な認証方式が使えるように拡張型認証プロトコル (EAP : Extensible Authentication Protocol) に基づいている．現在，使われている認証方式として EAP-TLS(Transport Layer Security)，PEAP(Protected EAP)，EAP-TTLS(Tunneled TLS)，EAP-MD5(Message Digest 5)，LEAP(Lightweight EAP) などがある．このうち，EAP-TLS, PEAP, EAP-TTLS を利用するためには，クライアント認証の際に証明書を利用するので，証明書を発行するための外部の認証局 (CA : Certificate Authority) が必要になる．

図 7.16 に無線 LAN における IEEE802.1X 認証手順の例を示す．同図において，無線端末がサプリカントの機能を持つ認証クライアント，アクセスポイントがオーセンティケータ機能を持つ認証装置，RADIUS(Remote Authentication Dial-In User Service) サーバが認証サーバにそれぞれ対応する．以下では，(1)〜(4) が認証手続きで，(5) と (6) は認証が終わった後の鍵配布の手順である．

(1) 無線端末（認証クライアント）は通信を開始するためにアクセスポイント（認証装置）にプローブ要求信号を出す際に，実行したい認証方式を要求する．
(2) アクセスポイントは無線端末から指定された認証方式を通知し，EAP 処理を開始する．
(3) 指定された認証方式に従って無線端末と認証サーバ間でメッセージのやりとりを行う（EAP 認証手順[4]）．ただし，メッセージのやりとりは直接行うのではなく，アクセスポイントでプロトコルの変換をする．
(4) 認証が成功すると，認証サーバからアクセスポイントにアクセス承認を送信し，アクセスポイントはそれを EAP 認証成功として無線端末に送信する．この時点で通信ポートのブロックが解除される．
(5) 認証サーバはアクセスポイントに対して，ユーザのセッション鍵のもととなる情報を送信する．

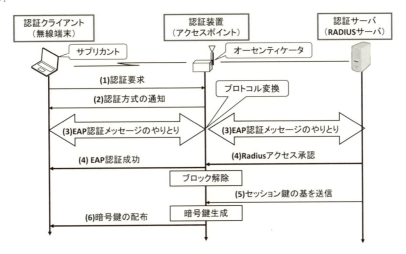

図 **7.16** IEEE802.1X 認証手順.

---
[4] EAP 認証手順は認証方式によって異なる．

(6) アクセスポイントは認証サーバから受信したセッション鍵の情報から暗号鍵を生成し無線端末に配布する．

　IEEE802.1X では，無線 LAN アクセスポイントで認証プロトコルを終端し，アクセスポイントと認証サーバが別のプロトコルで認証に必要な情報を送受信する．したがって，ユーザから見ると，アクセスポイントがあたかも認証サーバとして動作しているように見える．

7.4.6　不正アクセスポイントの検出

　無線 LAN 利用時に特に注意が必要なのが，正規のアクセスポイントになりすました不正アクセスポイントへの接続による情報漏えいである．特に，企業ネットワークなどでは不正アクセスポイント検出対策が必要になる．これを実現するためには，不正アクセスポイント検出機能をもったアクセスポイントとそれを集中的に管理する無線 LAN コントローラが必要になる．図 7.17 に基づいて，これらを用いて不正アクセスポイントへの接続を防ぐ手順を以下に示す．

(1) 不正アクセスポイント検出機能を持った無線 LAN アクセスポイントが，周囲のアクセスポイント情報を収集する．
(2) 周囲のアクセスポイント情報（チャンネルや MAC アドレス情報など）を無線 LAN コントローラへ通知する．
(3) 無線 LAN コントローラは無線 LAN アクセスポイントから通知された情報をベースに，不正アクセスポイントかどうかの判定を行う．
(4) 不正アクセスポイントと判定されれば，管理下のアクセスポイントに対して通信妨害を指示する．
(5) 指示を受け取ったアクセスポイントは不正アクセスポイントと通信をしている無線 LAN

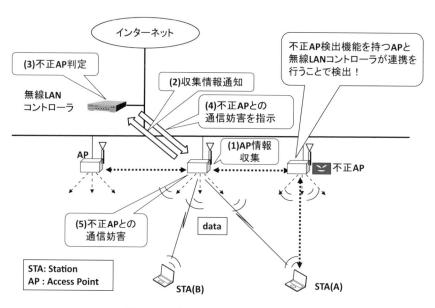

図 **7.17**　不正アクセスポイントの検出．

クライアントに対して切断パケットを送り，そのクライアントと不正アクセスポイントとの通信を強制的に切断することにより通信を妨害する．

演習問題

設問1 IDS における侵入を検出するための手法に，不正検知と異常検知がある．それぞれの仕組みについて説明し，特徴を述べよ．

設問2 ゲートウェイ型ファイアウォールには，パケットフィルタリング方式のファイアウォールとアプリケーションゲートウェイ方式のファイアウォールがある．これらの違いを述べよ．

設問3 NAT におけるアドレス変換テーブルの動的な登録の仕組みにより，外部から内部の特定の装置への通信が開始できないこと，および外部からネットワーク内部の IP アドレスの構成が隠ぺいされることを説明せよ．

推薦図書

[1] 手塚 悟 編著：『情報セキュリティの基礎（未来へつなぐデジタルシリーズ 2）』，共立出版 (2011).

[2] 白鳥 則郎 監修：『コンピュータ概論（未来へつなぐデジタルシリーズ 17）』，共立出版 (2013).

[3] 白鳥 則郎 監修：『情報ネットワーク（未来へつなぐデジタルシリーズ 3）』，共立出版 (2011).

[4] 情報セキュリティセミナー 2007，情報処理推進機構 (2007).

[5] 久米原栄，三上信男：『ネットワーク超入門講座　セキュリティ編』，ソフトバンククリエイティブ (2010).

第8章

インターネットのセキュリティ

┌─ □ 学習のポイント ─────────────────────

第 7 章では，組織内において，ネットワーク上の様々な機器を用いてどのようなセキュリティ対策を行うことができるのかについて学んだ．この章では，インターネットを安全に利用するための仕組みについて学ぶ．ここではまず，インターネットの代表的なサービスである Web や電子メール，リモートアクセスにおけるセキュリティ技術として，SSL や S/MIME，PGP，SSH について説明する．次に，VPN や IPsec など，インターネット上で安全に通信を行うための技術について述べる．

- インターネットを安全に利用するための技術として何があるかについて理解する．
- SSL，S/MIME，PGP，SSH，VPN，IPsec の仕組みについて理解する．

└──────────────────────────────────

┌─ □ キーワード ─────────────────────

SSL，S/MIME，SSH，VPN，IPsec，TLS，Message Authentication Code，HTTPS，MIME，PGP，インターネット VPN，IP-VPN，IPsec，カプセル化，トンネリング，AH，ESP，IKE，SA，トンネルモード，トランスポートモード，SSL-VPN

└──────────────────────────────────

▮ 8.1 インターネットにおけるセキュリティ

インターネットは TCP/IP 技術に基づいて世界中のコンピュータが接続された世界である．コンピュータどうしを結ぶ通信を担う TCP/IP の仕組みは，もともと学術的，実験的なネットワークのために設計されており，今日のような商用利用や世界中の人々に広く利用される状況は想定されていなかった．そのため，様々な観点から安全性を確保するための仕組みが別に必要となる．

ここではまず，インターネットの代表的なサービスである，WWW(World Wide Web，以下 Web) や電子メール，リモートアクセスにおけるセキュリティ対策を説明する．次に，企業など複数の拠点にまたがる組織において仮想的なプライベートネットワークを構築するための VPN(Virtual Private Network) や VPN を構築する際に用いられる IP 層で暗号化通信を行うためのプロトコル IPsec(Security Architecture for Internet Protocol) などインターネットで用いられているセキュリティ対策のための技術について述べる．

8.2 Web におけるセキュリティ

Web はインターネットで実現されるサービスの中で，電子メールと並んで最もよく用いられているサービスである．ここでは，Web におけるセキュリティ対策として代表的な SSL(Secure Socket Layer) の仕組みについて述べる．

8.2.1 Web

Web はインターネット上のリンクされた文書にアクセスするためのアーキテクチャの枠組みであり，HTTP(HyperText Transfer Protocol) の手順に基づいて通信を行うクライアント／サーバシステムとして構築される（図 8.1）．サーバ（Web サーバ）には HTML(HyperText Markup Language) の形式で情報を保管する．クライアントはブラウザと呼ばれる文書表示プログラムによって Web サーバに HTML ファイルを要求し，Web サーバから取得した情報をユーザに表示する．HTML を用いることにより，文書中に文字の大きさの指定や画像，他のネットワーク上の資源に対するリンクを埋め込むことができる．ブラウザは，Web サーバから取得した HTML ファイルを解釈し，画面上に適切なレイアウトで文書を表示する．

HTTP では，これらのやりとりにおいてデータは暗号化されないため，情報漏えいの危険がある．また，メッセージ認証の仕組みや通信を行っている相手を認証する仕組みがないため，メッセージの改ざんやなりすましの可能性がある．これらの対策のための仕組みとして広く用いられているのが SSL である．

図 8.1 Web の構成．

8.2.2 SSL

SSL はネットスケープコミュニケーションズ社によって開発され，後に IETF によって TLS(Transport Layer Security) として標準化が行われた．TLS は SSL に基づいて開発され，その基本的な機能は同じである．SSL という名称が広く普及していることから，ここでは SSL

とTLSは特に区別せず，SSLとして扱うこととする．

SSLでは，暗号化，認証，改ざん検出の3つの機能を提供する．

(1) 暗号化

暗号化は4.3節で述べたハイブリッド暗号を用いる．すなわち，データの暗号化に共通鍵暗号を用い，その共通鍵（セッション鍵）を安全に送信するために公開鍵暗号を用いる．共通鍵暗号としてはAES(Advanced Encryption Standard)，公開鍵暗号としてはRSAなどが用いられる．

(2) 認証

SSLでは，公開鍵証明書に基づく認証を行う．認証に用いる署名アルゴリズムとしてはRSAなどがある．公開鍵の正当性を保証するための基盤として，5.2.2項で述べたPKI(Public Key Infrastructure)が用いられる．以下では，図8.2に基づいて，WWWにおいてクライアントがSSLを用いてWebサーバとデータをやりとりする場合の手順を示す．

1) 認証局への登録

    Webサーバは公開鍵と秘密鍵を作成し，認証局に申請してサーバ証明書を用意する．証明書には，Webサーバの公開鍵を認証局の秘密鍵で暗号化した電子署名が付されている．

2) サーバへの接続

    SSLに対応したブラウザを利用して，SSLで保護されたWebサーバに接続する．このとき，ブラウザが利用可能な暗号化アルゴリズムの一覧をサーバに送信する（図8.2の(1)）．

3) 証明書の提示

    Webサーバは，使用する暗号アルゴリズムを決定してクライアントに通知し（図8.2の(2)），クライアントに対してサーバ証明書を提示する（図8.2の(3)）．クライアントは事前に安全に入手してある認証局の公開鍵を用いて証明書の真正性を検証する．検証されれば，接続した相手がなりすまされていないと判断する．そして，認証局の公開鍵を用いて証明書に含まれるWebサーバの公開鍵を取り出す．

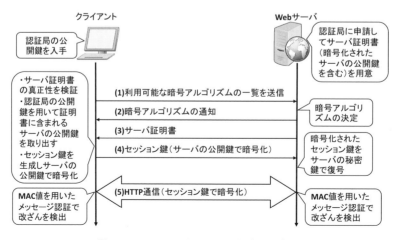

図 8.2 WebにおけるSSL通信確立の手順．

4) 共通鍵の共有

クライアントはデータの暗号化に用いる共通鍵（セッション鍵）を生成し，Webサーバの公開鍵を用いて暗号化してWebサーバに送信する（図8.2の(4)）．暗号化された共通鍵を受け取ったWebサーバは暗号化に使用された公開鍵に対応する秘密鍵で復号し，共通鍵を得る．

5) 暗号化データのやりとり

クライアントとWebサーバは，以上の手順で共有できた共通鍵を用いて，共通鍵暗号によりデータを暗号化してやりとりする（図8.2の(5)）．

(3) 改ざん検出

ハッシュ関数に基づくメッセージ認証により改ざんを検出する．送信者は送信データと共通鍵をハッシュ関数の入力としハッシュ値を求める．得られたハッシュ値をMAC(Message Authentication Code)値と呼ぶ．送信者はMAC値とともに送信データを相手に送る．受信者は受信データと共通鍵をハッシュ関数の入力としてMAC値を算出する．その値と送信者から送られたMAC値を比較し，値が一致すれば途中でデータが改ざんされていないことがわかる仕組みである．ここで，ハッシュ関数の入力として送信データとともに共通鍵を用いるので，MAC値が一致していることは，データを送信してきた相手が自分と同じ共通鍵をもっていることの証しにもなっている．

8.2.3 HTTP over SSL/TLS

オンラインバンクのWebサイトなど，SSLを使用しているWebサイトのURLは「https://」から始まる．HTTPS(HTTP over SSL/TLS)はインターネット上の資源の所在を表すURIスキーム の1つで，HTTPがSSLで暗号化されている状態を表したものである．このとき，主なWebブラウザでは，ステータス欄に鍵のマークが表示されたり，他の場所に保護を示すマークが表示されたりする．

8.3 電子メールにおけるセキュリティ

電子メールのセキュリティを守るための仕組みとしてS/MIME(Secure Multipurpose Internet Mail Extensions)とPGP(Pretty Good Privacy)がある．以下ではそれぞれについて述べる．

8.3.1 S/MIME

電子メールにおいて，データの盗聴，データの改ざん，なりすましに対する対策として用いられているのがS/MIMEである．S/MIMEはIETFによって標準化された電子メールの暗号化と電子署名に関する標準で，MIME(Multipurpose Internet Mail Extensions)の機能拡張版として位置付けられる．メッセージの暗号に共通鍵暗号を，電子署名やセッション鍵の暗号化に公開鍵暗号を用いるハイブリッド暗号化を採用しており，RSA公開鍵暗号を用いてメッ

セージを暗号化して送受信する機能と，PKIに基づき認証局が電子署名して発行した公開鍵証明書を用いて公開鍵の正当性を示す機能がある．

S/MIMEを用いて電子メールを安全に送受信するには，メールをやりとりする双方でS/MIMEに対応したメールソフトウェアが必要となる．さらに，電子証明書を入手し電子証明書ファイルをメールソフトに読み込ませ，アカウントごとにその電子証明書を使用できるように設定する必要がある．

以下では，S/MIMEにおける電子署名と，メッセージの暗号化を行う場合について，それぞれ手順を示す．なお，電子署名を付けたメールを暗号化する場合は，暗号化したデータに対して署名を付与すればよい．

(1) S/MIMEにおける電子署名の手順（図8.3）

1) 準備
送信者はあらかじめ公開鍵暗号の一対の鍵を生成しておき，一方を秘密に保持する鍵（秘密鍵），他方を公開する鍵（公開鍵）とする．認証局に申請して公開鍵証明書を用意する．証明書には，公開鍵を認証局の秘密鍵で暗号化した認証局による電子署名が付されている．

2) 電子署名の作成
送信者は送りたいメッセージをハッシュ関数に入力して，メッセージダイジェストを作成する．さらにメッセージダイジェストを用意した秘密鍵で暗号化し電子署名を作成する．

3) メッセージの送信
送信者は平文のメッセージと電子署名を公開鍵証明書とともに送信する．

4) 電子署名の復号
受信者は認証局の公開鍵を用いて受け取った公開鍵証明書の真正性を検証し，証明書に含

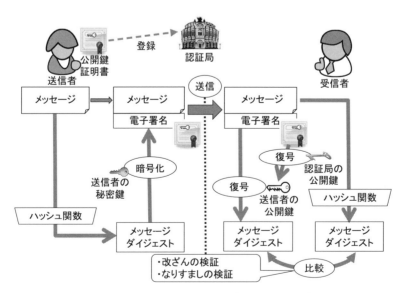

図 8.3　S/MIMEにおける電子署名付きメールの手順．

まれる送信者の公開鍵を取り出す．次に，送信者の公開鍵を用いて電子署名を復号し，メッセージダイジェストを求める．

5) メッセージダイジェストの比較

受信者は受け取ったメッセージをハッシュ関数に入力して，メッセージダイジェストを作成し，電子署名から復号して得られたメッセージダイジェストと比較する．両者が一致した場合は，メッセージの改ざんがなかったこと，およびメッセージの作成者が，送信者が公開している公開鍵の対となっている（送信者が秘密に保持している）秘密鍵を持っている本人であることがわかる．

この手順では，メッセージの改ざん防止と送信者のなりすまし・否認防止の機能があるが，メッセージ自体は平文のまま送信されるため，メッセージの内容が第三者に漏えいしてしまう可能性がある．

(2) S/MIME におけるメッセージの暗号化の手順（図 8.4）

1) 準備

受信者はあらかじめ公開鍵暗号の秘密鍵と公開鍵を生成し，認証局に申請して公開鍵証明書を用意する．証明書には，公開鍵を認証局の秘密鍵で暗号化した電子署名が付されている．送信者は受信者の公開鍵証明書を入手し，認証局の公開鍵を用いて公開鍵証明書の真正性を検証して証明書に含まれる受信者の公開鍵を取り出す．

2) メッセージの暗号化

送信者は共通鍵（セッション鍵）を生成し，送りたいメッセージをそのセッション鍵を用いて共通鍵暗号により暗号化する．

3) メッセージの送信

送信者は受信者の公開鍵を用いて公開鍵暗号によりセッション鍵を暗号化し，暗号化され

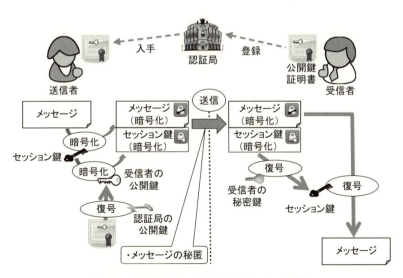

図 8.4　S/MIME における暗号化メールの手順．

148 ◆ 第8章 インターネットのセキュリティ

たメッセージとともに送信する.

4) セッション鍵の復号

受信者は受け取った暗号化されたセッション鍵を,自身が秘密に保持している秘密鍵を用いて復号し,セッション鍵を求める.

5) メッセージの復号

受信者はセッション鍵を用いて受け取った暗号化されたメッセージを復号し,メッセージを取り出す.

この手順においては,送信者がメッセージの暗号化に使用したセッション鍵が,受信者の公開鍵で暗号化されてから送信される.この暗号化されたセッション鍵は受信者が秘密に保持している秘密鍵を用いることによってのみ正しく復号される.したがって,第三者は正しいセッション鍵を得ることができず,結果としてメッセージを復号できない.よって,メッセージ内容の秘密が保持される.しかしながら,受信者の公開鍵証明書はだれでも取得できるため,暗号文自体はだれでも作成できる.したがって,送信者がそのメッセージの作成者本人であるかどうかや,メッセージが第三者により書き換えられていないことを確認することはできず,なりすましや改ざんが可能である.

8.3.2　PGP

PGP は S/MIME と同様に,電子メールにおいてデータの盗聴,データの改ざん,なりすましに対する対策として用いられており,IETF によって標準化されている.また,メッセージの暗号に共通鍵暗号を,電子署名やセッション鍵の暗号化に公開鍵暗号を用いるハイブリッド暗号を採用しているが,S/MIME のように PKI に基づき認証局が公開鍵の正当性を示す代わりに,各利用者の責任で鍵を管理し,取得した公開鍵をチェックする.公開鍵をチェックする仕組みとしてハッシュ値を用いるが,PGP ではこれをフィンガープリントと呼ぶ.また,5.2.3項で述べた「信用の輪」の考えを用いて公開鍵の検証を行う仕組みを導入し,公開鍵は別のユーザが自らの秘密鍵で署名できるようにもなっている.このことは,すでに何らかの方法で本人確認が済んでいる第三者によって署名されている公開鍵は「(ある程度)信用できる」と判断する考え方に基づいている.S/MIME では公開鍵の正当性を認証局が証明するので,不特定多数とのやりとりに適しているが,認証局への登録に伴う手間や費用などのコストがかかる.一方,PGP はそのようなコストは発生しないので,小規模なコミュニティ内で手軽に利用するのに適している.以下では,PGP における電子署名と暗号化メールの手順を示す.

(1)　PGP における電子署名付きメールの手順（図 8.5）

1) 準備

送信者はあらかじめ公開鍵暗号の秘密鍵と公開鍵を生成し,公開鍵を公開鍵サーバに登録しておく.また,公開鍵を検証するためのフィンガープリントを作成し,受信者に安全な手段で渡しておく.

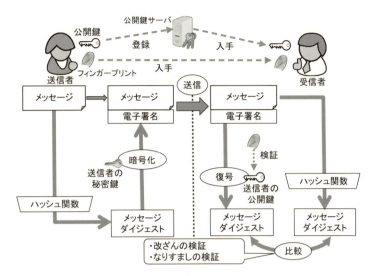

図 8.5 PGP における電子署名付きメールの手順.

2) 電子署名の作成

送信者は送りたいメッセージをハッシュ関数に入力して，メッセージダイジェストを作成する．さらにメッセージダイジェストを用意した秘密鍵で暗号化し電子署名を作成する．

3) メッセージの送信

送信者は平文のメッセージと電子署名を送信する．

4) 電子署名の復号

受信者は公開鍵サーバから送信者の公開鍵を入手し，あらかじめ送信者から受け取ったフィンガープリントで公開鍵の正当性をチェックする．次に，送信者の公開鍵を用いて電子署名を復号し，メッセージダイジェストを求める．

5) メッセージダイジェストの比較

受信者は受け取ったメッセージをハッシュ関数に入力して，メッセージダイジェストを作成し，電子署名から復号して得られたメッセージダイジェストと比較する．両者が一致した場合は，メッセージの改ざんがなかったこと，およびメッセージの作成者が，送信者が公開している公開鍵の対となっている（送信者が秘密に保持している）秘密鍵を持っている本人であることがわかる．

この手順では，メッセージの改ざん防止と送信者のなりすまし・否認防止の機能があるが，メッセージ自体は平文のまま送信されるため，メッセージの内容が第三者に漏えいしてしまう可能性がある．

(2) PGP における暗号化メールの手順（図 8.6）

1) 準備

受信者はあらかじめ公開鍵暗号の秘密鍵と公開鍵を生成し，公開鍵を公開鍵サーバに登録しておく．また，公開鍵を検証するためのフィンガープリントを作成し，送信者に安全な手段で渡しておく．

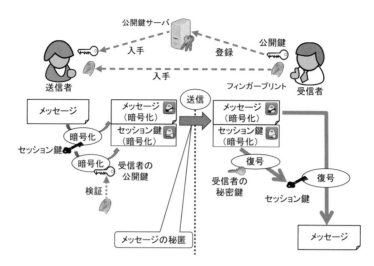

図 8.6　PGP における暗号化メールの手順．

2) メッセージの暗号化

送信者は共通鍵（セッション鍵）を生成し，送りたいメッセージをそのセッション鍵を用いて共通鍵暗号により暗号化する．

3) メッセージの送信

送信者は受信者の公開鍵を鍵サーバから入手し，あらかじめ受信者から受け取ったフィンガープリントで公開鍵の正当性をチェックする．そして受信者の公開鍵を用いて公開鍵暗号によりセッション鍵を暗号化し，暗号化されたメッセージとともに送信する．

4) セッション鍵の復号

受信者は受け取った暗号化されたセッション鍵を，自身が秘密に保持している秘密鍵を用いて復号し，セッション鍵を求める．

5) メッセージの復号

受信者はセッション鍵を用いて受け取った暗号化されたメッセージを復号し，メッセージを取り出す．

この手順においては，S/MIME の場合と同様に，メッセージ内容の秘密は保持されるが，受信者の公開鍵はだれでも取得できるため，なりすましや改ざんが可能である．ただし，S/MIME とは異なり受信者のフィンガープリントの入手が必要である．

8.4　リモート接続におけるセキュリティ

コンピュータの OS の機能の中核的な部分であるカーネルに対し，ユーザが命令を伝えるためのインタフェースの役割を果たすものがシェルである．インターネットを介して遠隔からシェルにアクセスすることにより，リモートからコンピュータを操作するための仕組みとして Telnet がある．Telnet を用いると，基本的にそのリモートログインしたコンピュータでできることは何でもできるため，非常に便利なプロトコルである．しかしながら，Telnet にはデータの暗号

化や認証のための仕組みが一切ないため，メッセージの漏えいや改ざん，通信のなりすましの可能性がある．パスワードが盗まれたり，なりすましされたりすると，悪意のあるユーザに遠隔からコンピュータを自由に操作されてしまう可能性があり，きわめて危険な状態になる．

SSH(Secure SHell) はリモートのコンピュータにログインしてシェルを利用するためのプロトコルで，図 8.7 に示す通り，SSL と同様に，公開鍵暗号を使って共通鍵（セッション鍵）を送り，通信の両端で鍵を共有する仕組みと，その鍵を使って共通鍵暗号により通信を暗号化する仕組みがある．また，データの改ざん防止の機能も備える．SSH を利用するためには，リモート接続を利用する 2 台のコンピュータについて，一方は SSH サーバの，他方は SSH クライアントのソフトウェアを，それぞれあらかじめインストールしておく必要がある．以下に，図 8.8 に基づき SSH でリモートログインをする際の動作の手順を示す．

1) SSH クライアントから SSH サーバに接続要求を送る（図 8.8 の (1)）．
2) SSH サーバから SSH クライアントにサーバの公開鍵を送る（図 8.8 の (2)）．
3) SSH クライアントは自身の公開鍵リストに受け取ったサーバの公開鍵が登録されていることを確認する（図 8.8 の (3)）．初回通信時など，受け取ったサーバの公開鍵が公開鍵リストに登録されていない場合は，サーバの公開鍵からハッシュ値（フィンガープリント）を生成し，ユーザにフィンガープリントの確認を求める．フィンガープリントが確認されたら，サーバの公開鍵を公開鍵リストに登録する（図 8.8 の (4)）．セッション鍵を生成して SSH サーバから受け取った公開鍵で暗号化する（図 8.8 の (5)）．
4) SSH クライアントから SSH サーバに暗号化したセッション鍵を送る（図 8.8 の (6)）．
5) SSH サーバは秘密鍵で復号してセッション鍵を求める（図 8.8 の (7)）．これにより，両者がセッション鍵を共有することができる．

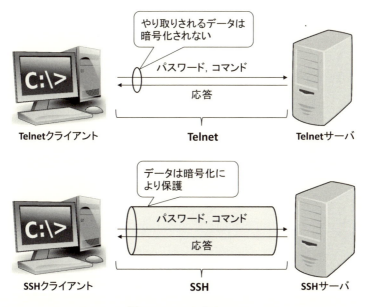

図 **8.7** Telnet と SSH.

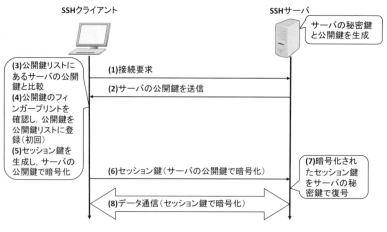

図 8.8 SSH における通信確立の手順.

6) SSH クライアントと SSH サーバ間で，共有されたセッション鍵を用いてデータを暗号化してやりとりする（図 8.8 の (8)）．

以降，この暗号化された通信を用いて，端末認証が行われる．SSH の端末認証には，パスワード認証のほか，公開鍵認証，ワンタイムパスワードなどを用いることができる．なお，外部の端末からインターネットを介して内部ネットワークへ安全に接続するための汎用的な仕組みとしては，8.5.4 項で述べるリモートアクセス VPN がある．

8.5 仮想プライベートネットワーク

複数の拠点にまたがる組織が，外部からのアクセスを制限しつつネットワークを構築する際に重要な役割を果たすのが，仮想プライベートネットワーク (VPN) である．主な VPN の形態としては，IP-VPN とインターネット VPN がある．また，VPN の構築に用いられる代表的な技術として IPsec がある．

8.5.1 VPN

企業など，複数の拠点にまたがる組織が，その拠点間の LAN どうしを専用線で結び，組織内ネットワーク（イントラネット）を構築したものを「プライベートネットワーク」という．プライベートネットワークにおいては，拠点間の通信を物理的に他の通信から遮断することによって，外部からイントラネットへのアクセスができないようにしている．物理的に通信を遮断するため，安全なネットワークの構築が可能だが，特に拠点の数が多い場合など，コストが高いという問題がある．

これに対して，公衆回線を介して拠点間を結ぶことによりプライベートネットワークを構築する技術が，仮想プライベートネットワーク (VPN) である．VPN では，複数の拠点間の接続に公衆回線を用いるため，専用線に比べてコストが低いという利点があるが，他のユーザと回

線を共有するため，通信回線上のデータを他のユーザから保護する仕組みが必要になる．

8.5.2 インターネット VPN

インターネット VPN は，インターネットを利用して複数拠点の LAN を接続し，仮想的なプライベートネットワークを構築する技術である．図 8.9 に示すように，ユーザは各拠点に VPN 装置を用意し，インターネット上の通信は VPN 装置間でデータを暗号化して，インターネット上の他のユーザからデータを保護するのが一般的である．このとき，VPN 装置間では暗号化したデータをカプセル化し，VPN 転送用のヘッダを付加してインターネット上を転送する「トンネリング」技術が用いられる．それぞれの拠点の VPN 装置は，自拠点内から届いた他拠点向けのデータについて，ヘッダを含むデータ全体を暗号化し，VPN 転送用のヘッダを付加してインターネット上に送信する．インターネット上では VPN 転送用のヘッダに基づき相手の VPN 装置に転送される．それを受信した VPN 装置では，VPN 転送用のヘッダを取り除き，復号して得られたパケットをその拠点内のネットワークに転送する．

これに対して，IP-VPN と呼ばれる，通信事業者により提供される公衆回線上に実現された仮想的な専用線サービスを用いて構築されるプライベートネットワークがある．仮想的な専用線サービスは ATM(Asynchronous Transfer Mode) や MPLS(Multiprotocol Label Switching) などのラベルスイッチ技術を用いて実現され，複数拠点間の経路制御機能を提供する仮想ルータの機能を合わせて提供するものもある．中継網を複数のユーザで共有することにより，専用線に比べてコストを削減することができる．ユーザは通信事業者と契約し IP-VPN を実現するサービスに加入する必要がある．IP-VPN では，ユーザごとの固有の情報を格納したラベルを用いて，ネットワーク内でどのユーザのパケットであるかを識別する．このようにすることで，ユーザごとに論理的に通信を切り分けることができ，それぞれのユーザに専用の通信路が用意

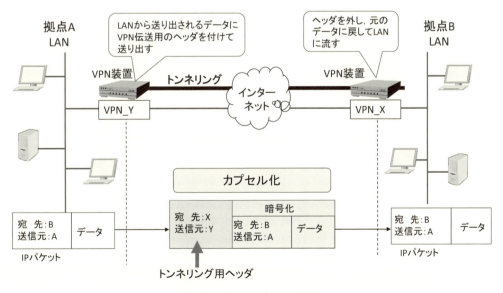

図 8.9　インターネット VPN.

されることになる．

インターネット VPN はユーザが VPN 装置を用意する必要があるが，一般に IP-VPN よりも低コストで構築が可能であるのが特長である．一方，IP-VPN では，一定の帯域の確保や遅延時間の保証など，通信品質の確保が可能であるが，インターネット VPN はインターネット上でデータを転送するため，そのような通信品質の確保は難しい．

8.5.3 IPsec

インターネット VPN の構築に用いられる代表的な技術として IPsec がある．IPsec は IETF で規格化されている IP 層で暗号化通信を行うためのプロトコルで，現在の TCP/IP で用いられている IPv4(Internet Protocol version 4) ではオプション機能であるが，IPv6(Internet Protocol version 6) では標準機能となっている．IPsec はすべてのアプリケーション層プロトコルを対象としており，通信の用途によって異なる暗号アルゴリズムを用いることを想定している．実際には，IPsec は暗号通信を実現するための複数のプロトコルの総称であり，鍵の管理・交換に関する規程を定めたプロトコルであるインターネット鍵交換プロトコル (Internet Key Exchange, IKE)，IP パケットを暗号化するためのプロトコルである暗号ペイロード (Encapsulating Security Payload, ESP)，および認証とデータ改ざん防止のためのプロトコルである認証ヘッダ (Authentication Header, AH) からなる．

(1) インターネット鍵交換プロトコル (IKE)

暗号通信に先立ち，通信する両者でネゴシエーションを行い，通信で用いる暗号アルゴリズムや暗号鍵の合意を形成する必要がある．IKE はそのための手順を定めるプロトコルである．使用する暗号アルゴリズムや暗号鍵に関する合意を SA(Security Association) と呼び，SA に関連付けられた暗号アルゴリズムと暗号鍵を表す 32 ビットの整数値を SPI(Security Pointe Index) と呼ぶ．SPI は暗号通信で転送されるデータに挿入されて用いられ，最初にネゴシエー

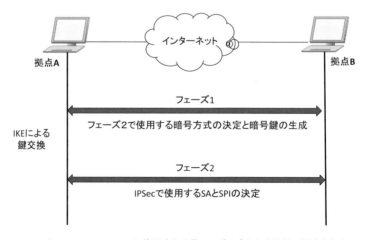

- SA(Security Association)：使用する暗号アルゴリズムや暗号鍵に関する合意
- SPI (Security Pointer Index)：アルゴリズムと鍵を示す32ビットの整数値

図 8.10　IKE のフェーズ．

ションを行った当事者以外はその内容がわからないようになっている．

図 8.10 で示すように，IKE は 2 つのフェーズからなっている．フェーズ 1 では，フェーズ 2 で使用する暗号アルゴリズムの決定と暗号鍵の決定を行う．フェーズ 2 では，IPsec の暗号通信で使用する暗号アルゴリズムと暗号鍵 (SA)，SPI の決定を行う．

(2) 暗号ペイロード (ESP)

ESP は IKE で決定した SPI を用いて暗号通信を行うための手順を定めるプロトコルである．ESP には，「トンネルモード」と「トランスポートモード」の 2 つの動作モードがある．

図 8.11 で示すように，トンネルモードはヘッダを含めた IP パケット全体を暗号化し，新たな IP ヘッダを付加する方式で，インターネット VPN では主にこのモードが用いられる．拠点間の VPN を構築する際に各ネットワークの VPN ゲートウェイどうしを接続する仕組みとして用いられる．一方，トランスポートモードは図 8.12 で示すようにデータ部のみを暗号化す

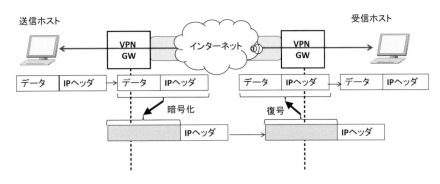

図 **8.11** ESP（トンネルモード）．

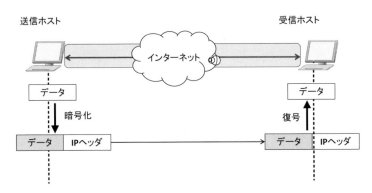

図 **8.12** ESP（トランスポートモード）．

る方式で，エンド・ツー・エンド端末間でIPsecを構築する際などに用いられる．この場合はVPNゲートウェイのような特別な装置は用いないが，それぞれの端末にIPsec機能を実現するソフトウェアを搭載する必要がある．

ESPでは，オプションでESP認証データを添付することができ，これによりデータ改ざんの検知機能を実現することができる．ESPとAHを併用することによりスループットが問題になる場合があり，AHによる認証機能を用いずに，認証機能付きのESPを用いることが一般的である．

(3) 認証ヘッダ (AH)

AHはIPパケットを認証したり，改ざんを防止したりするためのプロトコルである．図8.13で示すように，AHでは，MACと呼ばれる共通鍵と送信データをハッシュ関数に入力して得られた値を用いてデータの改ざん防止と認証を行う．送信側と受信側のVPNゲートウェイはあらかじめ共通鍵を秘密の情報として設定し，それぞれ保管しておく．送信側のVPNゲートウェイは送信データと共通鍵からMAC値を算出し，データとともに送信する．受信側VPNゲートウェイは受信したデータと保管してある共通鍵からMAC値を算出し，送られてきたMAC値と比較する．両者が一致すれば通信途中での改ざんがないものと考える．また，秘密情報である共通鍵を共有している正しい相手との通信であることの確認（認証）を行うことができる．

AHにおいても，新たなIPヘッダを付加する方式であるトンネルモードと，元のIPヘッダを利用して転送を行うトランスポートモードがある．

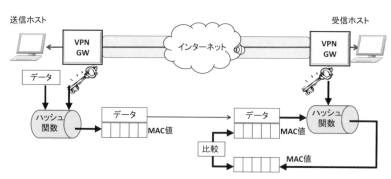

- IPパケットを認証するための仕様
- MACを使ってデータの改ざん防止と認証を行う
- MAC(Message Authentication Code)：共通鍵と送信データをハッシュ関数に入力し，計算結果として得られた値

図 **8.13** AH(Authentication Header).

(4) IPsecのパケット

IPsecのそれぞれの動作モードにおけるパケットの構成と，暗号化範囲，認証の対象となる範囲を図8.14に示す．同図において，右方向にデータが送信されることを示す．

AHのトンネルモードでは，元のIPパケットに対して改ざん検知のためのデータを含むAH

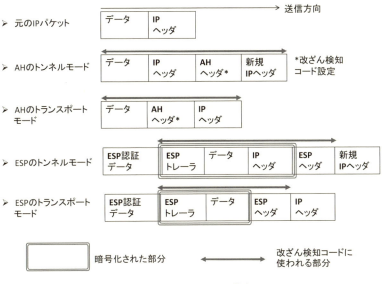

図 8.14 IPsec パケット構成図.

ヘッダが前に追加され，さらに新たな IP ヘッダが先頭に付加されて送信される．インターネット内では，この新たに付加された IP ヘッダに基づいてデータが転送される．AH のトランスポートモードでは，元の IP パケットの IP ヘッダがそのまま使われ，その IP ヘッダの後に AH ヘッダが挿入される．両方のモードとも，ヘッダを含むデータの全体が認証の対象となる．

また ESP のトンネルモードでは，元の IP パケットに対して ESP トレーラ が後ろに付加されたものが暗号化され，その前後に ESP ヘッダと改ざん検知のためのデータを含む ESP 認証データを付加し，さらに新たな IP ヘッダが先頭に付加される．このとき，認証の対象は ESP ヘッダと暗号化された部分である元の IP パケットと ESP トレーラになる．インターネット内では，新たに付加された IP ヘッダに基づいてデータが転送される．ESP のトランスポートモードでは，元の IP パケットのうち IP ヘッダを除いたデータの部分に ESP トレーラが後ろに付加されたものが暗号化される．そして，その前後に ESP ヘッダと ESP 認証データを付加し，元の IP パケットの IP ヘッダが先頭に付加されて送信される．認証の対象は ESP ヘッダと暗号化された部分である元の IP パケットのデータ部分と ESP トレーラである．

(5) **IPsec によるインターネット VPN の構築**

IPsec によるインターネット VPN の構築の例と，転送されるデータの様子を図 8.15 に示す．同図において，2 つの拠点の VPN ゲートウェイ間を，トンネルモードで認証機能付きの ESP を用いて接続している．拠点 A から拠点 B へデータが送られる際，拠点 A の内部ネットワークでゲートウェイまで送られた IP パケットはゲートウェイにおいて全体が暗号化され，ESP ヘッダ，ESP 認証データ，新たな IP ヘッダなどが付加されてインターネットに送信される．インターネット上では，元の IP パケット全体が暗号化されており，途中で盗聴されても中身はわからない．パケットが拠点 B のゲートウェイに到着すると，ゲートウェイにおいて認証デー

158 ◆ 第8章 インターネットのセキュリティ

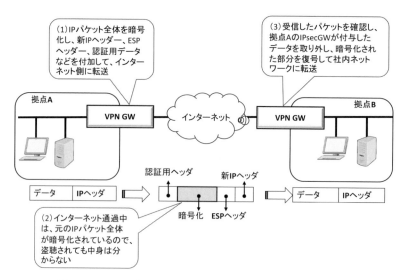

図 8.15 IPsec（トンネルモード）によるインターネット VPN．

タを用いてパケットを確認し，拠点 A のゲートウェイによって付加されたヘッダなどがはずされ，暗号化された部分が復号され，元の IP パケットが復元される．そして復元された IP パケットを拠点 B の内部ネットワークに送信し，元の IP パケットのヘッダ情報に基づいて内部ネットワークで宛先の端末まで転送される．ここで，それぞれの拠点の内部ネットワークに接続された端末は，特別な動作を行うことはなく，通常の内部ネットワークにある端末どうしと同じように IP パケットをやりとりすることができる．すなわち，それぞれの端末は IPsec の存在をまったく意識することがなく，アプリケーションにも何も変更の必要がない．

8.5.4 リモートアクセス VPN

外部の端末からインターネットを介して内部ネットワークへ安全に接続するための仕組みをリモートアクセス VPN と呼ぶ．

リモートアクセス VPN を実現する仕組みの 1 つとして，IPsec のトランスポートモードを利用する方法がある．この場合は，図 8.16 で示すように，接続する内部ネットワークにあるサーバなどとの一対一の接続になり，双方のコンピュータに IPsec 機能を実現するソフトウェアが必要である．一方，IPsec で内部ネットワークと接続するには，内部ネットワークに VPN ゲートウェイ装置を設け，外部の端末からトンネルモードを利用して接続する．この場合，外部の端末に VPN ゲートウェイと同様の機能を実装する必要がある．これにより，拠点間を結ぶ際と同様にインターネットを仮想的な専用線として利用することができる．

ただし，途中のルータでアドレス変換 (Network Address Translation，NAT) 機能などが働いていたり，プロキシ・サーバを介して接続していたりした場合など，環境によっては利用できない場合もある．リモートアクセス VPN を実現するほかの方法として，SSL-VPN がある．この方法は基本的に Web サーバへの接続に用いられ，SSL とリバースプロキシの機能を持

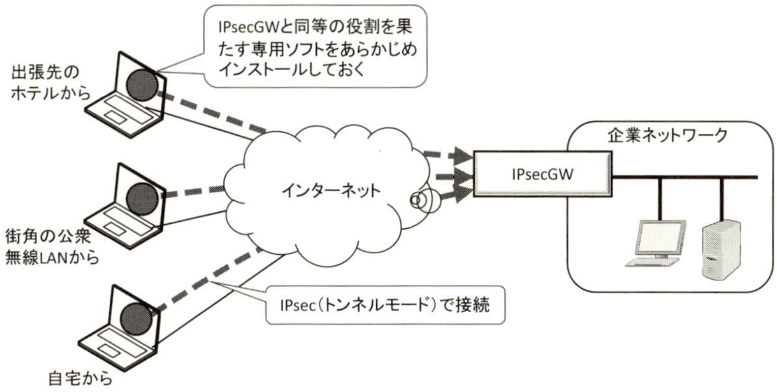

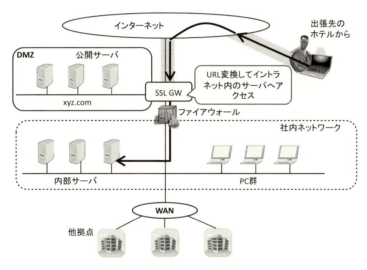

図 8.16 IPsec（トンネルモード）を利用したリモートアクセス VPN．

図 8.17 SSL-VPN によるリモートアクセス VPN．

つ「SSL ゲートウェイ」と呼ばれる装置を用いて実現される（図 8.17）．SSL ゲートウェイは DMZ に設置され，インターネットから内部ネットワークへの SSL 接続要求を解釈し，HTTP 接続要求に変換して内部ネットワークの Web サーバに転送する（図 8.18）．ほとんどの Web ブラウザは SSL に対応しており，Web ベースのアプリケーションであれば SSL-VPN を利用することができる．また，ファイアウォールや NAT などによる影響も通常は特に問題にならない．

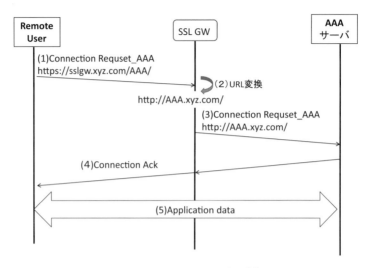

図 8.18　SSL ゲートウェイの動作．

演習問題

設問 1　IP-VPN とインターネット VPN の仕組みを説明し，それらの違いについて述べよ．

設問 2　インターネット VPN で用いられるトンネリング技術について説明せよ．

設問 3　S/MIME の電子署名とメッセージの暗号化を同時に行う場合の手順において，メッセージが秘匿されることを示せ．

推薦図書

[1] 手塚 悟 編著:『情報セキュリティの基礎（未来へつなぐデジタルシリーズ 2)』，共立出版 (2011).

[2] 白鳥 則郎 監修:『コンピュータ概論（未来へつなぐデジタルシリーズ 17)』，共立出版 (2013).

[3] 白鳥 則郎 監修:『情報ネットワーク（未来へつなぐデジタルシリーズ 3)』，共立出版 (2011).

[4] 情報セキュリティセミナー 2007，情報処理推進機構 (2007).

[5] 久米原栄，三上信男:『ネットワーク超入門講座　セキュリティ編』，ソフトバンククリエイティブ (2010).

第9章
情報セキュリティマネジメント

□ 学習のポイント

　安全なネットワークおよび情報システム環境を構築し，さらにそれを維持するには，その性質上，漏れのない総合的な対策を行う必要がある．その実現には，国際的かつ歴史的積み重ねに立脚し多角的な視点に立った，そして，個人の勘や慣れに極力依存しないシステマティックな手法に基づく**情報セキュリティマネジメント**の考え方が不可欠と言える．そこで本章では，情報セキュリティ対策を総合的に理解することを目的として，物理的，技術的，人的，そして組織的な情報セキュリティの確保と維持を目指すための情報セキュリティマネジメントについてその概要を学ぶ．

- 情報セキュリティマネジメントの基本となる考え方を知る．
- 情報セキュリティマネジメントの取り組みの手順を学ぶ．
- 情報セキュリティマネジメントの取り組み内容を理解する．

□ キーワード

　情報セキュリティマネジメント，ISMS，PDCA サイクル，情報セキュリティポリシー，基本方針，対策基準，実施手順，ガイドライン，情報資産，脅威，脆弱性，リスク，リスク分析，管理策，主体認証，アクセス制御，権限管理，証跡管理，AAA，鍵管理，多層防御，最小権限，セキュリティ監視，侵入検知，セキュリティ評価

9.1 情報セキュリティマネジメントとは

　現代社会において，情報と，そこへアクセスするための情報システムは，共に重要な"資産"と言える．しかし，近年，企業のみならず，政府や自治体，学校なども含めたあらゆる組織に対して，その情報システムを狙ったサイバー攻撃に関連する事件や事故が多発している．そして，たとえば不正なプログラムを攻撃対象へ送り込んだり，コンピュータシステムの弱点を狙った無差別な不正侵入を行ったりと，その手法は，日々高度化・多様化している [1]．さらに，近年では，無差別な攻撃ではなく，攻撃者から見て特に価値の高い特定の相手やコンピュータを狙った標的型攻撃 [2] なども増加している [3]．このように，新たな攻撃手法が次々と編み出されて高度化・複雑化する攻撃に対抗しなければならない現代社会において，情報システムの安

全性を保ち続けるため，場当たり的な対策ではなく，総合的に検討・計画された情報セキュリティの仕組みを構築し，運用し，そして，常に見直しと改善を行う情報セキュリティマネジメントの取り組みが極めて重要になって来ている．さらに，こうした社会ニーズの高まりを背景とし，そして，政府の『「日本再興戦略」改訂 2015』や経済産業省産業構造審議会で示された方向性を踏まえる形で，情報処理推進機構 (IPA) により，国家試験「情報処理技術者試験」の新たな試験区分として，「情報セキュリティマネジメント試験」[4] の創設も行われている（2016年度から試験開始）．

　情報セキュリティマネジメントの考え方は，イギリス規格である BS7799(1999年) がもとになっている．同規格は国際規格 ISO/IEC17799(2000年) への採用を経て，その後，ISO/IEC27001（2005年）および ISO/IEC27002（2005年）をはじめとする 27000 シリーズへと改定され，アメリカ，イギリス，日本，シンガポールをはじめとする世界各国でこれに準拠する規格が制定されている．そして，企業や各種団体，地方自治体，中央政府など多くの組織で情報セキュリティマネジメントに対する導入と維持の取り組みが進められている．

　そこで第9章では，情報セキュリティマネジメントについてその概要を解説する．情報セキュリティマネジメントとは，組織の情報セキュリティを確保し，その状態を維持し続けることであり，情報セキュリティ管理と呼ばれることもある．本章では，はじめに情報セキュリティマネジメントの考え方を説明した上で，体制の構築から始まる一連の取り組みについて，取り組みの手順に従ってその概要を解説する．

9.2 情報セキュリティマネジメントの考え方

　情報セキュリティマネジメントは，組織の情報セキュリティを総合的に確保し維持することを目指すものであり，その導入と運用にあたっては，情報セキュリティ確保に対する多様な視点と手法について理解する必要がある．9.2 節では，はじめに情報セキュリティマネジメントの概要について解説し，情報セキュリティ対策の種類，情報セキュリティ対策の対象，代表的な枠組みについて説明する．

9.2.1　情報セキュリティマネジメントの概要

　情報セキュリティマネジメントにおいては，機密性，完全性，可用性に対する様々な脅威から情報資産が守られた状態を維持することが基本となる．様々な情報セキュリティインシデント（情報セキュリティに関する事件や事故など：以下インシデントと表記）や次々と発見される新たなリスク（被害の発生確率と規模の組み合わせ）に網羅的，根本的な対策を行う上では，全体を見通した，漏れの無い，組織的な対処を行うことが必要である．そこで，情報セキュリティ対策の基本として，まず，情報セキュリティの全体像と，それを構成する要素について整理して行こう．

9.2.2 情報セキュリティ対策の全体像と構成要素

技術的セキュリティ対策とは，情報の取り扱いに対する，技術的な手段によるセキュリティ対策のことである．物理的セキュリティ対策は，物理的な環境に対するセキュリティ対策を意味する．人的セキュリティ対策では，情報を取り巻くすべての人間に対するセキュリティ対策を行う．そして組織的セキュリティ対策とは，技術的・物理的・人的セキュリティ対策を，体系的・組織的に行うことを意味する．これら4種類のセキュリティ対策の対象や対策方法の例を表9.1に示す．

表 9.1 情報セキュリティ対策の全体イメージ．

種類	エリア例	対象の例	対策方法例
・技術的 　セキュリティ 　対策	・サーバ 　ルーム	・サーバ／ 　コンピュータ	・ウイルス対策 ・不正アクセス対策 ・データ管理 ・監査ログ管理 ・脆弱性対策 ・アプリケーション 　セキュリティ対策 ・OS セキュリティ対策
		・外部ネット 　ワーク接続	・Web セキュリティ対策 ・不正アクセス対策 ・サービス妨害攻撃対策
	・執務室	・クライアント ・メディア ・内部ネット 　ワーク	・不正利用対策 ・暗号化対策 ・ネットワークセキュリティ ・無線 LAN セキュリティ
・物理的 　セキュリティ 　対策	・サーバ 　ルーム	・サーバルーム 　　自体 ・サーバ／ 　コンピュータ ・廃棄物	・入退室管理 ・耐火構造／免震構造 ・廃棄管理
	・執務室	・執務室自体 ・機密文書 ・廃棄物	・入退室管理 ・鍵付き書庫 ・廃棄管理
・人的 　セキュリティ 　対策	・サーバ 　ルーム ・執務室	・すべての情報資産	・就業規則の徹底 ・守秘義務契約の徹底 ・懲戒規定の適用 ・教育／啓発 ・厳格なアカウント管理
・組織的 　セキュリティ 　対策	・サーバ 　ルーム ・執務室	・すべての情報資産	・組織と体制 ・セキュリティポリシーの制定と遵守 ・情報管理ルールの徹底 ・組織構成員や外部委託先の管理 ・事業継続管理やインシデント対応 ・自己点検や内部監査

9.2.3 情報セキュリティマネジメントの対象

適切なセキュリティ対策が施された状態を維持する上では，経営層に始まり，組織構成員，顧客や取引先も含めたすべての利害関係者（ステークホルダ）の，情報セキュリティに対する要求事項や期待を踏まえた適切な目標設定や計画策定，そして，導入と運用を行うことが必要である．経営資源には限りがあるから，行うべき対策に優先順位を付け，目標達成に向けて特に重要となる対策を適切に選定することが大切になる．その上で，組織の目標や計画を組織全員に周知徹底するとともに，経営層や組織の全構成員，さらに，委託先なども含めたすべての関係者が関与することも不可欠である．さらに，その対策が適切に実行されているかを監視し，時間の経過や社会情勢の変化などに伴う対策の陳腐化が無いかなどを見直し，必要に応じて改善して行く必要がある．この一連のプロセスが PDCA サイクルにあたる．

9.2.4 ISMS と PDCA サイクル

情報セキュリティ対策の取り組みを，体系的かつ系統立てて進める方法に情報セキュリティマネジメントシステム (ISMS: Information Security Management System) がある．ISMS は，情報セキュリティを確保，維持するための，技術的，物理的，人的，組織的な各対策を含んだ，経営層を頂点とした組織的な取り組みである．そしてこの ISMS を効率よく行うための手法として "プロセスアプローチ" が用いられる．プロセスアプローチは，多くのマネジメントシステムで効果的な方法として知られており，目的や要件などを明らかにした上で，それらを満足するマネジメントの実現に向けて，PDCA サイクルと呼ばれる一連のプロセスを実行するものである．PDCA サイクルでは，その名に "サイクル" という言葉が含まれていることからもわかる通り，一連のプロセスを繰り返し適用する．なお，PDCA は，Plan-Do-Check-Act を略記したものあって，各ステップは次のようなものである．

1. Plan（計画）...問題を整理し，目標を立て，それを達成するための計画を立てる．
2. Do（実行）...目標と計画に基づいて，実際に，対策のための施策に取り組む．
3. Check（点検）...実施した対策のための施策が計画通り行われて当初の目的を達成しているかを確認し，評価する．
4. Act（処置）...評価結果をもとに，対策のための施策を改善する．

情報セキュリティマネジメントシステムでは，対策のための施策のやり方（プロセス）や管理方法（マネジメント）を繰り返し改善し，質を向上させ続けることで，情報セキュリティ対策の継続的な維持改善を目指す．

9.3 情報セキュリティマネジメント体制の構築

情報セキュリティ対策を行うための体制の構築は，Plan 段階の初めに行う．効果的で統制のとれた情報セキュリティマネジメント体制を作る上で，以下の事項が重要になってくる．

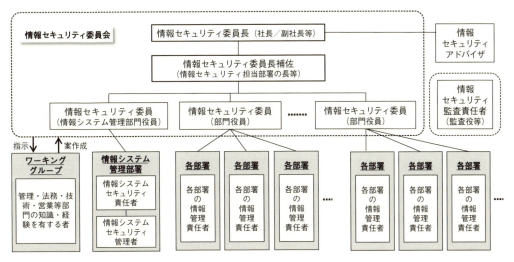

図 9.1 情報セキュリティマネジメント体制のイメージ（「政府機関情報セキュリティ対策のための統一基準解説書」[5] を参考にして作成）．

- 全社横断的な意思統一と実行のための体制であること
- 情報セキュリティ対策の"責任者"と"実施担当者"，そして，組織構成員全員の"役割"と"責任"を明確に定めていること
- 情報セキュリティマネジメントのためのルールを策定し，経営層の承認を得た上で周知徹底していること

全社横断的な情報セキュリティマネジメント体制の例を図 9.1 に示す．

9.3.1 体制づくりのポイント

まず，情報セキュリティマネジメント体制を構築する上でのポイントをいくつか解説して行こう．情報セキュリティ対策の実行体制を構築するにあたっては，PDCA の仕組みが現実に機能できるものとすることが重要である．そのために，たとえば以下のような具体的事項について，PDCA の各段階で実作業を行う人や責任者を明確にしておくことが大切である．

- 誰がいつ対策を行うのか？
- 対策の実施状況を誰がいつどのように評価するのか？
- 評価結果を誰に報告するのか？
- 対策方法，評価方法を誰がいつ見直すのか？

また，情報セキュリティ対策の実施状況をレビュー（確認）することも，とても重要な作業である．実施のルールを決めただけで状況を確認せずに放置すると，時に，重大なセキュリティインシデントへと発展する可能性すらある．"当初目標とした効果を上げているか？" "不充分なところは無いか？" "現実と乖離している部分は無いか？" などといった視点から，定期的な

166 ◆ 第9章 情報セキュリティマネジメント

評価と見直しを実施することが重要である．評価と見直しを実施する上では，"情報セキュリティ対策評価のための体制をあらかじめ確立しておく"こと，そして，"評価と見直しの時期・担当者・方法を，セキュリティポリシーに記載しておく"ことが効果的である．特に，セキュリティポリシーに記載することには，評価と見直しを実施しないとセキュリティポリシー違反になることから自然な形での実施が行えるという，大きな利点がある．

さらに，経営層，組織構成員，派遣社員などといった関係者すべての情報セキュリティ対策実施上の役割と責任を定めることも大切である．これら関係者の役割と責任を，情報セキュリティポリシーで規定・文書化するとともに，それぞれの役割と責任を本人に明確に伝えることが，セキュリティポリシーの遵守徹底を大きく促す．個々の情報資産の管理と保護に対する責任や，特定の情報セキュリティ対策実施の役割と責任などを含め，"誰が""何を"行い，その際にどのような"責任"と"義務"があるのかについて，具体的そして現実的にわかるようにしておくことが肝要である．

それから，情報セキュリティ対策実行における"役割"が分離できているかどうかについても注意が必要である．"特定の組織や個人に権限を集中させていないか？"や"1つの組織や特定の人間だけで業務を完結させていないか？"などといった点について，組織間，構成員間で相互に確認できる仕組みを導入しておくことも忘れてはならない．承認する人とされる人，監査する人とされる人が同一などという体制は，もっての外であることは言うまでもない．

9.3.2 情報セキュリティ委員会

次に，情報セキュリティ委員会について考えて行こう．情報セキュリティ委員会は，各部門の代表を集めた全社横断的な運営委員会である．部門間で食い違う意見の調整のみならず，組織全体としての明確な方向付けや全社的に実現可能な対策の議論，意思統一，経営層による承認の実施などを行う．情報セキュリティ委員会の具体的な機能の例を以下に列挙する．

- 情報セキュリティポリシーの策定，承認および見直し
- 情報セキュリティポリシーに規定された対策の推進
- 組織構成員などへの情報セキュリティの啓発，計画的な教育の支援と推進
- 情報セキュリティポリシーの運用状況の点検
- 情報セキュリティ環境の変化の監視
- 緊急時における対応策の検討
- 他組織との情報セキュリティに関わる相互連携および協力
- 情報セキュリティレベルの継続的な維持向上に必要な各種事項
- その他情報セキュリティ委員長が必要と認める事項の検討

9.3.3 アドバイザとワーキンググループ

続いて，アドバイザとワーキンググループ (WG) につい解説する．アドバイザは，経験豊富な専門家として，最高情報セキュリティ責任者が迅速な判断ができるよう助言する役割を担う．

社内での人材確保が困難な場合，社外コンサルタントを活用するのもよいだろう．ワーキンググループは，情報セキュリティ対策に関する実作業を行う，専門知識や経験を持つ人からなる実働組織である．情報セキュリティを担当する部署があればその部署が担当してもよいだろう．ワーキンググループは，下記の例のような，PDCA サイクルを回すための実作業を担当する．

- 情報セキュリティポリシーの草案作り
- 承認申請
- 対応策の導入・実行の推進
- 情報セキュリティ教育
- 訓練の推進
- 対策の評価実施
- インシデントの監視や対策の見直し

アドバイザやワーキンググループには，専門的知識や技術の他に，

- 外部の専門家と気軽に情報交換できるネットワーク作り
- インシデントや規定違反の相談に対する調査や助言
- 警察・消防・行政機関・セキュリティベンダー・報道関係者などと速やかに連絡をとれる体制の確保

なども求められる．

9.3.4　経営者の役割

次は経営者の役割について説明する．情報セキュリティマネジメント体制において，経営者は重要な役割を担う．情報セキュリティ対策では，一番低いセキュリティレベルが組織全体のセキュリティレベルとなる．このため，実効性のあるセキュリティ対策を実施するには，組織全体のセキュリティレベルを揃えることが重要となる．そして，組織全体の意思統一を図り，足並みをそろえてセキュリティ対策を実行させることができる存在こそが，情報セキュリティ対策の最高責任者である経営者なのである．さらに経営者は，情報セキュリティ対策に費やすリソース投入の経営判断を行うという，もう 1 つの重要な役割も担う．

9.3.5　考慮すべき事項

(1)　違反への対応

本来，情報セキュリティ対策として定めたルールは守られるべきではあるが，当然のことながら，違反する者，あるいは，違反という事態は現れてくる．情報セキュリティマネジメントを考える上では，必ず，そういった“本来あるべきでは無い事態への対応”についても，あらかじめ考えておく必要がある．具体的には，違反の早期発見・報告・原因究明・再発防止などの仕組みを，計画段階から組織体制に組み込んでおくことが重要である．

違反への対応は，違反の種類に応じて行う必要がある（表 9.2 参照）．たとえば，無知や不注

表 9.2 違反への対応例.

原因	対応方法
無知	ルールの存在と内容の教育
不注意	不注意をさける手順の作成と徹底
故意・悪意	罰則の存在を周知して抑止

意のケース．そもそもルールを知らなかったり，あるいは，日頃は守っているのだが稀についうっかり…といったケースである．ルールを知らない場合には，どうやってもルールを守りようもないから，まずはルールの存在と内容を教えることが必要である．また，不注意のようなケースでは，不注意を避けるための手順を教えることで防止する．すなわち，無知や不注意のケースに対しては，"教育"という対応を行う．

　一方，故意や悪意のようなケースに対しては，"罰則"で対応する．罰則の存在を"情報セキュリティポリシー"や"就業規則"に明記することで周知し，抑止効果を狙う．

(2)　例外措置

　違反への対応と並んで，考慮すべきもう1つのことは，"例外措置"である．ビジネス現場では，いろいろな事象が発生する．時として，ルールを守ると業務遂行に支障を来す場合も発生し得る．このようなときに，個人で勝手な行動に出ることの無いよう，業務遂行を阻害しないための，最小限の例外措置をあらかじめ定めておくことが必要である．ただし，例外措置はあくまで便宜的なものであり，日常的に適用されるような事態とならないことが前提である．

　例外措置の適用方法は，情報セキュリティ委員会が定める必要がある．具体的には，例外措置の"申請"と"審査"を実施するための審査手続き（事後申請を含む）や，例外措置の許可権限者（代理・補佐権限者を含む）を明確に定める．例外措置を実施した場合には，例外措置適用審査記録台帳に，申請者，関係規定条項，適用期間，講ずる代替手段，終了時の報告方法，理由など具体的内容を記載し，定期的に最高情報セキュリティ責任者への報告を行う．万が一，例外措置により重大事故が発生した場合には，情報の共有を行うとともに，予防策の検討・導入や例外措置適用許可方法の見直しを行う必要がある．

9.4　情報セキュリティポリシーの策定

　9.2節で述べた通り，情報セキュリティには，全社で取り組む必要がある．組織の構成員全員が，同様の考え方に基づいて同水準の取り組みを行うためには，明確な方針や基準が必要である．情報セキュリティマネジメントに関する，その方針や，実践のための基準などを包括的に規定した文書を情報セキュリティポリシーと言う．情報セキュリティポリシーは，組織のあらゆる情報セキュリティマネジメント活動に先立って策定する必要がある．

9.4.1　情報セキュリティポリシーの文書構成

　情報セキュリティポリシーは，"情報セキュリティ基本方針"，"情報セキュリティ対策基準"，

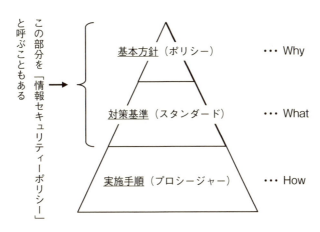

図 9.2 情報セキュリティポリシーの階層構造.

"情報セキュリティ実施手順"の3階層構成とするのが一般的である．これら3階層の違いは記述内容の具体性である．狭義には，"情報セキュリティ基本方針"と"情報セキュリティ対策基準"のみを情報セキュリティポリシーと呼ぶ場合もある（図9.2参照）．情報セキュリティポリシーを作成する際には，技術的・管理的な対策だけでなく，人事面・設備面・環境面・契約面なども考慮して網羅的に記載することが大切である．

(1) 基本方針

経営層が情報セキュリティに本格的に取り組む姿勢を示して，情報セキュリティの目標と，それを達成するためにとるべき行動を社内外に宣言するものである．ポリシーとも呼ばれる．"なぜ情報セキュリティが必要か？"，"何を何故守るべきなのか？"などについて記述する．

(2) 対策基準

組織的に情報セキュリティ対策を行うためのルール集である．スタンダードとも呼ばれる．守るべき規定を具体的に記述するとともに，適用範囲や対象者を明確にするものである．したがって，"何をどこまで実施しなければならないか？"についての記載を行う．なお，対策基準に記載される個々の具体的な対策を"管理策"と言う．

(3) 実施手順

詳細な手順が記載された，マニュアル的な文書である．プロシージャとも呼ばれる．"どのように実施するのか？"について記述する．

(4) ガイドライン

実施手順の上位文書として"ガイドライン"が存在する場合がある [6,7]．ガイドラインは，実施手順に従って業務を行う上での，具体的な基準を定めたものである．就業規則や文書規程などをガイドライン代わりに参照させることもある．何をどこまで規定し文書化するかは，その組織で判断する．

9.4.2 情報セキュリティポリシー策定の流れ

情報セキュリティポリシーの策定は，おおむね図 9.3 のような手順で進めて行く．実際には，いくつかの作業を並行して行うことも少なくない．

図 9.3　情報セキュリティポリシー策定の流れ．

(1)　組織・体制の確立

情報セキュリティポリシーは，9.3.3 項で紹介したワーキンググループが草案を作成し，9.3.2 項で紹介した情報セキュリティ委員会で策定・承認を行う．したがって，情報セキュリティ委員会とワーキンググループの体制ができた時点で，このステップが完了することになる．

(2)　基本方針の作成

組織の取り組み姿勢や，組織全体に関することを記載する．一度定めたら頻繁に改定することはしない．たとえば以下のような項目を記載する．

基本理念および目的　会社が情報セキュリティに取り組む姿勢を表明するものである．
情報セキュリティポリシーの役割と位置付け　この情報セキュリティポリシーが何であり，どのような役割を持っているのかを記載する．
情報セキュリティポリシーの見直しと改定　定期的に改定と見直しを行っていくことを宣言する（特に対策基準が対象）．
法令等の遵守　関連法令などを遵守することを宣言する．
適用対象範囲　この情報セキュリティポリシーが適用される範囲を示す．守るべき対象が何であり，関係する人が誰であるのかを規定する．

情報セキュリティポリシーの全体構成 情報セキュリティポリシーの構成を定義する．全体構成を示し，さらに対策基準の項目や構成も記載する．

評価 情報セキュリティの取り組みを継続的，持続的なものとするために定期的または情報セキュリティインシデント発生状況に応じて，自己点検および監査を行うことを宣言する．また，効率性，実現性，運用の適切性などを確認する旨も記載する．

罰則 情報セキュリティポリシーや関係規程に違反した場合に罰則があることを宣言する．

用語の定義 情報セキュリティポリシーで用いられる基本用語の定義を行う．関連文書を明記してこれを参照する旨を記載する場合もある．

附則 情報セキュリティポリシーの施行や改定の日付を明記する．

(3) 情報資産の洗い出しと分類

　組織活動に係る情報は膨大であり，日々変化している．これを管理統制する上では，情報資産の洗い出し範囲や情報の分類方法，情報の格付け方法など，様々な課題がある。組織に点在する膨大な各種資産の中から情報資産を洗い出す作業には，非常に多くの時間と労力を要する．そこでたとえば表 9.3 のような情報資産の具体例を参考にすることも有効と言える．さらに，組織として対象とする情報資産の範囲を定義した上で，その定義範囲に沿って保有情報資産の洗い出し作業を進める．

表 **9.3** 情報資産の例（JIS Q 27002 より）．

カテゴリ	情報資産の例
情報	データベースおよびデータファイル，契約書および同意書，システムに関する文書，調査情報，利用者マニュアル，訓練資料，運用手順またはサポート手順，事業継続計画，代替手段の取り決め，監査証跡，保存情報
ソフトウェア資産	業務用ソフトウェア，システムソフトウェア，開発用ツール，ユーティリティソフトウェア
物理的資産	コンピュータ装置，通信装置，取り外し可能な媒体，その他の装置
サービス	計算処理，通信サービス，一般ユーティリティ（たとえば，暖房，証明，電源，空調）
人，資格など	人，保有する資格・技能・経験
無形資産	無形資産（たとえば，組織の評判・イメージ）

a) 情報資産の洗い出し

　対象とする情報資産の範囲を決定したら，次に作業責任者と作業者を決定する．作業責任者は，範囲，手順，方法，作業の進め方，期間などを決定する．その上で，作業指針と作業期間を決定し，どのような情報資産をどのような観点でいつまでに洗い出すかを明確にする．資産の洗い出し作業を進める際，定型化した調査票を利用すると，効率的で記載漏れの無い作業を行うことができる．また，情報の管理責任者と情報の利用者をあらかじめ明確にしておき，情報資産の洗い出し作業の中で調査票にそれを記載して行くことで，この後で行う実施手順作成の効率化や，適切な管理統制にもつながる．

b) 情報資産の分類と格付け

　洗い出した情報資産に対して，次に，機密性，完全性，可用性を区別して分類・格付けを行

表 9.4 機密性，完全性，可用性の格付けと，分類基準，取扱い制限の例．

格付け	1	2	3
機密性	機密性2情報機密性3情報以外の情報	秘密文書に相当する機密性は要しないが，その漏えいにより，国民の権利が侵害され又は行政事務執行に支障を及ぼす恐れがある情報	秘密文書に相当する機密性を要する情報
		取扱制限例）複製禁止，再配布禁止，暗号化必須	
完全性	完全性2情報以外の情報	改ざん誤びゅうまたは破損により，国民の権利が侵害され又は行政事務執支障（軽微なものを除く）を及ぼす恐れがある情報	——
		取扱制限例）○月○日まで保存	
可用性	完全性2情報以外の情報	減失，紛失または当該情報が利用不可能であることにより，国民の権利が侵害され又は行政事務執行に支障（軽微なものを除く）を及ぼす恐れがある情報	——
		取扱制限例）1時間以内復旧	

う．機密性は，その情報が開示許可の無い者に漏えいした場合の業務への影響を考慮して評価する．また，完全性は，情報が許可なく変更／削除された場合の業務への影響を考慮して評価する．さらに，可用性は，必要なときに、必要な人が情報を利用できない場合の業務への影響を考慮して評価する．

分類・格付けを行う際には，作業者によるばらつきが起きないよう，分類・格付けそれぞれに対する基準に加えて，各分類・各格付けに応じた取扱い制限の基準や遵守事項もあらかじめ定めておき，こちらも参考にしながら作業する必要がある．参考として，表 9.4 に，政府機関統一基準で使用されている格付けと取扱制限の例を示す．政府機関統一基準では，機密性3段階，完全性と可用性各2段階の格付けが設定されている．そして格付けに応じて，遵守事項（遵守すべき管理策）が定められている．なお，遵守事項以外の取扱制限については，各省庁が個別に定めて明示する形をとっている．

情報の機密性・完全性・可用性を維持するために，格付けに基づく取扱制限は確実に実行する必要がある．そのためには，格付けと取扱制限を明示することが重要である．この明示が確実に行われるために，明示の手順を定める．具体的には，格付けと取扱制限が容易に認識できるように，書面やデータに直接明示する（格付けと取扱い制限の明示）ことを手順に盛り込むといった方法がしばしば用いられている．

(4) リスク分析

JIS Q 13335-1:2006 によれば，情報セキュリティにおけるリスクとは，"ある脅威が，資産または資産のグループの脆弱性につけ込み，そのことによって組織に損害を与える可能性"であると定義することができる [12–14]．さらにこれは，"事象の発生確率と事象の結果との組合せによって測定できる"ものとされている．情報セキュリティマネジメントでは，許容されるコストで，情報資産に影響を及ぼす可能性があるセキュリティリスクを識別し，管理し，最小

限に抑え，除去することが重要である．情報セキュリティポリシーは，先に述べた通り，組織として共有する情報セキュリティへの取り組みの明確な方針や基準を示したものであり，その策定にあたっては，組織を取り巻くリスクを正しく特定し，評価することが必要である．

上述の通り，リスクをリスク値（リスクの大きさ）として定量化する場合，一般に，**顕在化する確率**（事象の発生確率）と**顕在化した場合の損失**（事象の結果）とから求め得る．そしてさらにこの顕在化する確率は，**脅威**と**脆弱性**との関係から求められる（図9.4参照）．また一方の，顕在化した場合の損失は，情報資産の価値として換算する方法が用いられる．すなわち，情報セキュリティにおけるリスク値は，脅威と脆弱性，そして，資産価値から求められる．JIS Q 13335-1:2006 では，脅威が，"システムまたは組織に損害を与える可能性があるインシデントの潜在的な原因"とされており，また，脆弱性は，"システム，ネットワーク，アプリケーション，または，関連するプロトコルのセキュリティを損なうような，弱点の存在や，設計もしくは実装のエラーのこと"とされている．なお，情報セキュリティでインシデント (incident) という場合には，情報セキュリティを脅かす事象を意味する．

リスク分析については，GMITS(ISO/IEC13335: 1997 Guidelines for the Management of IT Security) に詳細な解説が記されている．そこに示されている代表的なリスク分析法には以下のようなものがある．

- ベースラインアプローチ
- 非形式的アプローチ
- 詳細リスク分析
- 組み合わせアプローチ

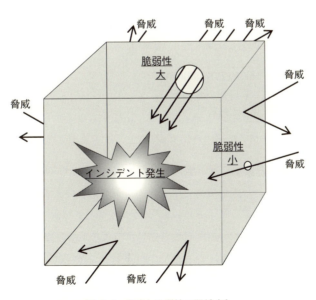

図 **9.4** 脅威と脆弱性の関係 [2]．

ベースラインアプローチは，あらかじめ一定のセキュリティレベル（ベースライン）を設定し，そのレベルを達成するために必要となる管理策の組み合わせを決定し，組織の情報資産に対してこのコントロールを適用する手法である．個々の情報資産ごとのリスク分析を行わないので簡単にリスク分析ができ，費用対効果に優れているところは利点であるが，参照する標準や基準によっては，その組織に適した管理策を適用できない場合があることは欠点と言える．**非形式的アプローチ**は，分析手法に精通した個人の経験的な判断によって，リスク分析を行う方法である．短時間での実施が可能で費用対効果に優れている点は利点と言えるが，リスク分析の正当化が難しく，また，主観の介入を排除できないという限界もある．**詳細リスク分析**は，個々の情報資産に対して，"脅威"，"脆弱性"，"資産価値"，"セキュリティ要件"などを勘案してリスクを詳細に評価するものである．多角的な分析を行うことから適切な管理策の選択が可能であるという利点をもつ反面，多くの時間と労力がかかり，さらに，高度な専門的知識も必要となる点から，実際にこの手法を導入することは容易ではない．**組み合わせアプローチ**は，複数のアプローチを併用する手法である．たとえば，全体的には費用対効果に優れた"ベースラインアプローチ"を適用しながらも，特に重要な部分やシステムに対してのみ，より精密な"詳細リスク分析"を適用するなどといった組み合わせが考えられる．組み合わせアプローチを適用することで，リスク分析に要する費用や労力を軽減でき，かつ，より精度の高いリスク分析の実施を可能にできる．

(5) 管理策の選定と対策基準の策定

基本方針を受けて具体的なルール（管理策）を記述する．対策基準は，自組織にとって最適な管理策を選定したり，わかりやすい記載方法をとるなどして作る，その組織特有の管理策集である．対策基準をゼロから自組織で作り上げることはなかなか困難であるため，しばしば，既存の対策基準や管理策集を雛形として書き換える方法がとられている．たとえば，代表的な対策基準や管理策集には，以下のようなものがある [5,8–11]．

- JIS Q 27002:2006(ISO/IEC 17799:2005)
- 政府機関の情報セキュリティ対策のための統一基準
- 地方公共団体における情報セキュリティポリシーに関するガイドライン
- JNSA 情報セキュリティポリシー・サンプル

雛形とする対策基準や管理策集を選ぶ場合，まず選定に先立って，自組織の状況を分析し，求められる対策を精査することが大切である．また，対策基準を作成する際には，わかりやすい構成と表現で管理策を記述すること，さらに，"誰が何を行うのか"を明記するよう注意する．なお，場合によっては，全体は政府機関統一基準に準じて作成し，個別対策については補足文書で補うといった折衷案もあり得る．ともあれ，自組織の実際の行動がしやすい構成と記述方法を工夫することが何よりも大切である．

(6) 対策基準の明文化と周知徹底

対策基準は，全社・全組織が遵守するものであり，また，実施手順の基盤ともなることから，

明文化するだけでなく，全社に周知徹底することが重要である．

a) 情報セキュリティポリシーの告知

対策基準が策定でき，経営層の承認を受けたら，情報セキュリティ対策の確実な導入を行うため，情報セキュリティポリシー（基本方針および対策基準）の運用開始を全組織に告知する．これをもって，情報セキュリティポリシーの本格的な運用が始まることになる．告知にあたっては，対策基準の運用開始を全社に周知徹底するため，告知文を作成し，通達を出す．

情報セキュリティポリシーを組織の全構成員に周知することは，情報セキュリティポリシーを組織に導入する第一歩である．情報セキュリティポリシーの周知徹底にあたっては，その存在を知らしめ，内容を理解させるだけでは不充分であり，その遵守を自らの義務として，確実に実施させることが重要である．そこで，情報セキュリティポリシー運用の告知に加えて，組織構成員の教育が大切になってくる．

b) 情報セキュリティ教育

情報セキュリティポリシーの運用開始とともに，組織の全構成員に対する情報セキュリティ対策の教育を開始する．教育にあたっては，組織として，責任者・教育担当者を定め，教育計画を策定し，漏れ無く受講させることができる体制を整えることが必要である．また，教育実施の記録と，責任者への結果の報告も行う．

情報セキュリティ教育では，情報セキュリティポリシーや関連規定の周知徹底を行うが，遵守に対するモチベーションを高めるため，具体的な脅威と対策をも含めた"情報セキュリティ対策の必要性"についても併せて教育するようにする．なお，情報セキュリティ教育は，役員，管理職，正社員，派遣社員，アルバイト，委託業務担当者なども含む，すべての関係者に対して行うことが必要である．

(7) 実施手順の策定

実施手順では，対策基準で定めた管理策を実施する詳細な手順を記載する．情報セキュリティポリシーの導入によって新しく定められた業務手続が何であるのかをわかりやすく記述する．実施手順では，対策基準で汎用的に記載されている実施方法を，具体的な作業に落とし込んだ手順として記述することが大切である．また，その手順の必要性や求められる質や量の水準に対する理解を促進し，判断基準を明確化する意味で，実施手順に加えて，組織ごとのガイドラインを整備することも有効である．

9.5 技術的な情報セキュリティ対策の基本

情報セキュリティポリシーを明文化して周知徹底し，実施手順を作成したら，いよいよ情報セキュリティ対策を実施することとなる．ここでは，特に技術的な情報セキュリティ対策に焦点を当てて，基本的な機能と脅威について説明する．併せて，各々の機能や脅威に関する，典型的な管理策についても解説する．

176 ◆ 第9章 情報セキュリティマネジメント

9.5.1 情報セキュリティ対策における基本機能

　情報システムに対して正当なアクセス権限を持たない第三者からのアクセスを防止する上で
は，"ユーザ認証"や"アクセス制御"，"権限管理"といった技術的対策が必要となる．さら
に，情報システムに対して何らかの形で不正にアクセスされた場合に，誰が，いつ，どうやって
その不正アクセスを行ったのかの究明を行うために，"証跡管理"を行うことも必要である．ま
た，近年では，"認証"（Authentication），"認可"（Authorization），"記録"（Accounting）
を一元的に管理できる"AAA"サーバも広く導入されている．そして，機密情報を扱う場合に
は情報の秘匿を行うための"暗号化"の機能が，また，重要情報を扱う場合には情報の改ざん
検知や送信者の認証を行うための"デジタル署名"の機能が有効となる．技術的な情報セキュ
リティ対策を行う上では，こうした基本機能を正しく知り，適切な管理策を導入することが大
切である．

(1) ユーザ認証

　ユーザ認証は主体認証の一種である．主体認証とは，対象の正当性・真正性を検証する行為
のことである．ここで言う"対象"は，"人"または"装置"や"プログラム"などを指す．
　主体認証は，人を対象とする場合，"本人認証"や"エンティティ認証"，"ユーザ認証"など
と呼ばれる場合もある．人を認証する場合には，事前に

- IC カードやハードウェアトークンなどのような，所有している"物"の識別子（所有物認証）
- ユーザ ID やパスワードなどと言った"記憶"している情報（記憶認証）
- 指紋や虹彩，静脈パターン（バイオメトリック認証）

などを登録しておき，認証時に，事前登録しておいた情報と照合することによって，本人であ
ることや，正当なユーザであることを認証する（表 9.5 参照）．
　装置やプログラムを対象とする場合の主体認証は，それぞれ，デバイス認証やプログラム認
証などと呼ばれる場合もある．装置やプログラムを認証する場合には，ネットワークやシステ
ムへのアクセスを要求している装置，あるいは，稼働前のプログラムの正当性を，たとえば個々
のネットワーク機器を識別するための装置固有の物理アドレスである MAC アドレスや，ある
いは，プログラムコードに関連付けられた認証子などに基づいて確認する．

表 9.5 認証に用いられる情報の例.

認証の種類	用いられる情報の例
所有物認証	接触型 IC カード，非接触型 IC カード，USB トークン，SD メモリカード，ワンタイムパスワード発生器など
記憶認証	パスワード，パスフレーズ，PIN（Personal Identification Number）など
バイオメトリック認証	指紋，音声，虹彩，顔の形，動作など

主体認証に関する管理策

主体認証に関し，すべての対象に適用が求められる"管理策"として，以下のようなものが考えられる．

- 主体認証を行う機能の導入
- 情報の秘匿管理（認証情報を秘密にする必要がある場合）
- 主体認証の保存・通信に関する暗号化
- 認証情報更新の要求・確認・強制機能など（認証情報の定期的な変更が必要な場合）
- パスワードの設定・秘匿・再利用防止機能など（パスワード認証の場合）

(2) アクセス制御

アクセス制御とは，正当な主体にはネットワークや情報および情報システムにアクセスすることを許し，不当な主体のアクセスは拒否するような制御のことである．ここで言う"主体"は，人，装置，プロセス，通信データなどのことである．一方，アクセスされる対象（客体）としては，クライアントコンピュータやサーバなどの"情報システム"，情報やファイルやフォルダなどの"データ"，"ネットワーク"，建物や部屋のような"物理的空間"など，様々なものが考えられる．

"情報システム"へのアクセスは，主体認証により正当な主体か否かを確認して，システムへのログイン許可するか否かを制御する．この，認証結果に基づいてシステムリソースなどにアクセスする権限や許可を与えることを認可という．なお，主体がもつ属性（例：年齢，役職など）に基づいて行うものをロールベース，個々の主体ごとに個別に判断して行うものをルールベースの認可と言う（図 9.5 参照）．

"データ"へのアクセスは，事前に設定したファイル・フォルダ・情報に対するアクセス権限に基づき，利用者や所属するグループの属性情報に応じて，読み取り，変更，削除などの実行

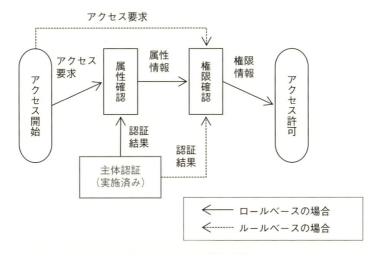

図 **9.5** アクセス制御の概要．

の可否を制御（権限付与）する．"ネットワーク"へのアクセスについては，外部ネットワークとの境界にファイアウォールのようなアクセス制御装置を配備し，あらかじめ設定したアクセスコントロールリスト (ACL) に基づいてアクセス制御を行う．また，リモートアクセスサービスを提供しているネットワークにおいては，リモートアクセスサーバによりリモートユーザを認証し，許された範囲のみを許可するようアクセス制御を行う．"物理的空間"へのアクセスに関しては，立ち入り権限のある人に部屋のカギを渡したり，IC カードや生体認証などの主体認証に基づいてアクセスの可否を制御する．

アクセス制御に関する管理策

　アクセス制御に関し，すべての対象に適用が求められる"管理策"として，以下のようなものが考えられる．

- アクセス制御を行う機能を設ける（アクセス制御を行う必要がある場合）．

(3)　権限管理

　権限管理とは，"誰に"，"どのような"権限を与えるかを決定し，それが決定通りに行われるように管理することである．たとえば，UNIX システムには "root"，Windows システムには "Administrator" と呼ばれる特別な権限（特権）をもつユーザ種別がある．特権ユーザは，システムを管理することが想定されており，システムに対して非常に高い自由度のアクセスが可能である．

　システム管理のための特権は，システム管理には不可欠だが，一方では，システムファイルに不適切な変更を施したり，必要なシステムファイルを削除したりする可能性をもたらす．こうしたトラブルを避けるため，特権を与えるユーザは，システム管理者に限定すべきである．さらに，特に重要なシステムにおいては，特権が与えられる管理者にさえも，担当業務に必要な最小限の権限しか与えないことが安全上望ましいと言える．こうした考え方を，"最小権限"と言う．システムの情報セキュリティ管理においては，この最小権限の原則がしばしば重要な鍵を握る．また，さらにセキュリティを高めるために，システム管理者に対しても，業務遂行時しか特権が使えない"最小特権機能"を備えるシステムもある．

権限管理に関する管理策

　権限管理に関し，すべての対象に適用が求められる"管理策"として，以下のようなものが考えられる．

- 権限管理を行う機能を設ける（権限管理を行う必要がある場合）．
- アカウントと権限の付与管理を適切に行う．
  - ・1 つの情報システムでは，1 人に与えるアカウントは 1 つに限定するなど．
- パスワードなどの紛失に関する措置を決め，適切に管理する．
  - ・パスワード忘れなどに備えて，適正な代替手段をあらかじめ準備するなど．
- ID やパスワードの不正使用に関する措置を定め，適切に管理する．
  - ・ID などの不正使用の報告があった場合には，ただちに無効化するなど．

(4) 証跡管理

証跡（監査証跡）とは，作業の正当性や不正侵入・不正操作の有無を検証するための記録のことである．証跡と類似のものとしては"ログ"がある．ログは，不正実行の有無とは無関係に情報システムが出力する記録のことである．厳密には，両者は区別されるべきもの（ログの方が広義）だが，ここでは区別せずに，より広義である"ログ"として表記する．ログは，以下の事項を確認する上で非常に有効である．

- 情報セキュリティポリシー遵守状況の確認 … 情報システムが組織で定めた通りの使われ方をしているか？
- インシデントの早期発見 … 障害や異常の検知
- インシデント対応 … 情報セキュリティ障害時（不正アクセスや情報漏えいなど）の調査や原因究明

ログの管理にあたっては，
- どのようなログを取得するか，
- 取得方法や保存方法，
- 保存期間，
- 分析のタイミング

などの管理方針を組織として定め，それに則って管理することが必要である．

証跡管理に関する管理策

証跡管理に関し，すべての対象に適用が求められる"管理策"として，以下のようなものが考えられる．

- どの装置でどのようなログを取得するのかを決める．
- 取得するログの内容を決めるなど．

(5) AAA

システムの利用者は，システムの利用にあたって認証を行う．次いで，利用者にアクセスされる側のサーバなどのシステムは，認証に成功した利用者に対してシステムリソースなどにアクセスする権限や許可を与えることになる．アクセス制御の項でも説明した通り，この処理が認可である．また，こうした権限・許可を与える手順は認可過程と呼ばれる．すなわち，システムの利用者は，この認証プロセスと認可プロセスという2段階の過程を経ることで，目的のシステムへのアクセスが可能となる [10]．

認証・認可は，システムへアクセスする際の入り口であることから，不正なアクセスや攻撃が行われるリスクは常に想定しておく必要がある．そのため，認証・認可を行う際には，証跡管理の項でも述べた通り，システムへの不正アクセスや情報漏えいなどが発生した際の調査や原因究明に備えて記録をとっておくことが極めて重要となる．記録は，認証・認可の際に発生した各種事象に関する履歴を保持する機能のことである．近年では，この認証 (Authentication)，認可 (Authorization)，記録 (Accounting) という3つの機能を備えた AAA サーバ製品によ

180 ◆ 第9章 情報セキュリティマネジメント

るユーザアカウントの一元管理やユーザ接続ログの記録（不正アクセス情報の確認）などが広く用いられるようになって来ている.

AAAサーバを使用する利点としては，ネットワーク機器に設定するユーザアカウントやパスワードの情報を各機器に設定する必要がなく，ユーザアカウントおよびパスワードのデータベースを集中管理できることから，1カ所で情報の入力と更新を行えることが挙げられる. ネットワーク機器にログインを試みる場合，AAAがサポートするTACACS+，RADIUS，Kerberosなどのセキュリティプロトコルを使用して問い合わせを行い，そのサーバ上で認証が行われる. また，認可による管理者権限の制御やアカウンティングによるログも追跡可能であることも，セキュリティ水準の向上に貢献する。

(6) 暗号化とデジタル署名

情報の漏えいや改ざんなどを防ぐ上で，暗号やデジタル署名といった技術が用いられる. 情報漏えいの防止には暗号化が有効である. また，電子データの改ざん防止にはデジタル署名が有効である. デジタル署名に否認防止のはたらきを行わせることもできる.

暗号化とデジタル署名を使用する上で留意すべきポイント

まず，暗号関連技術を用いたシステムの運用にあたっては，"鍵の管理"と"暗号の危殆化"への注意が必要である. 鍵管理については，この後で詳しく解説することとし，ここでは，暗号の危殆化について触れておく.

暗号の危殆化とは，暗号の安全性が危ぶまれる事態のことである. たとえば次のようなケースが考えられる.

- 暗号アルゴリズム自体に問題がある場合
- 暗号利用システムにおける運用上の問題が生じた場合
- 暗号を実装したソフト／ハードなどに問題がある場合

安全なアルゴリズムを選択する上では，政府推奨暗号リスト[1]が役立つ. これは，総務省と経済産業省が共同で開催する暗号技術評価プロジェクト（CRYPTOREC）により安全性が確認された，我が国の暗号関連技術のリストである. 政府推奨暗号リストでは，複数の暗号関連技術のアルゴリズムが推奨されており，これらの中から任意のアルゴリズムを自由に選択することができる. なお，暗号アルゴリズムの導入にあたっては，ある暗号アルゴリズムが危殆化した場合に，設定画面などから，危殆化していない別のアルゴリズムに変更できる機能を，あらかじめシステムに設けておくことが望ましいと言えるだろう.

(7) 鍵管理

暗号を使用する上で，鍵管理を避けて通ることはできない. 前述した通り，現代暗号の場合，暗号の"アルゴリズム"は公開されていて，暗号機能が提供する機密性は，暗号を復号するための"鍵"（共通鍵または秘密鍵）を秘密にすることで確保しているのである. すなわち，この

---

[1] http://www.cryptrec.go.jp/list.html

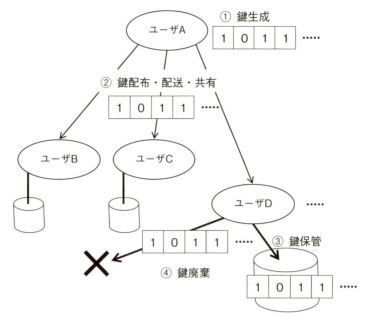

図 9.6 鍵管理におけるライフサイクル.

"鍵"をいかに正しく"管理"するかが,実際に使用されている環境における"暗号の安全性そのもの"と言っても過言では無い.鍵管理は,図 9.6 に示す"生成","配布・配送・共有","保管","廃棄"という一連のライフサイクルにわたって,鍵を安全な状態に保つことを意味する [15].

a) 鍵生成

まず,鍵の"生成"にあたっては,第三者が容易に推測できないビット列を作成することが重要である.たとえば,電子商取引のようなオープンシステムで使用する公開鍵の場合には,公開鍵と秘密鍵からなる鍵ペアを自分で作成し,電子認証局(CA)に証明書を貰うことで,なりすましを防ぐ.また,企業内認証のような場合には,社内の情報システム部門で一括作成することが一般的になっている.

b) 鍵の配布・配送・共有

次に鍵の"配布・配送・共有"を行う上では,信用できる配送路を使って送受者間で安全に共通鍵を共有することが重要である.一例として,データを暗号化/復号するための共通鍵を,インターネットのようなオープンな通信路を介して配布・配送・共有する場合を考える.まず共通鍵を配布・配送・共有しようとする側(送信側)は共通鍵を自分で作成し,署名を付した上で,CA の証明書により正当性を確認した相手の公開鍵で暗号化して,これを送信する.暗号化を行う前に公開鍵の正当性確認を行うのは,公開鍵が提供される時点でなりすましが行われていないことを確認するためである.一方,自分の公開鍵で暗号化された共通鍵を受信した側(受信側)では,署名検証に使用する,送信側の公開鍵の正当性を,CA の証明書により確認した上で,自分の秘密鍵を使って受信データを復号して共通鍵を復元し,署名検証を行って,改ざんやなりすましが行われていないことを確認する.このようにして,送信側で生成した共

通鍵を，安全な方法で，受信側へ配布・配送・共有することが重要である．

c) 鍵の保管

鍵の"保管"とは，鍵を安全な状態で保持・格納しておくことを意味する．鍵を安全に保管するには，ICカードやHSM(Hardware Security Module)のような，耐タンパー性（内部構造や記憶しているデータなどの解析の困難さ）の高いハードウェアを使用する方法や，秘密分散のような技術を使用することが有効である．しかし，現状ではまだ，完璧な方法が確立されているとは言えない．

d) 鍵の廃棄

そして，あまり注目されていないにもかかわらず重要なのが，鍵の"廃棄"である．鍵の廃棄とは，鍵を削除し，再使用を防ぎ，他者による誤使用を防ぐことを意味する．鍵を廃棄することは，単純に鍵にあたるデータを消去すれば済むと思われがちだが，一旦，他者に対して，"配布・配送・共有"された鍵を廃棄することは簡単ではない．特に，不特定多数に"公開"された鍵や証明書を廃棄するには，その鍵や証明書が無効になったことを"公開"することが必要となる．公開鍵や証明書を無効化させること（失効）は失効管理 (certificate revocation) と呼ばれ，失効となった公開鍵および公開鍵証明書の一覧表はCRL(Certificate Revocation List)と呼ばれる．鍵や証明書の失効を実現するために，鍵の正当性検証の際には，このCRLを参照することも重要になる．

e) 鍵管理のポイント

鍵を安全に管理するためには，以下の管理手法を定めることが有効である [15]．

- 鍵の生成手順，有効期限の管理，廃棄手順，更新手順
- 鍵の配送手続き
- 鍵の格納媒体や格納場所に関する管理
- 鍵が露呈した場合の対応手順
- 紛失した鍵の復元手続

鍵の管理においては，機密性や完全性を確保することだけでなく，可用性の確保も重要になる．間違って，復号に用いる鍵を紛失したり，誤って消去した場合，過去に暗号化した情報を復号することができなくなってしまうからである．そこで，このような事態が発生したときに，紛失した鍵を，何らかの手段で再度入手できるように，鍵のバックアップや，信用できる第三者への預託を行う方法について，あらかじめ定めておくことも大切である．しかし，鍵を複製することは，漏えいリスクが増大するという副作用ももたらす．したがって，鍵の複製は最小限に留め，元の鍵と同レベルの安全性確保施策を施すことが必要である．

9.5.2　情報セキュリティ対策で特に考慮すべき脅威

情報セキュリティ対策を行う上で，特に考慮すべき脅威を表9.6に示す．情報システム上で使用しているソフトウェアやハードウェアには，しばしば情報セキュリティ上の弱点である"セキュリティホール"が存在する．情報システムを安全に使用するためには，このセキュリティ

表 9.6 特に考慮すべき脅威の例.

脅威の種類	脅威の例
セキュリティホール	情報システム構築時：既知の脆弱性，修正プログラムの未適用，不要なサービスの稼働など 情報システム運用時：新たに公開された脆弱性，システム状態の変化，管理者間での情報共有不徹底など
不正プログラム	コンピュータウイルス，ワーム，トロイの木馬，ボット，スパイウェアなど
サービス不能攻撃	DoS 攻撃，DDoS 攻撃など

ホールに対して，適切な対処を行うことが必要である．また，現在のインターネットにおける攻撃の主流は複合型攻撃となっており，スパイウェア，ボット，ウイルスといった各種の "不正プログラム" を用いて，セキュリティホールを狙った攻撃が常時行われている．このため，こうした不正プログラムの侵入に対抗するための手段も必要である．さらに，このような不正プログラムを随所にばらまいて，狙ったサイトに向けて一斉に攻撃をしかけることで，対象のサーバがサービスを提供できないようにしてしまう DoS も盛んに行われている．このサービス不能攻撃を行う不正プログラムに感染してしまうと，更なる不正プログラムの拡散や，踏み台とされて知らないうちに第三者への攻撃を行うなど，社会への迷惑につながり，その結果，社会的信用を失墜するような事態を招くことにもなる．こうした脅威に対抗するためには，脅威を正しく理解した上で，適切な管理策の導入を行うことが大切である [16]．

(1) セキュリティホール

セキュリティホールとは，情報システムや，ネットワーク内で使用しているソフトウェアや製品，Web アプリケーションなどがもつ，セキュリティ上の弱点（狭義の脆弱性）のことである．セキュリティホールに対する最も基本的な対策は，修正プログラム（パッチ）を適用することである．なお，稼働しているサーバに対してパッチを適用する際には，ソフトウェアへのパッチ適用に起因するトラブルを避けるため，事前に影響の有無のテスト（対策テスト）を実施するなど，充分な注意が必要である．

a) 情報システム構築時の管理策

情報システム構築時に，すべての対象に適用が求められる "管理策" として，以下のようなものが考えられる．

- 脆弱性対策に必要となる情報を収集し書面として整備する．
- メーカーが提供する最新の修正プログラムを適用する．
- 不必要なサービス機能設定をすべて停止する．

b) 情報システム運用時の管理策

情報システムの運用時に，すべての対象に適用が求められる "管理策" として，以下のようなものが考えられる．

- 機器の構成管理と変更管理を適正に実施する．
- 脆弱性情報を収集する．
- 脆弱性情報に基づきリスクを分析して対策計画を作成しておく．

184 ◆ 第9章 情報セキュリティマネジメント

- 脆弱性への対策と，実施記録の作成を行っておく．
- 定期的なシステム構成確認と不適切な状態の修正を行う．
- 関係者間での，脆弱性関連情報の交換や連携を日常的に実施する．

なお，情報収集を行う方法としては，たとえば，広く普及しているソフトウェアやモジュールに関する脆弱性情報の共有を目的としているメーリングリストや Web サイトの定期的なチェックが有効である．また，ソフトウェアへのパッチの適用に関しては，ソフトウェアの自動更新機能を利用することも有効と言える．

(2) マルウェア

マルウェアとは，不正かつ有害な動作を行う意図で作成された悪意のあるソフトウェアや悪質なコードの総称である．不正プログラムとも呼ばれ，1.2 節で述べた通り，その主な種類として以下のようなものがある．

コンピュータウイルス 感染先のファイル（"宿主" と呼ぶ）の一部を書き変えて自分のコピーを追加し（感染），感染した宿主のプログラムが実行されたときに自分自身をコピーするコードを実行させることによって増殖し，コンピュータに被害をもたらす不正なプログラムである．

ワーム 独立したプログラムであり，自身を複製して他のシステムに拡散する性質を持ったマルウェアである．

トロイの木馬 一見有用なアプリケーションを装いつつ，その一部にコンピュータのデータを盗み出すなどの不正な動作を行う機能を備えたプログラムである．

ボット パソコンに侵入し，バックドアなどを通じて悪意を持った者がパソコンを不正に制御できるマルウェアである．

スパイウェア ユーザーに関する情報を収集し，それを情報収集者である特定の企業・団体・個人などに自動的に送信するソフトウェアである．

不正プログラム対策として，すべての対象に適用が求められる管理策には，以下のようなものが考えられる．

- ウイルス対策ソフトウェアなどを導入し，感染経路のすべてに対策を実施する．
- ウイルス対策ソフトウェアなどの更新管理を行う．
- サーバやパソコンのウイルスチェックを定期的に行う．
- ソフトウェアのセキュリティ機能を活用し，不正プログラム感染の予防に努める．
- ウイルスなどの不正プログラムに関する情報を収集する．
- ユーザの教育を行う．

(3) DoS 攻撃

DoS 攻撃（サービス不能攻撃）とは，サーバに大量のデータを送って過大な負荷をかけるなどして，サービス不能に追い込む攻撃である．また，たくさんの他人のコンピュータに不正プ

ログラムを感染させて踏み台にし，多数の PC から一斉に，大量のパケットを攻撃目標の PC に向けて送信することで，より強力な DoS 攻撃を行うものが，DDoS 攻撃である．

DoS 攻撃の代表的なものとして，"SYN Flood 攻撃"，"Smarf 攻撃" などがある．SYN Flood 攻撃は，TCP コネクションを確立するための，3 ウェイハンドシェイクと呼ばれる通信手順を悪用して攻撃目標のコンピュータに過大な負荷を与える攻撃手法が典型的なものといえる．Smarf 攻撃は，大量の ping(ICMP echo request) を送りつけることで，攻撃目標の通信機能に過大な負荷を与える攻撃をさす．

サービス不能攻撃対策に関し，すべての対象に適用が求められる "管理策" として，以下のようなものが考えられる．

- OS やサーバ，ネットワーク装置などの脆弱性を確認して対処する
- OS やネットワーク装置の DoS 攻撃対策機能を活用する
- DoS 攻撃発生時の対処手順や ISP との連絡体制を定めておく

また，DoS 攻撃に加担してしまう脅威に対する "管理策" としては，以下のようなものが考えられる．

- ネットワーク境界において適切なフィルタリングを行う
- 不正プログラムの感染やインストールに関連する脆弱性を解消しておく
- 事象発生を早期発見するため，連絡窓口を公表しておく

9.6 情報セキュリティ対策の導入と運用

情報セキュリティ対策の導入・運用にあたっては，セキュリティポリシー導入の周知や，情報セキュリティ教育，ルールや手順の遵守を徹底させなければならない．その対象は，自組織の構成員のみに留まらず，外部委託先の管理も必要となってくる．情報セキュリティ責任者には，計画を確実に導入し運用していくための，組織的・管理的な手腕が求められる．

一方，情報システム担当者は，情報システムや機器の導入・設定と，導入した機器の運用を行うことになる．導入機器の運用にあたっては，セキュリティ情報の収集，セキュリティ監視，情報システム担当者のスキルアップ，外部委託先の管理なども行っていく必要がある．また，運用を考える際には，インシデントへの備えも考慮しておく必要がある．外部からの不正アクセスのみならず，自然災害も想定する必要がある．また，これと併せて緊急時対応や事業継続のための取り組みをあらかじめ準備しておくことも大切である．

それから，一般に，情報セキュリティ対策の強度と使い勝手は相反する場合が少なくない．"費用対効果" と "業務への負荷" を充分に考慮した導入・運用を行っていくことが重要である．

9.6.1 情報セキュリティポリシーの周知と徹底

情報セキュリティポリシーを組織に導入するにあたって，まず，情報セキュリティポリシーを組織の全構成員に周知することが第一歩である．しかし情報セキュリティポリシーの遵守を

徹底するためには，その存在を知り，内容を理解するだけでは不充分であり，関係者一人ひとりが，情報セキュリティポリシーの遵守を自らの義務として確実に実施していくことが重要になる．そのため，情報セキュリティポリシーの周知・徹底を行う上では，情報セキュリティポリシー運用の"告知"と，組織構成員などの"教育"の両方を確実に行うことが重要になってくる．

まず，情報セキュリティポリシー運用の告知にあたっては，"情報セキュリティ基本方針の告知"と"情報セキュリティ対策基準運用開始の告知"を行う必要がある．"情報セキュリティ基本方針の告知"は，情報セキュリティ対策への取り組み着手の段階で，組織として情報セキュリティ対策に取り組むということの宣言である．一方，"情報セキュリティ対策基準運用開始の告知"は，経営陣の承認を受けた"対策基準"に基づいて，情報セキュリティポリシー（基本方針と対策基準）の"運用開始"を全組織に"告知"するものである．

情報セキュリティポリシーの告知とともに重要なのが情報セキュリティ教育である．情報セキュリティ教育を行うにあたっては，教育体制と，教育の目的，教育の対象を明確にした，組織的な取り組みを行うことが重要である．具体的には，教育の責任者と担当者を指名し，教育計画を策定した上で，漏れの無い受講者の抽出と実施，さらには，教育実施の記録と報告を行う．情報セキュリティ教育では，情報セキュリティポリシーや関連規定の周知徹底に加え，脅威と対策も含めた情報セキュリティ対策の必要性を充分に理解させることが大切である．また，情報セキュリティ教育の受講者は，組織の全構成員であり，正社員だけでなく，役員，管理職，さらには，派遣社員，アルバイト，委託業務担当者なども含むことを忘れてはならない．情報セキュリティ教育では，以下のような内容を盛り込むことが望まれる．

- 情報セキュリティポリシーや関連規定の周知徹底
- 情報セキュリティの脅威と対策に関する基礎知識の教育
- インシデントや緊急時の対応に関する教育
- その他の留意点（端末監視の周知，基本方針などの閲覧環境）

そして，教育が漏れ無く行われるよう，年度計画の策定や体制整備を行うとともに，受講状況の管理と責任者への報告を行うことも当初計画に盛り込んでおくとよいだろう．

9.6.2 組織構成員の管理と外部委託先の管理

組織構成員の管理は，情報セキュリティ対策において細心の配慮が必要なものの1つである（人的セキュリティ）．人の管理が不充分な場合，そこが最大のセキュリティホールとなる可能性がある．内部犯罪や不正行為，不注意による事故の発生などのリスク低減などが課題となる．組織構成員の管理を適切に行うための管理策の例として，以下のようなものが挙げられる．

- 組織構成員に対する基本的管理
- 組織構成員の採用と雇用に関する管理
  - 採用時の管理

・雇用開始時および雇用期間中の管理

・雇用の終了または異動（転出）時の管理

　もう1つ，外部委託先の管理も忘れてはならない．外部に業務委託する場合には，直接管理できないことから，情報セキュリティ上のリスクが増大する可能性がある．特に"個人情報"や"機密情報"の提供時には注意が必要である．外部委託先管理の基本的管理策の例として，以下のようなものが挙げられる．

● 外部委託に関する基準類の整備
　・委託先の選定基準
　・委託先が備えるべき要件
　・セキュリティインシデント発生時の対処手順
● 委託先選定時点における要件提示，侵害時対処手順の明示，および，不備発覚時の措置の明示
● 委託契約書の含むべき内容や取り決めが必要な事項の確認と合意
● 委託先の監督
● その他
　・委託先への情報および情報資産提供条件の明示
　・外部委託契約継続，委託業務変更の検討（随時）
　・外部委託の終了時に行うべき事項の明示

9.6.3　緊急時対応のための計画

　どれだけ周到な対策を行っても，インシデントは，必ず発生する．そこで，インシデントが発生する前に，インシデント対応の準備を行っておくことが必要になる．情報および情報システムに関する事故対応関連の計画は数多く存在するが，代表的なものには以下の計画がある．

事業継続計画 緊急時にコアとなる事業を継続するための計画 (BCP: Business Continuity
　　Plan)
緊急時対応計画 緊急事態発生直後の行動を中心とした計画 (CP: Contingency Plan)
災害復旧計画 地震や台風などの災害を対象にした対応計画 (DR: Disaster Recovery Plan)
インシデント対応計画 不正アクセスや DoS 攻撃などのサイバー犯罪も含めたインシデント対
　　応のための計画 (IR: Incident Response Plan)

　事業継続計画，緊急時対応計画，インシデント対応計画などは，カバー範囲が広く共通部分も多くなっている．このため，実際には，"事業継続計画"の名の下に，全体を包含した計画を策定するケースも少なくない．リソース（人，物，金）投資の観点からも，自組織にとって一番重要度が高いと考えられる計画を準備するのが，効率の良い方法と言える．こうした方法は，経済産業省や内閣府の事業継続計画策定ガイドラインでも推奨されているものである．しかし同じ"事業継続計画"でも，組織の視点（例：IT事故を重視するか地震を重視するかなど）により，力点が異なって来ることとなる．

事業継続計画を策定するにあたっては，次の点に注意することが必要である．

計画の対象 対象の違いによる対応の違いを考慮して計画を策定する．

BCP マネージャの責任と権限 緊急時対応体制で，BCP マネージャ[2]ほか，誰がどのような責任と権限を持つのかを明記する．

計画の発動 誰が計画の発動[3]を行うのか（例：BCP マネージャが計画の発動を行うといったルール）を記載する．

共通部分への配慮 緊急時対応に関する諸計画で共通する部分（例：対応体制，手順など）があれば共通化させる．

諸計画の整合 緊急時対応の諸計画間で矛盾が無いよう，整合性に留意する．

9.6.4 インシデント対応

インシデント発生時の対応においては，危機的な状況を回避しつつ，原因の究明と証拠保全を行うことが重要である．実際に情報セキュリティインシデントが発生してしまった場合には，説明責任を果たす上でも，再発防止策を検討する上でも，原因の究明が不可欠である．したがって，インシデント対応では，まず，原因の究明に努める必要がある．そして原因究明と併せて，原因に関わる証拠の"保全"も重要になってくる．発生したインシデントが犯罪として取り扱われるような場合において，その証拠は，起訴や裁判において重要な位置付けに置かれることもあり得る．このため，インシデント発生時には，法的証拠としての利用も想定し，慎重に証拠を保全する必要がある．

しかしその一方で，被害拡大を防止する最低限の措置を行うことも重要である．充分な知識を持たない人間が不用意な操作を行うことで証拠が破壊される場合もあるので，インシデント発生時には，一刻も早く専門家を呼ぶことが重要となってくる．なお，インシデント発生直後の対応としては，可能な限りログインを避け，ネットワークケーブルを抜いて専門家の到着を待つという方法が推奨される．

インシデントに適切に対処するためには，平時における準備が大切になってくる．平時に行っておくべき第一の事項として，インシデント発生時に行うべき対応の流れを明確にしておくことが挙げられる．前述したように，緊急時対応のための計画が複数ある場合であっても，事故が起こった際，すばやく事故を検知し，関係者への連絡を迅速に行い，原因を究明し，業務の停止を最小限に食い止め，できるだけ早く業務を再開し，事故対応の記録をとり，再発防止策を練るという基本的な流れは同じはずである．事故発生時に混乱が起きないよう，複数の緊急時対応計画の整理・共通化を，平時に行っておくことは有効と言える．また，事業継続のための代替手段の確保や，事故の種類に合わせた緊急時連絡先の整理，日常的なデータのバックアップやログの分析なども，平時に行っておくべき重要な事項と言える．

情報システムの導入にあたり，情報システムを設定して運用を開始する際の技術的対策の基

---

[2] 事業継続責任者のこと．

[3] 緊急時と判断し，事業継続対応体制や緊急時対応体制に移行すること．

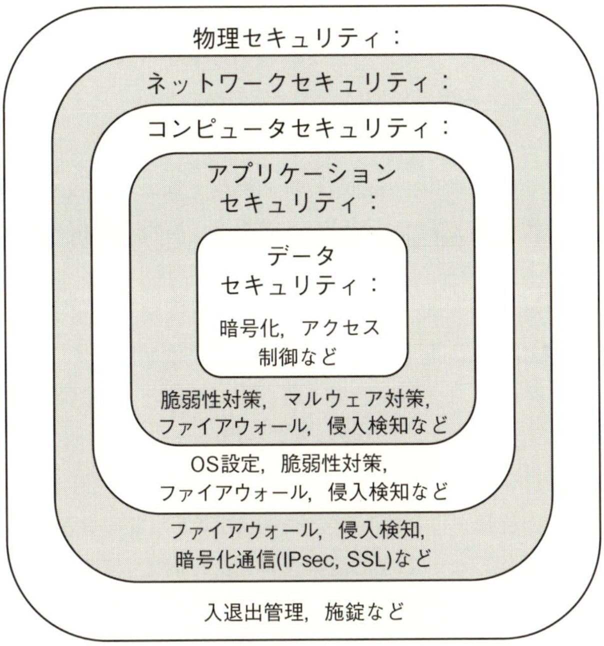

物理セキュリティ：

ネットワークセキュリティ：

コンピュータセキュリティ：

アプリケーション
セキュリティ：

データ
セキュリティ：

暗号化，アクセス
制御など

脆弱性対策，マルウェア対策，
ファイアウォール，侵入検知など

OS設定，脆弱性対策，
ファイアウォール，侵入検知など

ファイアウォール，侵入検知，
暗号化通信(IPsec, SSL)など

入退出管理，施錠など

図 **9.7** 多層防御の考え方.

本は，多層防御（図9.7参照）と最小権限である．システムの防御機能を，物理レベル，ネットワークレベル，コンピュータレベル，アプリケーションレベル，データレベルのそれぞれに持たせることで（多層防御），1ヵ所破られてもセキュリティを維持することができる．また，システムの利用者に与える権限を必要最小限にすることで（最小権限），不要なアクセスを排除し，リスクを低減することができる．

　一方，導入後のシステム運用においては，技術的対策以外に，施設や環境といった物理的対策にも注意が必要である．施設と環境における物理的セキュリティ対策の基本は，重要な情報資産のある区域に不審者を立ち入らせないことである．セキュリティレベルに合わせて，物理的な区域を分類し，施錠扉などによる分離を実施する．そして，職務や職位によるアクセス区域制限と入退室管理を行うとともに，訪問者や受け渡し業者のような部外者へは，訪問者とわかるネームプレートを着用させたり社員が付き添うなどといった管理の徹底が求められる．

9.6.5　情報システムの導入と運用

　技術的セキュリティ対策では，前述した多層防御が重要である．コンピュータセキュリティの視点からは，コンピュータ全般に対するセキュリティ対策を施す．“職務に合わせた権限付与”，“不要なサービスの停止”，“脆弱性の解消”などが基本である．コンピュータの設置時に適切な主体認証機能やアクセス制御機能を適用した上で，運用時には，規則に則った運用，目的外使用の禁止に加え，定期／不定期の規程類見直しなどを行う．また，運用終了時に，データの消去や磁気的／物理的破壊を実施することも忘れてはならない．さらに，端末用コンピュー

タ／サーバ用コンピュータそれぞれに応じた管理策の導入も必要に応じて行う.

　ネットワークセキュリティは,ネットワーク経由の攻撃からシステムを守るためのセキュリティ対策である."セキュリティ要件の明確化","手順書の整備","セキュリティ機能の導入","脆弱性対策"が基本となる.ネットワーク構築時に,リスクを考慮した接続,セグメント分離,暗号化通信の導入などを行った上で,運用時には,構成／変更の管理,時刻同期などを徹底する.また,コンピュータセキュリティと同様に,運用終了時の,通信装置の初期化,内部記録媒体の物理的破壊なども忘れずに行う.

　アプリケーションセキュリティは,アプリケーションを提供／使用する上でのセキュリティ対策である."規程類の整備"と"規程に基づく運用管理"が基本である.たとえば電子メールに関しては,なりすましや改ざん,DoS攻撃,踏み台攻撃などへの対策が必要である.導入時に迷惑メールフィルタ導入,受信時の主体認証導入を行った上で,運用時には,自組織サーバ利用の徹底,自動転送の禁止などに努める.また,Webサービスの提供／閲覧に関しては,Web改ざんや不正プログラムの自動ダウンロードなどへの対策が重要になる.Webサーバから攻撃の糸口になりうる情報を送信しないように情報システムを構築すること,通信の盗聴から保護すべき情報を暗号化すること,利用者から文字列入力を受け付ける際の特殊文字の排除といった対策を行う.さらに,DNS(Domain Name System)サービスの場合には,DNSサーバの機能停止,ドメイン情報の改ざん,DDoS攻撃の踏み台などへの対策が必要である.登録情報(たとえばDNSサーバ)の適切性の定期的確認を行うとともに,DNSサーバを複数設置する場合にはサーバ間整合性の確認も行う.

9.7 情報セキュリティ状況の監視と侵入検知

9.7.1 セキュリティ監視

　セキュリティ監視における2つの視点を表9.7に示す.セキュリティ監視とは,情報システムに対する不正な行為や機密情報への不正アクセスを見つけ出し,さらには,それらを促す,情報システムに存在するセキュリティ上の問題点を明らかにすることである.ウイルスやワームの感染や不正アクセスなどのインシデントを早期に検知するとともに,被害収束に向けて,原因の特定を行う対策活動とも言える.セキュリティ監視は以下の2つから構成される.

脆弱性検査 情報システムに存在するセキュリティ上の問題点(脆弱性)を明らかにする作業
侵入検知 不正アクセスなどの異常な動作を発見する作業

表 **9.7** セキュリティ監視における2つの視点.

視点	分類	対象
脆弱性検査 (攻撃側の視点)	ネットワーク型検査	接続機器,ネットワークサービス,アクセス制御,サーバ脆弱性など
	ホスト型検査	修正プログラム適用状況,アカウント管理など
侵入検知 (防御側の視点)	ネットワーク型検知	ネットワーク内を流れるパケット
	ホスト型検知	システムのログなど

セキュリティ監視の手段には下記のようなものがある.

● ネットワーク型検査ツール
● ホスト型検査ツール
● 侵入検知システムやウイルス対策ソフトウェアなど

9.7.2 脆弱性検査

脆弱性検査は,攻撃者側の見地からみたセキュリティ確保の取り組みと言える.情報システムに存在するセキュリティ上の問題点(脆弱性)を明らかにする作業であり,代表的なものに,以下の2つがある.

ネットワーク型検査 ネットワーク経由で疑似的な不正アクセスを試みる方法
ホスト型検査 サーバやネットワーク機器に直接ログインし,不正アクセスができる設定か否かをシステム内部から確認する方法

ネットワーク型脆弱性検査では,たとえば以下のような調査を実施する.

接続機器の調査 撤去すべき機器や許可されていない機器の接続のチェック
ネットワークサービスの調査 ネットワーク接続機器の未使用/不要なサービスの稼働のチェック
アクセス制御の調査 ルータ,ファイアウォール,サーバの通信フィルタリング適切性のチェック
サーバ脆弱性の調査 ネットワークサービスや Web アプリケーションの脆弱性対処状況のチェック

また,ホスト型脆弱性検査では,たとえば以下のような調査を実施する.

修正プログラム適用状況の調査 個々のプログラムの,修正プログラム適用状況のチェック
アカウント管理の調査 未使用/不要のアカウントや類推容易な ID /パスワード削除状況のチェック

こうした脆弱性検査は,チェックリストを用いつつ,人手によって注意深く行うことが有効である.しかし,ツールを利用することにより,チェックリストによる確認を"補完"することができる.検査ツールは,決められた確認手順で脆弱性の有無を判断するため,検査範囲の不充分さは残る可能性があるものの,チェック忘れなどの見逃しを防ぐ上では有効と言える.

9.7.3 侵入検知

侵入検知は,防衛側の見地からみたセキュリティ確保の取り組みと言える.不正アクセスなどの異常な動作を発見する作業であり,代表的なものに,以下の2つがある.

ネットワーク型検知 ネットワーク内を流れるパケットを監視して検知
ホスト型検知 システムのログなどを監視して検知

192 ◆ 第9章 情報セキュリティマネジメント

　侵入検知は，多層防御の考え方に基づいて，ネットワーク，サーバ，アプリケーション，データのそれぞれのレベルで実施する．ネットワークからの侵入を検知するには，ルータやファイアウォールログを確認する方法が用いられる．また，ネットワークの侵入検知システム (IDS: Intrusion Detection System) や侵入防止システム (IPS: Intrusion Prevention System) も利用されている．侵入検知システムには，ネットワーク型 IDS(NIDS) とホスト型 IDS(HIDS) とがあり，ネットワーク型 IDS は，ネットワーク内を流れるパケットを監視して，不正や異常を検知する．NIDS の場合，脆弱性を狙った攻撃法のパターンを捉えることで不正を検知する方法が一般的である．

　サーバのシステムログ解析では，ログオンやログオフなどのシステムログを確認する方法が用いられる．また，ホスト型 IDS が利用される場合もある．ホスト型 IDS は，サーバにインストールして常駐させ，コンピュータ内のイベントの監視を行って不正や異常を検知する．HIDS では，ログインの成功／失敗，アカウントの追加・変更，ファイルの書き換えなどのイベントを監視する方法が通常用いられる．

　NIDS と比較した HIDS の利点と欠点は，以下のように整理できる．

利点 サーバ上の不正な活動を直接監視できる
欠点 導入したサーバに対する攻撃しか検知できない

これらの特徴を活かして，NIDS と HIDS とを併用することにより，監視・検出の漏れを減らすことができる．

　Web などのアプリケーションの調査の際には，アプリケーションログの確認，あるいは，ホスト型 IDS や攻撃から Web アプリケーションを防御する WAF(Web Application Firewall) を利用する．そして，データに関しては，ファイルアクセスといった，リソースへのアクセスログの確認，あるいは，ホスト型 IDS を利用する．

9.8 情報セキュリティ対策の評価

9.8.1 情報セキュリティ対策の評価とは

　情報セキュリティ対策の評価には，その目的や対象，評価者，評価基準などによって様々な手法がある．代表的なものに，ISMS 適合性評価，情報セキュリティ監査，IT セキュリティ評価及び認証制度などがある．

(1) セキュリティ評価の目的
　セキュリティ評価の目的は，おおむね以下の 4 点に集約される．

自組織の情報セキュリティ対策の有効性や実施状況を確認するため 計画し導入した対策が意図
　　通りに実行されているかに加え，効果，不足，実情との整合性などを確認する．
自組織の情報セキュリティ対策状況を外部へ説明するため 取引先や製品・サービスの購入者へ，

自組織の情報セキュリティ対策状況を説明するために評価結果を提示する.

外部委託や子会社の情報セキュリティ対策状況を確認するため 個人情報や機密情報を預ける場合に,委託先の選定や委託後の状況確認のために評価結果の提示を受ける.

製品などの購入の際にセキュリティ実装状況について確認するため 製品やシステムを購入する場合に,セキュリティの観点から,機器,ソフトウェア,システムが適切に設計され,実装されているかの確認に使用する.

(2) 評価の主体と対象

自組織の情報セキュリティ対策の有効性や実施状況を確認する場合,自組織で評価する"自己評価"と,中立の第三者である専門家へ評価を依頼する"第三者評価"が一般的である.自己評価では,情報システム部門の責任者や担当者が,導入した管理策の効果や達成度を,チェックリストなどを使って評価する.一方の第三者評価の場合は,評価を専門家に依頼するため,実施時期の設定や予算措置などの事前準備を行った上で,半年に 1 回とか 1 年に 1 回といった形で,計画的に実施する.自己評価も第三者評価も,セキュリティ評価において,どちらも欠かすことができない重要なものである.両者は,網羅性やコストの面から相互に補完し合う関係にある.

9.8.2　情報セキュリティ対策実施状況の評価

自己点検は,組織構成員が自分の対策順守状況をチェックする行為である.年度計画を策定して計画的に実施することで,実施を確実なものにすることが大切である.

情報セキュリティ対策ベンチマーク [17] は,組織のセキュリティ対策状況を自らが評価するための自己診断ツールである.Web 上で,情報セキュリティ対策への取り組みに関する 25 問と,企業プロフィールに関する 15 問への回答を行うことで診断が受けられる.求められるセキュリティ水準によって 3 つのグループに分類され,そのグループ内での自組織の対策状況の位置付けや,望まれる対策水準との差異,推奨される取り組みなどを知るのに利用できる.

情報セキュリティ監査(JIS X 5080:2002 ベース)は,独立の監査人が,"情報セキュリティ対策が適切に実施されているか?","期待通りに機能しているか?","リスクマネジメントが適切か?" などを評価するものである.監査には,情報セキュリティ対策の改善に関する助言のみを行う"助言型監査"と,期待するセキュリティ水準にあることを保証する"保障型監査"とがある.また,必要に応じて,一部の保証と助言の混合という形態が取られる場合もある.情報セキュリティ監査を受けるにあたっては,これらを適切に使い分けると良いだろう.

ISMS 適合性評価制度は,ISMS が適切に運用されていることを正式な認定機関が認証・登録する制度である.適合性を評価するための基準は,ISO/IEC27001:2006 であり,国際的に整合のとれた情報セキュリティマネジメントに対する適合性評価制度となっている.ISMS 適合性評価制度による認証を受ける目的は,組織として情報セキュリティマネジメントが確立されていることを,評価・認証を受けることにより確認することである.また,認証を取得することにより,自組織の情報セキュリティ対策が認証取得レベルであることを対外的にアピール

し，企業価値を高めることができる．わが国では，2002年4月から，日本情報経済社会推進協会 (JIPDEC) によって，この制度が運営されている．

9.8.3 製品調達におけるセキュリティ評価の活用

製品調達におけるセキュリティ評価を行う上で注目すべき代表的な制度に，"ITセキュリティ評価及び認証制度" [18] と "暗号モジュール試験及び認証制度" [19] とがある．ITセキュリティ評価及び認証制度の概要を，図9.8に示す．

ITセキュリティ評価及び認証制度は，情報システムやその構成機器・ソフトウェアが情報セキュリティの観点から適切に設計・実装されているかを評価・登録する制度である．この制度は2001年4月に経済産業省が主導して創設され，現在は情報処理推進機構 (IPA) により運用されている．この規格は，CCRA(Common Criteria Recognition Arrangement) という国際的な相互認証協定に合意した国どうしで，相互に通用する．したがって，本制度に基づく認証を取得した製品を選定することで，安心して海外製品を導入できることになる．

また，暗号モジュール試験及び認証制度 (JCMVP) は，暗号モジュールのセキュリティ機能が正しく実装されていることを確認するとともに，重要情報のセキュリティが確保されていることを試験・認証する制度である．この制度は，JIS X 19790規格に準拠したものである．そしてこの規格は，米国情報処理標準 (Federal Information Processing Standard) の FIPS140-2 規格に基づいて策定された国際標準である ISO/IEC19790 規格の日本語版にあたる．現在，米国立標準技術研究所 (NIST: National Institute of Standards and Technology) とカナダ国立通信セキュリティ機構 (CSE: Communication Security Establishment) との間で，暗号モジュール認証制度 (CMVP: Cryptographic Module Validation Program) が運営されている．この CMVP は，日本の JCMVP とは独立した制度だが，両方の制度で共通して承認さ

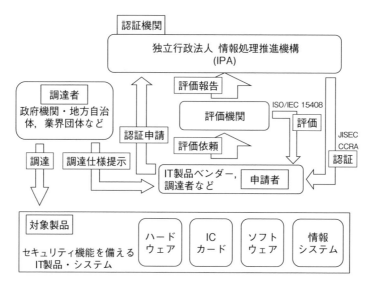

図 9.8　ITセキュリティ評価及び認証制度の概要（「ITセキュリティ評価及び認証制度」[18] を参考にして作成）．

れているセキュリティ機能に関しては，“共同認証”を利用することができる．共同認証とは，JCMVP あるいは CMVP のいずれか一方に認証申請を行い，暗号モジュール試験を受け，両制度の認証機関による試験報告書の共同レビューを受けた上で，両制度から認証を受けることができる制度である．この共同認証を取得した製品を選定することで，高度な専門性を必要とする試験を新たにを行わなくとも，正しい動作が保証された暗号モジュールを，国内のみならず北米からも導入することができる．

9.8.4 適合性評価

適合性評価制度とは，製品，プロセス，人，組織などが，要求される規格や基準を満たしているかどうかを確認する行為のことである．基準への適合を評価する方法は，購入者が自ら試験などを実施して確認するのが基本となるが，特別な装置が必要だったり高い専門性が求めたりする場合があり，困難な場合も少なくない．そこで，その製品製造者やサービス提供者による，規格を満たしているという主張を信じる“自己適合宣言”や，中立の第三者に依頼して規格などを満たしているかどうかを確認してもらう“適合性評価機関の認証”という方法が，しばしば用いられる．

自己適合宣言は，あくまでも供給者自身の責任に基づくことを原則としていて，不適切な宣言が行われることもあるかも知れない．しかしその場合には，社会的な批判や，社会的信用の失墜などの形で，その供給者が社会的責任を負うことになる．

適合性評価機関の認証は，“認定機関”によって“適合性評価を行う能力が認定された適合性評価機関”が，評価対象となる製品やサービスを“試験”して確認し，第三者証明書の発行という形で“認証”を行う．なお，認定や認証に関わる枠組みは，制度によって一部異なる場合もある．

9.9 情報セキュリティ対策の見直しと改善

ルールに則った情報セキュリティポリシーの運用を実効性のあるものにするための重要な取り組みに，見直しと改善のプロセスがある．環境の変化や，業務の変化といった事態も含めた現場の事情に即した適切な対応をするためには，見直しと改善のプロセスが不可欠となる．

見直しを行う契機には，PDCA サイクルにおける定期的なものと，環境の変化や事故の発生に起因するものとがある．また，見直しを行う範囲には，情報セキュリティ関係規程そのものの変更を行う場合と，手順のみの変更で済む場合とがある．

(1) 定期的な見直し

見直しと改善は，評価プロセスの仕上げ段階にあたり，PDCA サイクルに従って定期的に行う必要がある．たとえば，見直しと改善を含む評価のプロセスを年間の業務サイクルにあらかじめ組み込んでおけば，自然な形で実施されることになる．見直しと改善を行う上では，まず，現状を把握した上で見直しにつなげることが大事である．問題点や課題をうまく抽出できるか

否かが，現状の把握における重要なポイントになる．たとえば，自己点検や内部監査の結果，遵守状況が良好な場合であっても，その背後に，対策導入による仕事量の増加への不満は無いか，あるいは，"プロセスの簡略化"と"セキュリティ水準の維持"を両立できるアイディアが埋もれていないかなどを念頭に置いた情報収集を行うことが大切である．また，自己点検結果を責任者が確認・評価する場合には，ヒアリングなども併用して意見を吸い上げるような工夫も必要である．情報・意見の収集が充分に行われたところで，課題や不満などを分析して，リスクが増大しない範囲での改善策をルールに反映する．その際，優れた改善提案を行った社員を称揚したりすることで，社員の参画意識を高めるといった施策も有効である．

(2)　環境変化に伴う見直し

　法律・条令等の変更，ガイドラインの更新，新たな脅威の出現など，情報セキュリティ環境は，時々刻々変化している．こうした情報セキュリティ環境の変化に対応するために，情報セキュリティポリシーの見直しが必要になってくる．情報セキュリティポリシーの見直しを行う際には，共通部分のある規定の内容に離隔がないかなど，相互に関連する規定間での整合性を充分に確認する必要がある．情報セキュリティポリシーと関連する規定としては，たとえば人の管理ならば"就業規則"が，また，緊急時対応ならば"事業継続計画"や"インシデント対応計画"などが考えられる．それから，"管理規定"や"管理体制"との整合性などにも注意が必要である．また，もしも管理者の自覚に問題があるようであれば，"任命プロセス"の見直しも考慮する必要がある．さらに，組織や業務の変化に伴い，実施事項や禁止事項，判断を下す責任者や実施をする担当者などが不明確になり，業務プロセスに混乱をきたすような事態も起こりうる．こうした場合には，ルールと業務を整理し，必要があれば，重複処理の一元化・集中化による効率向上，類似業務の様式や記載事項の統一・標準化による効率化，必要性の低い手続きの簡素化（頻度軽減・添付省略・決裁者変更など）や廃止といった業務プロセスの見直しを行う．

(3)　インシデントの発生に伴う見直し

　インシデントが起こった場合には，再発防止策を検討する．そして必要に応じて，ルールや手順変更，情報システムの設定修正などを実施する．再発防止策の検討にあたっては，まず，ポリシー違反／ルール違反が発生した原因を調査する．ルール違反を起こす原因は，ルールが業務の実態に合っていない，ルールが厳しすぎて守るのが難しい，ルールを守ると業務効率が阻害される，ルールを守らなくても大したことはないと考えている，ルールを実行する手順が知らされていないなど多様である．ルール違反が起こる原因を考えて，その原因を大もとから絶つ措置を講ずることが重要と言える．また，管理面や技術面から，違反のできない環境を作ることも必要である．たとえば，監視ソフトによるパソコンの監視を行ったり，PCの持ち出しやポリシー違反PCの接続防止などの対策が考えられる．いずれにしても，情報セキュリティポリシーの周知徹底と手順の教育が基本となる．

　なお，見直しの契機にかかわらず，見直しを行う場合には，情報収集が必須と言える．他社の事例などを参照して，上手に自組織に役立てることが重要である．

9.10 情報セキュリティマネジメントのまとめ

本章では，情報セキュリティマネジメントについて解説を行った．まず，9.2 節では，情報セキュリティマネジメントの考え方について解説した．情報セキュリティマネジメントは，組織の情報セキュリティを確保し，その状態を維持し続けることである．全体を見通した，漏れの無い，組織的な対処を行うことが必要となる．情報セキュリティ対策の取り組みを，体系的かつ系統立てて進める上では，情報セキュリティマネジメントシステム (ISMS) に則り，技術的・物理的・人的セキュリティ対策を，体系的・組織的に行うことが有効である．そしてこのISMS を効率よく行うための手法としてプロセスアプローチ（PDCA サイクル）が用いられる．

9.3 節では，情報セキュリティマネジメント体制の構築について紹介した．効果的で統制のとれた情報セキュリティマネジメント体制とする上で，全社横断的な意思統一と実行のための体制を構築することが重要である．情報セキュリティ対策の "責任者" と "実施担当者"，そして，組織構成員全員の "役割" と "責任" を明確に定めていること，そして，それを定めたルールが経営層の承認の下，周知徹底されていることも必要である．情報セキュリティマネジメント体制の核をなすのは，情報セキュリティ委員会とワーキンググループ，そしてアドバイザである．情報セキュリティ委員会は，経営陣によって構成され，情報セキュリティポリシーの策定と承認，緊急時における対応策の検討など，判断と承認，決定を行う重要な機関である．ワーキンググループは，情報セキュリティ対策に関する実作業を行う，専門知識や経験を持つ人からなる実働組織である．アドバイザは，経験豊富な専門家として，最高情報セキュリティ責任者が迅速に判断できるよう助言する役割を担う．

9.4 節では，情報セキュリティポリシーの策定に関する説明を行った．情報セキュリティポリシーは，"情報セキュリティ基本方針"，"情報セキュリティ対策基準"，"情報セキュリティ実施手順" の 3 階層構成となっている．基本方針（ポリシー）は，情報セキュリティに取り組む上での目標や経営層の姿勢などの宣言である．対策基準（スタンダード）は，守るべき規定を具体的に記述するとともに，適用範囲や対象者を明確にするものである．実施手順（プロシージャ）は，詳細な手順が記載された，マニュアル的な文書である．情報セキュリティポリシーの策定は，一般的には，(1) 基本方針の作成，(2) 情報資産の洗い出しと分類，(3) リスク分析，(4) 管理策の選定と対策基準の策定，(5) 対策基準の明文化と周知徹底，(6) 実施手順の策定 のように進めて行く．

9.5 節では，技術的な情報セキュリティ対策の基本について学んだ．情報セキュリティ対策における基本機能は，(1) 主体認証，(2) アクセス制御，(3) 権限管理，(4) 証跡管理，(5) 暗号化とデジタル署名，(6) 鍵管理である．情報セキュリティ対策で特に考慮すべき脅威には，セキュリティホール，不正プログラム，サービス不能攻撃などがある．

9.6 節では，情報セキュリティ対策の導入と運用について解説した．情報セキュリティ対策の導入にあたっては，情報セキュリティポリシーの周知と教育による徹底が重要である．また，組織構成員に加えて外部委託先に対しても，雇用や契約の開始時・実施期間中・終了時の管理

を漏れ無く行うことが大切である．さらに，インシデントが発生する前に，インシデント対応の準備を行っておくことも必要である．緊急時対応計画には様々なものがあり，その整合性の確保や，共通化による効率化などといった課題がある．また，インシデント発生時の対応においては，危機的な状況を回避しつつ，原因の究明と証拠保全を行うことが重要である．情報システムの導入にあたり，情報システムを設定して運用を開始する際の技術的対策の基本は，多層防御と最小権限である．

9.7 節では，情報セキュリティ状況の監視と侵入検知の説明を行った．セキュリティ監視の目的は，情報システムに対する不正な行為や機密情報への不正アクセスを見つけ出し，さらには，それらを促す，情報システムに存在するセキュリティ上の問題点を明らかにすることである．脆弱性検査は，情報システムに存在するセキュリティ上の問題点（脆弱性）を明らかにする作業である．また，侵入検知は，不正アクセスなどの異常な動作を発見する作業である．

9.8 節では，情報セキュリティ対策の評価について述べた．情報セキュリティ対策評価の主な目的は，情報セキュリティ対策の有効性と実施状況の確認や，外部向け説明材料の獲得，委託先や子会社の対策状況確認，製品購入時の実装状況確認などを行うことである．情報セキュリティ対策実施状況の評価を行う方法には，自己点検や情報セキュリティ対策ベンチマーク，情報セキュリティ監査，ISMS 適合性評価などがある．製品調達における代表的なセキュリティ評価制度として，"IT セキュリティ評価及び認証制度" と "暗号モジュール試験及び認証制度" とがある．適合性評価を行うには，購入者が自ら確認する方法以外に，自己適合宣言や適合性評価機関の認証がある．

9.9 節では，情報セキュリティ対策の見直しと改善について解説した．見直しを行う契機には，PDCA サイクルにおける定期的なものと，環境の変化や事故の発生に起因するものとがある．見直しと改善を含む評価のプロセスを年間の業務サイクルにあらかじめ組み込んでおけば，定期的な見直しが自然な形で実施されることになる．情報・意見の収集を充分に行った上で，課題や不満などを分析し，リスクが増大しない範囲での改善策をルールに反映する．それから，法律・条令等の変更，組織や業務の変更，新たな脅威の出現などといった環境変化の発生に伴って，情報セキュリティ対策の見直しを行う必要が生じる場合もある．こうした環境変化があった場合には，新たな環境や状況に適合させるように情報セキュリティ対策の見直しを行う．見直しの際には，関係する規定との間に乖離が生じないことや，管理規定や管理体制との整合性などに留意する必要がある．また，インシデントが起こった場合には，ポリシー違反／ルール違反が発生した原因を調査し，再発防止策を検討するために，見直しを行う．そして，原因となったルールや手順変更，情報システムの設定の修正を行う．

9.10 節では，9 章で解説した内容の要点をまとめた．次々と発生するセキュリティインシデントや新たなリスクに対して，もぐらたたきのように，一時的，局所的な手当を行っているだけでは，根本的な解決が望めない．また，ツギハギだらけの対策では，後々，全体に大きな影響が及ぶ事態を招くようなことにもなりかねない．情報セキュリティマネジメントの章では，全体を見通した，漏れの無い対策を，組織的に行うための取り組みを学んだ．安全に情報を活用できる環境を実現するには，ここで学んだ考え方や対策を踏まえ，各自が関わる現在の，そし

て，将来の組織におけるインシデント発生リスクの抑制に，一人ひとりが積極的に取り組んで行くことが必要なのである．

演習問題

設問1 情報セキュリティマネジメントとは何かを，30字程度で説明せよ．

設問2 情報セキュリティ組織・体制で重要となるポイントを3つ挙げよ．

設問3 情報セキュリティポリシーの3階層を構成する一般的な3要素とは何か？　また，その各々について簡単に説明せよ．

設問4 情報セキュリティ対策における基本的な技術機能を4つ挙げよ．さらに，その各々について，1文程度で説明せよ．

設問5 情報システムの導入に際し，セキュリティ対策の観点から重要な事項を2つ挙げて，その利点を各々1文程度で説明せよ．

設問6 セキュリティ監視を行う上で，最も重要な2つの取り組みは何か？　名称を挙げるとともに，その実施内容を1文程度で述べよ．

設問7 自組織の情報セキュリティ対策状況の評価を行う上で代表的な方法の名称を4つ挙げ，各々の概要を1文程度で説明せよ．

設問8 情報セキュリティ対策を見直す契機を3つ挙げよ．さらに，各々がどのような見直しであるのかを，1文程度で簡単に説明せよ．

参考文献

[1] 中尾康二，平野芳行，水本政宏，吉田健一郎：『情報セキュリティマネジメントガイド』，日本規格協会 (2002).

[2] 情報処理推進機構：『情報セキュリティ読本』，実教出版 (2013).

[3] 情報処理推進機構：『情報セキュリティ 10 大脅威 2015』，
http://www.ipa.go.jp/security/vuln/10threats2015.html .

[4] 情報処理推進機構：『情報セキュリティマネジメント試験』，
https://www.jitec.ipa.go.jp/sg/index.html .

[5] 内閣官房サイバーセキュリティセンター：『政府機関情報セキュリティ対策のための統一基準解説書』，
http://www.nisc.go.jp/active/general/kijun01.html .

[6] 情報処理推進機構：『OECD 情報セキュリティガイドライン見直しに関する調査』，
http://www.ipa.go.jp/security/fy14/reports/oecd/guideline.html .

[7] 日本規格協会：『情報セキュリティマネジメントの国際規格』，日本規格協会 (2003).

[8] 情報技術 - 情報セキュリティマネジメントの実践のための規範，JIS Q 27002:2006.
http://www.nisc.go.jp/active/general/kijun01.html .

[9] 情報処理推進機構：『情報セキュリティ教本』，実教出版 (2011).

[10] 日本ネットワークセキュリティ協会：『情報セキュリティプロフェッショナル教科書』，ASCII (2009).

[11] 日本ネットワークセキュリティ協会：『情報セキュリティポリシー・サンプル解説書』，
http://www.jnsa.org/policy/guidance/ .

[12] Guidelines for the management if IT Security, ISO/IEC TR 13335:1997.

[13] Risk Management Guide for Information Technology Systems, NIST SP 800-30.

[14] リスクマネジメント - 用語 - 規格において使用するための指針，JIS TR Q 008:2003.

[15] 情報処理推進機構：『「安全な暗号鍵のライフサイクルマネージメントに関する調査」に関する報告書』，
http://www.ipa.go.jp/security/fy19/reports/Key_Management/ .

[16] 日本ネットワークセキュリティ協会："2009 年インシデントに関する調査報告書第 1.1 版"，
http://www.jnsa.org/result/incident/data/2009incident_survey_v1.1.pdf .

[17] 情報処理推進機構："情報処理対策ベンチマーク"，
http://www.ipa.go.jp/security/benchmark/ .

[18] 情報処理推進機構："IT セキュリティ評価及び認証制度"
https://www.ipa.go.jp/security/jisec/ .

[19] 情報処理推進機構："暗号モジュール試験及び認証制度"
https://www.ipa.go.jp/security/jcmvp/ .

第10章
プライバシーの保護と情報セキュリティの確保

□ 学習のポイント

　情報技術に対してセキュリティを確保するという考え方が国際的な規範として登場したのは1980年である．当時は個人データを保護する手段としてセキュリティが考えられていた．そして，個人データという概念はプライバシーという多義的な概念に代えてプライバシーを実質的に保護する手段として考えられていた．その後，セキュリティに対する考え方が発展し，今日ではセキュリティ対策はセキュリティが損傷されることに対するリスク対策になっている．

- プライバシーの保護とセキュリティの確保が異なることを理解する．
- データ管理者の重要性を理解する．
- OECDが情報セキュリティの確保について指導的役割を果たしていることを理解する．
- 情報セキュリティについて，国境を越えた法執行体制が重要であることを理解する．
- デジタルセキュリティリスクマネジメントを理解する．

□ キーワード

　プライバシー権，個人情報，個人データ，OECDガイドライン，個人データの保護に関するOECD8原則，安全保護の原則，データ管理者，可用性，機密性，完全性，セキュリティ文化，プライバシーマネジメント計画，プライバシー法執行協力，国家プライバシー戦略，デジタルセキュリティリスクマネジメント，国家戦略

10.1　プライバシーの保護と情報セキュリティの確保とは

　本章では情報セキュリティについて法的な観点から解説する．日本の法律には情報セキュリティという概念が規定されていないが，民事法上も刑事法上も情報セキュリティが侵害された場合にはある程度対応できるようになっている．しかし，この章では日本の情報セキュリティ政策に大きな影響を与えているOECD（経済協力開発機構）の情報セキュリティに対するガイドラインを中心に解説する．日本はOECD加盟国としてOECDのガイドラインを国内法によって遵守する国際法上の倫理的義務を負っている．世界の主要な経済先進国の情報セキュリティはOECDのガイドラインに基づいて管理されている．

OECD の情報セキュリティ政策は個人データを保護する手段として始まった．また，個人データの保護はプライバシーを保護する手段であった．したがって，今日まで個人データの保護，プライバシーの保護と情報セキュリティの確保は密接に関連しているが，これらの関係が明確に理解されているとはいえない状況がある．本章では，まずプライバシー権の誕生とその後の展開を時系列に沿って説明する．プライバシーを保護するために個人データを保護し，個人データを保護する手段としてセキュリティが原則化されるまでに，アメリカと日本でプライバシー権がどのように発展したかが明らかにされる．このような議論により，セキュリティという概念が個人データを保護する手段として 1980 年に OECD のガイドラインに登場した背景を理解することが可能になる．その後，OECD はセキュリティの向上を目的としたガイドラインなどを出すようになるが，本章では OECD のセキュリティ政策を時系列に沿って説明する．時系列に沿って説明するのは，情報セキュリティがその概念も目標も守り方も情報技術の進歩がもたらす社会状況に応じて変化してきたからである．

10.2 プライバシー権の起源と発達

10.2.1 マスメディア・プライバシー

(1) アメリカにおけるプライバシー権

プライバシー権はアメリカ合衆国で誕生した権利である．1890 年に 2 人の弁護士，サミュエル・D・ウォーレン (Samuel D. Warren) とルイス・ブランダイス (Louis Brandeis；後年，最高裁判所裁判官になった) が共同でハーバードロースクールの法律雑誌 Harvard Law Review に掲載した「プライバシーへの権利 (Right to Privacy)」という論文でプライバシー権が提唱された．この論文はアメリカの法曹会に大きな影響を与え，「プライバシーへの権利」は 20 世紀の前半にアメリカの州法レベルで法的権利として発展し，1960 年代にはプライバシー権 (right of privacy) という名称が学説上も確立した．

ウォーレンとブランダイスが提唱したプライバシー権は「一人で放っておいてもらう権利 (right to be let alone)」という定義で表現された．この権利は新聞や雑誌に私事を無断で掲載されて精神的に苦痛を受けることに対する救済として提唱された．19 世紀の後半は写真技術と印刷技術が急速に発達して，新聞や雑誌を大量に印刷することが可能になった時代で，プライバシー権の提唱は当時の新技術がもたらした新しい形態の人権侵害に対応するためのものだった．当時，日本の民法に相当するコモン・ロー (common law) 上の不法行為に対して損害賠償を求めようとすると，生命への侵害，身体への侵害，財産への侵害，又は名誉毀損のどれかが発生している必要があった．名誉毀損は社会的な評価が客観的に下がることをいうので，新聞や雑誌の報道により社会的評価は下がらなかったが精神的に苦痛を受けた場合には，プライバシー権という新しい権利を承認しなければ法的救済の余地がなかった．

ウォーレンとブランダイスが提唱したプライバシー権は 20 世紀の前半にアメリカの各州の裁判所によって採用され判例法として展開されることになった．これらの判例を学説として整

理したのがウィリアム・L・プロッサー (William L. Prosser) だった．プロッサーは 1960 年
にカリフォルニア大学の法律雑誌 California Law Review に掲載した論文で，原告のプライバ
シー権を侵害したと裁判所が認定した被告の行為を次の 4 つに類型化した．

(1) 原告の隠遁若しくは孤独又は私事 (private affairs) への侵入．
(2) 原告を困惑させるような私的真実 (private facts) を公衆に暴露すること．
(3) 原告を誤った見方 (false light) の中で公衆の目に曝すこと．
(4) 原告の氏名又は原告を特定できるものを被告の便宜のために無断で利用すること．

　具体的にどのような行為がこれらの類型に該当するのかを例示する．(1) は，かつて有名だっ
た人物が引退などの事情であまり人に知られずひっそり暮らしている場合や，それほど有名で
ない人であっても私的に平穏に暮らしている場合に，無断撮影などの手段で現在の状況を報道
する行為などが該当する．(2) は，本人が他人に知られたくない私生活を暴露する行為や報道
する行為が該当する．(3) は，他人に誤解を与える報道をする行為が該当する．(4) は，他人の
肖像や音声などを使って商業上の行為をする場合で，有名人の写真を使って勝手に広告を作る
行為などが該当する．(4) は肖像権をプライバシー権として認めたものであるが，芸能人やス
ポーツ選手などの有名人の写真を無断利用する行為は現在ではパブリシティの権利という知的
財産権の 1 つによって禁止されている．
　ウォーレンとブランダイスが提唱したプライバシー権は新聞や雑誌などの出版に伴うプライ
バシー侵害に対して権利救済の機会を与えるものであったが，彼らの権利概念は 20 世紀に発達
した放送によるプライバシー侵害にも権利救済の機会を与えることが可能である．「一人で放っ
ておいてもらう権利」はマスメディアの発達に対応して生まれたプライバシー権の定義である．

(2) 「宴のあと」判決

　アメリカのプライバシー権は我が国に大きな影響を与えた．我が国で判例集に残る最初のプ
ライバシー権に関する判決は「宴のあと」判決である．この判決のプライバシー観にはプロッ
サーの影響が見られる．この判決は三島由紀夫が実在の人物をモデルにして執筆した小説「宴
のあと」に関する 1964（昭和 39）年 9 月 28 日の東京地方裁判所の判決である．この訴訟では
モデルにされた人物が三島由紀夫と新潮社に対して慰謝料と新聞への謝罪広告の掲載を請求し
たが，判決は慰謝料だけを認めた．
　この判決は「プライバシー権は私生活をみだりに公開されないという法的保障ないし権利と
して理解される」と判断してプライバシー権を承認した．この事件は私人間でプライバシー侵
害が生じたかどうかが問題になった事例で私法上の問題であるが，判決はプライバシー権の根
拠を「近代法の根本理念の一つであり，また日本国憲法のよって立つところでもある個人の尊
厳という思想」に求めた．
　そして，プライバシー侵害を救済する基準を次のように示した．
　「プライバシーの侵害に対し法的な救済が与えられるためには，公開された内容が (イ) 私生
活上の事実または私生活上の事実らしく受け取られるおそれのあることがらであること，(ロ)

一般人の感受性を基準にして当該私人の立場に立った場合公開を欲しないであろうと認められることがらであること，換言すれば一般人の感覚を基準として公開されることによって心理的な負担，不安を覚えるであろうと認められることがらであること，(ハ) 一般の人々に未だ知られていないことがらであることを必要とし，このような公開によって当該私人が実際に不快，不安の念を覚えたことを必要とする」

この（イ）（ロ）（ハ）はプライバシー権の侵害があったかどうかを判断するための三要件として有名で，現在でも日本の地方裁判所や高等裁判所がプライバシーに関する事件にこの基準を適用している．最高裁判所がプライバシー侵害を認める判決を出すときがあるが，最高裁判所はプライバシー権の概念と成立要件について判断を避ける傾向がある．

10.2.2 コンピュータ・プライバシー

プロッサーの4類型が登場したのが1960年であるが，1960年代は大型コンピュータが会社や役所に普及し始めた時代である．当時はパソコンがなく，大型コンピュータといっても現在のパソコンより性能が劣るような時代であった．しかし，コンピュータに個人情報が本人の知らないうちに大量に登録されて利用されるようになった．これは個人情報をデータベース化して利用するという現在ではごく普通に行われている業務実態の登場であるが，当時はデータバンク社会が登場したとして，プライバシーの新しい侵害形態に対して警告が発せられるようになった．その代表的な論客はアメリカのアーサー・ミラー (Arthur Miller) で，1972年の著書 The Assault on Privacy は日本にも大きな影響を与えた．また，アラン・ウェスティン (Alan Westin) が1967年に出版した Privacy and Freedom も日本のプライバシー権理論に大きな影響を与えた．

コンピュータを使った新しいタイプのプライバシー侵害にはマスメディアによるプライバシー侵害にはない特徴があった．それはプライバシー侵害が本人にも誰にもわからないという特徴である．確かに，個人情報のデータベース化とデータベース化された個人情報の利用は本人の同意をとらなければ，誰にもわからない．しかも，データベース化された個人情報は人間の記憶と違って消えることがなく，放っておけばデータベースに蓄積される個人情報の量がどこまでも増え続け，蓄積される個人情報の種類が増えるにつれ，個人情報を利用する用途が拡大して多様化する．個人情報の収集と利用に一定の歯止めをかけなければプライバシーが侵害されるという考え方が登場するのは当然であった．ウォーレンとブランダイスが提唱したプライバシー権概念は情報という観点から再定義される必要が発生した．

コンピュータを利用したプライバシー侵害に対応するために生まれたプライバシー権概念は一般に「自己に関する情報の流れをコントロールする権利」という定義で用いられている．この定義はウォーレンとブランダイスの定義を否定したわけではないが，プライバシー権の定義としてはこちらが使われるのが普通で，通説になっている．このように定義されるプライバシー権は情報プライバシー権とも情報コントロール権とも呼ばれている．この定義を採用した地方裁判所や高等裁判所の判決例も存在する．個人情報を収集して利用している官公庁や金融機関，医療機関，情報通信機関，その他の様々な事業者または個人に対して，本人がこの権利を行使

することが想定されている．この定義の「コントロールする権利」には当初，自分自身の個人情報を閲覧する権利と自分自身の個人情報の誤りを訂正する権利が含まれていると考えられていたが，今日では自分自身の個人情報を収集・利用することに対して同意するかまたは同意を拒否する権利，自分自身の個人情報の利用停止を求める権利も含まれると考えられている．

　プライバシー権には，「一人で放っておいてもらう権利」と「自己に関する情報の流れをコントロールする権利」という2つの異なる概念が存在する．両者の関係に関する学説上の議論はほとんどなく両者が併存しながら，後者が通説になっているのが日本の現状である．アメリカでは私法上の権利として展開されたプライバシー権だが日本では憲法上の権利として展開され，アメリカで憲法上のプライバシー権といえば堕胎する権利で大統領選挙ではいつも争点になる．アメリカでのプライバシー権に関する議論は，日本のように情報に限定して議論されることがなく，特に最高裁判所判決では個人の自律性に着目して議論される点が日本と大きく異なっている．アメリカとは随分異なった発展を遂げた日本のプライバシー権概念は個人情報の保護に関する国民の意識を高める役割を果たしてきた．

10.2.3　ネットワーク・プライバシー

　1980年代になると，パソコンが役所や会社に普及して，やがて家庭でもパソコンを使うようになってきた．また，1980年代の半ば以降，インターネットが急速に普及し始めた．1990年代になるとノート型のパソコンが普及して，パソコンによるインターネットの利用に拍車がかかった．このようにして，パソコンをインターネットに接続して仕事や勉強をするという生活スタイルが確立した．私生活では，ネットサーフィンを楽しむだけでなく，Webページにアクセスして商品やサービスを購入したり，予約したり，官公庁へオンライン申請をすることが可能になっている．企業間取引や企業と個人の取引も電子メールやWebページを介して行われる比率が高くなっている．また，携帯電話やスマートフォンなどがパソコン並みの機能をもつようになった．

　コンピュータがネットワークに接続されて発生した新たなプライバシー問題は不正アクセスによるプライバシー侵害である．メールの盗聴や改ざん，コンピュータに蓄積されている個人情報や情報資産に対する情報窃盗などの形式で新たなプライバシー侵害が発生している．これは大変重大な問題であるが，いずれも不正アクセスというセキュリティ侵害に伴ってプライバシー侵害が発生している．ネットワーク・プライバシーの問題は基本的にコンピュータ・プライバシーの問題として対処することが可能であるが，プライバシー侵害とセキュリティ侵害は概念上区別して考えられるべき問題である．通説である情報プライバシー権の概念はネット上のコンピュータへの攻撃をすべてプライバシー侵害にすることができるわけではない．ここにはプライバシー権に関する日本の議論が情報という観点に偏りすぎてきた弊害が現れている．

10.3 プライバシーを保護するための国際的な取り組み

　プライバシーを保護するための国際的な取り組みは OECD（経済協力開発機構）を中心に行われてきた．OECD の最高機関である閣僚理事会は年 1 回開催され，G7 参加国がすべて参加し，日本からは経済産業大臣，外務大臣，経済財政担当大臣が出席している．OECD の理事会は 1980 年 9 月 23 日に「プライバシー保護と個人データの国際流通についてのガイドラインに関する理事会勧告」(Recommendation of the Council concerning Guidelines Governing the Protection of Privacy and Transborder Flows of Personal Data) を採択した．この勧告の附属文書 (Annex) が定めるガイドラインのなかで，OECD は八つの原則を OECD 加盟国がミニマム・スタンダードとして国内法化することを勧告している．公的部門にも民間部門にもこのガイドラインが適用されることが勧告されている．日本は公的部門について 1988（昭和 63）年に「行政機関の保有する電子計算機処理に係る個人情報の保護に関する法律」を制定して対応したが，民間部門については 2003（平成 15）年の「個人情報の保護に関する法律」の制定まで法的な対応をしないで行政指導で済ませてきた．この法律は個人情報取扱事業者に個人情報の取扱について義務を課しているが，この義務には OECD 8 原則の考え方が反映している．

　次に，OECD 8 原則（以下，8 原則）を総務省の HP に掲載されている翻訳で紹介する．
「1. 収集制限の原則

　個人データの収集には，制限を設けるべきであり，いかなる個人データも，適法かつ公正な手段によって，かつ適当な場合には，データ主体に知らしめ又は同意を得た上で，収集されるべきである．

2. データ内容の原則

　個人データは，その利用目的に沿ったものであるべきであり，かつ利用目的に必要な範囲内で正確，完全であり最新なものに保たなければならない．

3. 目的明確化の原則

　個人データの収集目的は，収集時よりも遅くない時点において明確化されなければならず，その後のデータの利用は，当該収集目的の達成又は当該収集目的に矛盾しないでかつ，目的の変更毎に明確化された他の目的の達成に限定されるべきである．

4. 利用制限の原則

　個人データは，第 9 条（目的明確化の原則）により明確化された目的以外の目的のために開示利用その他の使用に供されるべきではないが，次の場合はこの限りではない．
(a) データ主体の同意がある場合，又は，(b) 法律の規定による場合

5. 安全保護の原則

　個人データは，その紛失もしくは不当なアクセス・破壊・使用・修正・開示等の危険に対し，合理的な安全保護措置により保護されなければならない．

6. 公開の原則

　個人データに係る開発，運用及び政策については，一般的な公開の政策が取られなければな

らない.

　個人データの存在，性質及びその主要な利用目的とともにデータ管理者の識別，通常の住所をはっきりさせるための手段が容易に利用できなければならない.

7. 個人参加の原則

　個人は次の権利を有する.

(a) データ管理者が自己に関するデータを有しているか否かについて，データ管理者又はその他の者から確認を得ること.

(b) 自己に関するデータを，i) 合理的な期間に，ii) もし必要なら，過度にならない費用で，iii) 合理的な方法で，かつ，iv) 自己にわかりやすい形で自己に知らしめられること.

(c) 上記 (a) 及び (b) の要求が拒否された場合には，その理由が与えられること及びそのような拒否に対して異議を申立てることができること.

(d) 自己に関するデータに対して異議を申立てることができること及びその異議が認められた場合には，そのデータを消去，修正，完全化，補正させること.

8. 責任の原則

　データ管理者は，上記の諸原則を実施するための措置に従う責任を有する.」

〈http://www.soumu.go.jp/main_sosiki/gyoukan/kanri/oecd8198009.html〉（参照 2017 年 7 月 21 日）

　OECD は 2013 年に 1980 年の個人データ保護ガイドラインの改訂版を発表した．改訂の詳細は後述するが，この 8 原則は重要性が指摘され内容を変えることなく基本原則として採用された．ただ，文字の変更があり，「個人参加の原則 (Individual Participation Principle)」の本文について，主語の An individual が Individuals に変更され，これを受ける代名詞が him から them に変更された．次に 8 原則の特徴を説明する.

　ガイドラインの名称にはプライバシーという概念が使われているが，8 原則にはプライバシーという概念が使われていない．個人データ (personal data) を保護することによってプライバシーを保護するというのが 8 原則の考え方である．OECD がこのようなアプローチを採用したのは，プライバシーという概念が曖昧で具体的な定義が大変難しいためである．日本の個人情報保護法に相当する EU 諸国の法律はデータ保護法である．法律の名称から日本と EU が異なるものを保護している印象を受けるが，OECD 条約により日本と EU には OECD の勧告を実施するという倫理的義務があるので法運用の結果はほとんど違わない．ちなみに，OECD のガイドラインは 1980 年にも 2013 年にも「個人データ」を「識別された (identified) 又は識別可能な (identifiable) 個人（データ主体）に関係するすべての情報」と定義している.

　8 原則はデータ管理者 (data controller) のデータ管理義務を定めたものである．データ管理者は個人データの収集や利用などについて決定する権限をもつ者なので，データ管理者がこの原則に従った個人データの管理をすればプライバシーの侵害が起こらないという思想が背景にある．日本の「個人情報の保護に関する法律」が規定する個人情報取扱事業者は 8 原則のデータ管理者に該当する．したがって，8 原則はプライバシー保護を目的としているが，8 原則そのものは権利規定ではなくデータ管理者のデータ管理方法に関する義務規定である．個人データの

208 ◆ 第 10 章 プライバシーの保護と情報セキュリティの確保

本人のプライバシーを保護するために，本人のプライバシー権を直接保護するのではなく，データ管理者のデータ管理方法を義務として規定するという発想は，本人が自分自身の個人データを自ら管理できなくなった社会状況を反映している．この本人という用語は，「個人情報の保護に関する法律」でも使われているが，「収集制限の原則」や「利用制限の原則」にでてくるデータ主体は本人を意味する．データ主体という訳語は定着しており，データ主体は data subject の翻訳であるが，OECD のもう 1 つの公用語であるフランス語では la personne concernée と表記されている．la personne concernée は直訳すると「関係する人」又は「関係のある人」になる．subject を主体と訳すと subject からデータの帰属先というニュアンスが欠落するように思われる．

　ところで，8 原則にプライバシー権に関する規定がまったくないわけではない．個人参加の原則はデータ管理者がデータ主体に対して自己情報の閲覧権と訂正権を保障することを求めている．また，収集制限の原則がデータ管理者に対して「適当な場合には」データ主体の同意を得ることを求めているのは，データ主体の同意権を尊重しているからである．この閲覧権，訂正権，同意権は，日本ではプライバシー権の学説に影響を与え，通説的定義である「自己に関する情報の流れをコントロールする権利」の「コントロールする権利」の内容として説明されている．

　安全保護の原則は英文では Security Safeguards Principle と表記されており，本来は「セキュリティ保障の原則」と翻訳されるべきものであったが，1980 年当時はセキュリティという日本語が存在しなかった．OECD はこの規定についてセキュリティを保障した最初の規定だと位置付けているが，プライバシーの保護とセキュリティの確保は異なる概念なので，セキュリティの確保については後の項目で詳細に説明する．

　8 原則の有効性には限界がある．8 原則は経済取引における個人データの管理には大変有効であるが，放送，通信，新聞，出版などのジャーナリズム，学術研究，特に医学，歴史学，統計学などの研究，宗教活動，政治活動に 8 原則を適用しようとすると，憲法が保障する表現の自由，信教の自由，学問の自由を侵害するおそれがある．そのため，EU 法は 8 原則の適用について適用除外規定に詳細な例外事由を定め，EU 加盟国もそれにならっているが，日本の「個人情報の保護に関する法律」の適用除外規定にはそのような配慮があまりない．

10.4 日本におけるプライバシー権の法制度上の根拠と法的救済

　OECD 8 原則はプライバシー権を規定したものではないが個人データを保護する規定なので，日本ではプライバシー権との関わりで理解されてきた．日本におけるプライバシー権の概念や代表的な判例は紹介したので，ここではプライバシー権の根拠と救済に関する法制度の紹介をする．

　日本ではプライバシー権の法的根拠を日本国憲法 13 条が定める「生命，自由及び幸福追求に対する国民の権利」に求める議論が先行してきた．この権利は一般に幸福追求権と呼ばれていて，幸福追求権にプライバシー権が含まれると一般に考えられている．憲法は国家と国民の関

係を規定しているので，上記の「宴のあと」判決のように私人間のプライバシー侵害において
は民法が適用される．プライバシー権が憲法上の権利であれば，プライバシー権が民法を通し
て私人間に間接適用される．「宴のあと」判決以来，プライバシー権の法的性質は人格権であ
ると考えられている．人格権は，個人の一身に専属する権利で，契約によって制限したり他人
に譲渡したりすることができず，本人の死亡によって相続されることのない権利である．

　実際にプライバシーが侵害された場合，憲法を直接の根拠にして救済を求めることはできな
い．国や公共団体の行為によってプライバシーが侵害されたときは国家賠償法1条が適用され
る．「宴のあと」判決は私人間の問題なので民法709条が適用されている．

　不法行為による損害賠償責任を定める民法709条は「故意又は過失によって他人の権利又は
法律上保護される利益を侵害した者は，これによって生じた損害を賠償する責任を負う」と規
定している．憲法13条はプライバシー権がこの規定の「他人の権利」に該当することの根拠に
なり，プライバシー権の侵害はこの規定に定める侵害行為に該当するので不法行為になる．プ
ライバシー侵害が，権利侵害とはいえない程度のものであっても，「法律上保護される利益」と
いえる程度に達していたら，この侵害行為も不法行為である．民法709条は不法行為を行った
者に損害賠償責任を負わせている．民法709条の不法行為に基づく損害賠償請求の対象には財
産上の損害だけでなくプライバシー侵害に伴う精神的苦痛も含まれているが，財産以外の損害
についても損害賠償請求権が及ぶことを「身体，自由若しくは名誉」を例示して民法710条が
念のために規定している．民法による損害賠償請求には，他に415条の定める債務不履行によ
る損害賠償請求があるが，プライバシー侵害に対する慰謝料の請求は709条によって行われて
いる．

　謝罪広告の請求も不法行為の被害者に与えられた民法上の権利である．民法723条は名誉毀
損の被害者の請求に基づいて裁判所が加害者に「名誉を回復するのに適当な処分」を命令でき
ることを定めている．この規定に基づいて，名誉毀損に対して謝罪広告が行われてきた．名誉
毀損の被害者は民法709条によって慰謝料だけを請求してもよいし，民法723条によって謝罪
広告だけを請求してもよいし，両方を請求してもよい．プライバシー侵害に対して民法723条
の準用が可能だと考えられているが，プライバシー侵害の事例によっては，謝罪広告の掲載が
かえってプライバシーを侵害する結果になりかねない．

　民法には不法行為による名誉毀損の救済が明文で規定されているが，プライバシー侵害の救
済は明文化されていない．そこで，実際には民法が定める名誉毀損の規定をプライバシー侵害
に適用して救済がはかられている．しかし，刑法230条が名誉毀損を規定しているにもかかわ
らず，プライバシー侵害が刑法上の事件になることはない．刑法の場合，人権保障の観点から
犯罪になる行為とならない行為を厳格に規定する罪刑法定主義の要請があり，プライバシー侵
害に対する刑事責任が明確に規定されていない以上，プライバシー侵害が刑事事件になること
はない．

　日本において個人データの保護がプライバシー権とどのような関係になり，個人データの侵害
に対してどのような救済が行われるのかを説明した．次に，個人データの保護がセキュリティ
の確保とどのような関係にあるのかを説明する．

210 ◆ 第 10 章　プライバシーの保護と情報セキュリティの確保

10.5 情報セキュリティの確保

　情報セキュリティの確保はコンピュータがネットに接続されて用いられる前からの課題であった．この課題が本格的に意識されるようになったのはインターネットの普及後である．情報セキュリティの問題がインターネットの問題と切り離せない以上，情報セキュリティの確保に国際的な協力が不可欠であることは当然である．個人データ保護の問題と同様に，情報セキュリティの問題にも OECD のガイドラインが国際的に大きな影響を与えており，OECD 加盟国は OECD の情報セキュリティ政策を国内法化する倫理的義務を負っている．情報セキュリティという概念は情報技術の発展に伴って変化し発展を遂げているので，情報セキュリティ概念がどのような発展を遂げて現在に至っているかを OECD の政策を中心に紹介する．日本政府の情報セキュリティ政策は，個人データ保護の場合と同様に，基本的には OECD の勧告を具体化したものなので，OECD のガイドラインを理解しておけば，情報セキュリティに関する日本の法制度や自主規制が理解しやすくなる．また，OECD のガイドラインは ISO や JIS の情報セキュリティに関する規格に大きな影響を与えてきた．これから説明する情報セキュリティに関する OECD のガイドラインなどを年代順に表 10.1 に示したのでご覧いただきたい．

10.5.1　1980 年 9 月の OECD ガイドライン

　1980 年 9 月に OECD 理事会は先に紹介した「プライバシーの保護と個人データの国境を越える流通の保護についてのガイドライン」を採択した．このガイドラインは個人データの保護を目的としたものだったが，このガイドラインに規定された 8 原則のうち「安全保護の原則」(Security Safeguards Principle) は OECD が出した最初の情報セキュリティに関する保護規定である．先の総務省訳を改めて掲載する．

　「個人データは，その紛失もしくは不当なアクセス・破壊・使用・修正・開示等の危険に対し，合理的な安全保護措置により保護されなければならない.」

　この規定の「安全保護の原則」という日本語タイトルは Security Safeguards Principle の翻訳である．本章では章のタイトルに情報セキュリティという日本でよく使われている用語を便宜的に用いているが，厳密には情報セキュリティという用語は不正確で，1980 年の段階では単にセキュリティと表現するのが正確である．原則の内容に着目すると，この段階ではセキュリティによって保護されるべき対象は個人データである．「危険」という訳語の原語は risks と表記されており，現在では一般にリスクと訳されている．つまり，セキュリティはリスクに対する対抗概念である．最近のセキュリティ対策はセキュリティそのものよりもリスクへの対策が中心になっているが，そうなる必然性が「安全保護の原則」には規定されている．また，「合理的な (reasonable)」という形容詞の意味も日本のセキュリティ政策に十分生かされていない傾向があるので，意味をよく汲んでおきたい．「合理的な安全保護措置」の原語は reasonable security safeguards である．つまり，この規定は確保されるべきセキュリティのレベルが合理的であることを求めていて，厳格で完璧なセキュリティの確保を求めているのではない．日本

表 10.1 OECD セキュリティ政策の主な動向.

発表年	情報セキュリティに対する OECD の勧告など	意義	日本への主な影響
1980 年	プライバシー保護と個人データの国際流通についてのガイドラインに関する理事会勧告	個人データと情報セキュリティに対する最初のグローバルな規制. 8 原則中の「安全保護の原則」で個人データのセキュリティを保障.	行政機関個人情報保護法の制定 (1987 年). プライバシーマーク制度の創設 (JIS Q 15001) (1998 年). 個人情報保護法の制定 (2003 年).
1986 年	コンピュータ関連犯罪:立法政策の分析	日本の刑法にコンピュータ関連犯罪が規定されるきっかけになった.	刑法にコンピュータ関連犯罪を規定 (1987 年). 不正アクセス禁止法を制定 (1999 年).
1992 年	情報システムのセキュリティについてのガイドラインに関する理事会勧告	原則の焦点を,個人データから,情報システムのセキュリティに拡大. 可用性,機密性,完全性の概念を確立.	通商産業省,情報システム安全対策基準を制定 (1995 年).
1997 年	暗号政策についてのガイドラインに関する理事会勧告	ネットワーク上の取引の安全を確保するための初の世界共通政策.	電子署名及び認証業務に関する法律を制定 (2000 年).
2002 年	情報システムとネットワークのセキュリティについてのガイドラインに関する理事会勧告	情報セキュリティを文化として理解. ネットワークの参加者全員が情報セキュリティに責任を負うこと, 情報セキュリティのリスクに対するマネジメントを原則化.	ISMS 適合性評価制度の開始 (2002 年). 第 1 次情報セキュリティ基本計画 (2006 年). 第 2 次情報セキュリティ基本計画 (2009 年).
2007 年	プライバシーを保護する法の執行についての国境を越えた協力に関する理事会勧告	プライバシーとセキュリティについて国家間の相互協力体制を構築.	個人情報保護法の大改正 (2015 年).
2007 年	電子認証に関する理事会勧告 電子認証のためのガイダンス	電子認証のための原則を提唱.	オンライン手続におけるリスク評価及び電子署名・認証ガイドライン (2010 年)
2013 年	プライバシー保護と個人データの国際流通についてのガイドラインに関する理事会勧告	1980 年の勧告を改訂.8 原則は維持.データ管理者の権限を強化. 個人データの保護基準と救済措置の国際的な相互運用性の確保.	個人情報保護法の大改正 (2015 年). 監督機関が独立性を確保 (独立行政委員会).
2015 年	経済的社会的繁栄のためのデジタルセキュリティマネジメントに関する理事会勧告	原則の焦点を,情報システムのセキュリティとネットワークから,デジタル環境に依存する経済的社会的な活動に方向転換. デジタルセキュリティマネジメント対策についての国家戦略を非加盟国にも要求. デジタルセキュリティマネジメント対策についての国際協力と相互支援の国家戦略化.	
2017 年	医療データガバナンスに関する理事会勧告	健康に関する公共政策目的のために,国の内外における医療データの入手可能性と電算処理を飛躍的に促進し,その一方で,プライバシーとセキュリティに対するリスクを最小化して適切に管理する.	

のセキュリティ対策は最近になって合理的なマネジメントの概念が普及し始めたが，このような思考は 1980 年の「安全保護の原則」に規定されていたのである．

10.5.2　1992 年の情報システムのセキュリティについてのガイドライン

OECD は 1992 年 11 月 26 日に「情報システムのセキュリティについてのガイドラインに関する理事会勧告」(Recommendation of the Council concerning Guidelines for the Security of Information Systems) を採択した．この勧告の附属文書に「情報システムのセキュリティについてのガイドライン」が規定されている．情報セキュリティと日本で呼ばれている観念はこのガイドラインによってほぼ確立されている．このガイドラインも民間部門と公的部門に適用されることが想定されている．1980 年の個人データ保護ガイドラインを前提としてこのガイドラインは制定されている．

このガイドラインの名称からわかるように，このガイドラインがセキュリティの対象としているのは情報システムである．1980 年のガイドラインが個人データをセキュリティの対象としていたのに対して，1992 年のガイドラインは情報システムをセキュリティの対象にしている．個人データは情報システムに含まれるものとして規定された．このガイドラインは情報システムの概念を次のように定義している．

「コンピュータ，通信設備，コンピュータの通信ネットワーク，及び，それらによって収集，処理，訂正又は伝送されるデータ及び情報で，その運用，利用，メンテナンスのためのプログラム，仕様，手順が含まれる」

このガイドラインは 2002 年に大改訂されることになるが，この概念は改訂されなかった．また，このガイドラインは「情報システムのセキュリティの目標は情報システムに依存する人々の利益を可用性 (availability)，機密性 (confidentiality)，完全性 (integrity) が破られることに由来する損害から保護することである」と述べている．この記述から，情報システムのセキュリティが availability, confidentiality, integrity によって構成されていると OECD が考えていることがわかる．そして，これらが情報セキュリティの 3 要素として日本では一般に理解されている．1980 年の個人データ保護ガイドラインが規定する「安全保護の原則」が reasonable security safeguards を要求していることを考えると，reasonable は厳格さを求める要件ではないので，secret よりも秘密の程度が低い confidential の名詞形が我が国で一般に機密性と訳されているのは適切でない．また，この段階では，情報セキュリティの目標が情報システムに依存する人々の利益を保護することにあると OECD が考えていることも明らかである．

情報セキュリティの 3 要素と一般に呼ばれているものは広く知られているが，内容についてしばしば意訳されているので，以下に原文からの翻訳を示しておく．

「可用性はデータ，情報，情報システムが適時に必要とされる方法によりアクセス可能で利用可能な特性である」

「機密性はデータと情報が権限のある (authorised) 者，組織，処理に対してのみ権限のある時間に権限のある方法で明らかにされる特性である」

「完全性はデータと情報が正確 (accurate) かつ完全 (complete) で正確性 (accuracy) と完

全性 (completeness) が維持される特性である」

この3つの要素がいわゆる情報資産と呼ばれるものの保護を中心に想定されていることは定義から明らかである．ここに OECD のセキュリティ概念の限界がある．また，これらがネットワークに接続されないコンピュータに含まれる情報資産や紙媒体に記録されている情報資産のセキュリティに対しても要求されるべきものであることも明らかである．ネットワークに固有のセキュリティはここでは想定されていない．

このガイドラインは情報システムのセキュリティを確保するために9つの原則を規定している．① 責任の原則 (Accountability Principle)，② 認識の原則 (Awareness Principle)，③ 倫理の原則 (Ethics Principle)，④ 多面的考慮の原則 (Multidisciplinary Principle)，⑤ 比例の原則 (Proportionality Principle)，⑥ 統合の原則 (Integration Principle)，⑦ 適時性の原則 (Timeliness Principle)，⑧ 再評価の原則 (Reassessment Principle)，⑨ 民主主義の原則 (Democracy Principle)．

これらの原則は 2002 年の大改訂で大幅に再編され，新しい観点が導入されたので，ここでは名称だけの紹介に留めたい．

10.5.3 暗号政策についてのガイドライン

OECD は 1997 年 3 月 27 日に「暗号政策についてのガイドラインに関する理事会勧告」(Recommendation of the Council concerning Guidelines for Cryptography Policy) を採択した．OECD は，1992 年のセキュリティについての勧告をこの年に改訂する予定であったが，改訂しないで，インターネットの普及に対応するために，ネット上の情報流通を安全に行う手段を確保する政策を追加することにした．電子申請などの電子行政手続や電子商取引に対するセキュリティの確保を，OECD はこの勧告の附属文書に規定したガイドラインで実現しようとした．

このガイドラインは8つの原則を規定している．このガイドラインの制定に関与した堀部政男教授の監訳を引用しながら簡単に紹介する．

「原則1　暗号手法に対する信頼

暗号手法は，情報通信システムの利用に対する信頼感を醸成するため，信頼に足るものであるべきである．」

この原則の「暗号手法」(Cryptographic methods) は「暗号の技術，サービス，システム，製品及び鍵管理システム」と定義されている．

「原則2　暗号手法の選択

ユーザは，適用される法に従い，いかなる暗号手法をも選択する権利を持つべきである．」

「原則3　市場主導の暗号手法の開発

暗号手法は，個人，ビジネス及び政府の必要性，需要及び責任に対応して開発されるべきである．」

「原則4　暗号手法に関する諸標準

暗号手法に関する技術的諸標準，諸基準及びプロトコルは，国内及び国際レベルで開発され，

また，公表されるべきである.」

「原則 5　プライバシー及び個人データの保護

通信の秘密及び個人データの保護を含むプライバシーに関する個人の基本的権利は，各国の暗号政策，暗号手法の実施及び利用に当たって尊重されるべきである.」

「原則 6　合法的アクセス

国家の暗号政策は，暗号化されたデータの平文又は暗号鍵への合法的なアクセスを認めることができる．これらの政策は，最大限可能な範囲で，このガイドラインにある他の原則を尊重しなければならない.」

「原則 7　責任

暗号サービスを提供し又は暗号鍵を保持し若しくはアクセスする個人又は主体の責任は，契約又は立法のいずれかによって確立された場合であっても，明確に記述されるべきである.」

「原則 8　国際協力

各国政府は，暗号政策を調整するために協力すべきである．かかる努力の一環として，政府は正当化されない貿易障壁を除去し，又は暗号政策の名の下にそれを創出することを回避すべきである.」

〈http://www.isc.meiji.ac.jp/~sumwel_h/doc/intnl/recm_crypt.htm〉（参照 2017 年 7 月 21 日）

暗号は送信者と受信者が誰でも何処にいても使えるものでなければ使い物にならない．暗号に求められるセキュリティの高さは用途に応じて多様である．同じ用途の暗号であっても，種類が多いほど，暗号の解読はされにくくなる．そのためには，世界の各国が暗号について共通した政策を実施して，民間の事業者が中心になって暗号の開発を活発化させ，できる限り多種多様な暗号を国内外の市場で流通させる必要がある．その一方で，暗号化された電子署名と公開鍵を送ってきた人物や法人が実在するのか，電子署名は改ざんされなかったのかを確認する仕組みも必要になる．このガイドラインはこれらの必要性を実現するためのものである．我が国では次章で説明する「電子署名及び認証業務に関する法律」によってこのガイドラインに対応している.

10.5.4　情報システムとネットワークのセキュリティに関するガイドライン

OECD は 2002 年 7 月 25 日に「情報システム及びネットワークのセキュリティのためのガイドラインに関する理事会勧告」(Recommendation of the Council concerning Guidelines for the Security of Information Systems and Networks - Towards a Culture of Security) の附属文書で「情報システム及びネットワークのセキュリティのためのガイドライン：セキュリティ文化の普及に向けて」"Guidelines for the Security of Information Systems and Networks: Towards a Culture of Security" を発表した．このガイドラインも公的部門と民間部門に適用されることが想定されていた．1992 年のガイドラインに比べると，タイトルにネットワークが加わりセキュリティの対象としてネットワークが加わった印象を受けるが，1992 年のガイドラインが定める情報システムの定義にはすでにネットワークが入っており，これが維持されて

いるので，タイトルでネットワークのセキュリティの重要性を改めて強調したことになる．また，サブタイトルで「セキュリティ文化」が強調されている．これは技術を中心としたセキュリティ観から人間と文化を重視するセキュリティ観への大きな転換を示している．さらに，このガイドラインは情報セキュリティの実現について責任者の範囲を拡大し，マネジメントの概念を導入している．このガイドラインの要点を経済産業省の翻訳を参照しながら解説する．まず，このガイドラインが新たに導入した重要概念から説明する．

セキュリティ文化：

　このガイドラインはサブタイトルが「セキュリティ文化を目指して」となっている．セキュリティの確保が技術に頼るだけでは確保できない文化の問題だという認識がここで示されている．「セキュリティ文化」は「情報システム及びネットワークを開発する際にセキュリティに注目し，また，情報システム及びネットワークを利用し，情報をやりとりするに当たり，新しい思考及び行動の様式を取り入れること」と定義されている．情報システムおよびネットワークの開発者だけでなくユーザにもセキュリティ文化が要求されている．

参加者 (participants)：

　セキュリティ文化の担い手がすべての人であることは上記の定義から推測できるが，この点についてガイドラインは参加者という概念を設けて次のように定義している．「情報システム及びネットワークを開発，所有，提供，管理，サービス提供及び使用する政府，企業，その他の組織及び個人利用者」．このガイドラインはすべての参加者がセキュリティに責任を負うことを求めている．従来のガイドラインが想定していた主な責任の担い手は政府と企業であった．

情報セキュリティマネジメント：

　このガイドラインはセキュリティにマネジメントの観点を明確に導入したが，この概念は1980年のガイドラインに規定された「安全保護の原則」にある reasonable という概念の延長上にあり，1992年のガイドラインに規定された多面的考慮の原則，比例の原則，統合の原則，再評価の原則を強化したものである（表 10.2）．

　次に，このガイドラインが示した9つの原則について要点を紹介する．これは1992年のセキュリティに関する9原則にセキュリティ文化，参加者，情報セキュリティマネジメントという新概念を加えて再編したものである．

① 認識の原則 (Awareness)

　「参加者は，情報システム及びネットワークのセキュリティの必要性並びにセキュリティを強化するために自分たちにできることについて認識すべきである．」

② 責任の原則 (Responsibility)

　「すべての参加者は，情報システム及びネットワークのセキュリティに責任を負う．」

③ 対応の原則 (Response)

　「参加者は，セキュリティの事件に対する予防，検出及び対応のために，時宜を得たかつ協力的な方法で行動すべきである．」

④ 倫理の原則 (Ethics)

　「参加者は，他者の正当な利益を尊重するべきである．」

⑤ 民主主義の原則 (Democracy)

「情報システム及びネットワークのセキュリティは，民主主義社会の本質的な価値に適合すべきである.」

⑥ リスクアセスメントの原則 (Risk assessment)

「参加者は，リスクアセスメントを行うべきである.」

⑦ セキュリティの設計及び実装の原則 (Security design and implementation)

「参加者は，情報システム及びネットワークの本質的な要素としてセキュリティを組み込むべきである.」

⑧ セキュリティマネジメントの原則 (Security management)

「参加者は，セキュリティマネジメントへの包括的アプローチを採用するべきである.」

⑨ 再評価の原則 (Reassessment)

「参加者は，情報システム及びネットワークのセキュリティのレビュー及び再評価を行い，セキュリティの方針，実践，手段及び手続に適切な修正をすべきである.」

表 10.2　1992 年と 2002 年のガイドラインの対比.

1992年版	2002年版
①責任	①認識
②認識	②責任
③倫理	③対応
④多面的考慮	④倫理
⑤比例	⑤民主主義
⑥統合	⑥リスクアセスメント
⑦適時性	⑦セキュリティの設計及び実装
⑧再評価	⑧セキュリティマネジメント
⑨民主主義	⑨再評価

〈https://www.ipa.go.jp/security/fy14/reports/oecd/handout.pdf〉（参照 2017 年 7 月 22 日）

10.5.5　電子認証ガイダンス

OECD は 2007 年に「電子認証に関する理事会勧告」(Recommendation of the Council on Electronic Authentication) と「電子認証のための OECD ガイダンス」(OECD Guidance for Electronic Authentication) を発表して，加盟国に対して，2002 年のセキュリティガイドラインと 1980 年の個人データ保護ガイドラインに合致しながら，電子認証に対する技術中立的アプローチの確立を目指して動くことを勧告した．このガイダンスが規定する「電子認証」は「情報システム又は通信システムにおいてユーザ，デバイス，又は他の実体 (entity) を求めに応じて有効かつ確実に識別することを確立する機能」である．2002 年のセキュリティガイドラインの改訂は 5 年先に見送られた．

「電子認証のための OECD ガイダンス」は，国境を越えた電子認証を容易にするために「電子認証のための原則」(Principles for Electronic Authentication) を規定している．この原則は基本原則 (Foundation Principles) と運用上の原則 (Operational Principles) で構成されている．

基本原則を簡単に紹介する.

1) システムアプローチの原則 (Systems Approach)

   認証ソリューション（authentication solutions）の設計，開発，実装は共通のシステム開発過程と考えられなければならない.

2) 比例の原則 (Proportionality)

   認証処理の各参加者が負う責任とリスクの程度は参加者が合理的に期待される程度の知識と管理に比例しなければならない.

3) 役割と責任の原則 (Roles and Responsibilities)

   認証処理の参加者は自己の役割，実行している機能，機能に関連する責任を認識しなければならない.

4) セキュリティと信用の原則 (Security and Trust)

   認証処理のすべての参加者はセキュリティ，リスクの軽減に貢献する責任を負う.

5) プライバシーの原則 (Privacy)

   認証処理の設計又は運用を行う組織は 1980 年の OECD 個人データ保護ガイドラインを遵守しなければならない.

6) リスクマネジメントの原則 (Risk Management)

   電子通信の認証処理に関連するリスクは合理的で，公正で，かつ効率的な方法で特定され，評価され，管理されなければならない.

   次に，運用上の原則を簡単に紹介する.

1) ユーザビリティの原則 (Usability)

   認証処理は効果的，効率的，信頼可能で，使いやすく，個人又は組織の利益と要求を配慮したものでなければならない.

2) 目的適合性の原則 (Fit for purpose)

   認証技術と認証処理は，アプリケーションの状況に応じて考慮され，かつ，その機能と要求される利用に適切で比例したものでなければならない.

3) 事業継続性の原則 (Business continuity)

   事業の継続性と事故時の復旧計画の準備を確立して，ユーザの信用を高め，かつ信頼できる認証活動と認証ツールが広域で受容されることを容易にするものとする.

4) 教育と認識の原則 (Education and awareness)

   教育キャンペーンはユーザに使いやすく，さらに適切な段階のセキュリティを達成するツールの重要性を強調しなければならない. 消費者と中小企業が認証の利用に伴う責任とリスクに注意を傾けるように特別な注意が払われるべきである.

5) 公開の原則 (Disclosure)

   認証サービスを提供する関係者は，他のすべての関係者が認証の利用に伴うリスクと責任を認識することを確実にするため，他の関係者に情報を公開しなければならない.

6) 苦情処理の原則 (Complaints Handling)

   認証処理を利用する組織は苦情処理手続を利用できるようにしなければならない.

7) 監査と評価の独立性の原則 (Independent audit and assessments)

第三者機関による法令遵守監査と適合性評価 (compliance audits and assessments) の利用は，国際的に承認された基準に従うことが望ましいのであるが，ユーザの信用を高め，サービスの広域的な受容を容易にするものとする．

8) 広域的アプローチの原則 (Cross-jurisdictional approaches)

認証に対する国家的アプローチは外資系の認証サービスが受容されることに理想的に備えなければならない．

9) 基準の原則 (Standards)

認証スキームを協調して実施するために利用可能な事実上又は法律上の基準は，認証ソリューションの開発時及び実施時に適用されなければならない．

10.5.6 2013 年個人データ保護ガイドライン

2013 年 7 月 11 日に OECD 理事会は 1980 年の個人データ保護ガイドラインを改訂した勧告「プライバシー保護と個人データの国際流通についてのガイドラインに関する理事会勧告 (2013)」(Recommendation of the Council concerning Guidelines governing the Protection of Privacy and Transborder Flows of Personal Data (2013)) を採択した．この勧告の冒頭で，OECD 理事会は「加盟国間の自由な情報流通を一層促進することと，加盟国間の経済的かつ社会的な関係の発展に対する不当な障害の発生を回避することを，決定した」と表明している．この勧告の附属文書 (Annex) に定めるガイドラインは 1980 年のガイドラインと同様に公的部門と民間部門に適用されるミニマム・スタンダードである．したがって，加盟国はプライバシーと個人の自由を保護するための他の基準を追加することができる．この新ガイドラインはすでに紹介した 8 つの原則について，「個人参加の原則」の本文中の主語を An individual から Individuals に変更するための修正を行っただけで，基本原則である 8 つの原則の内容をそのまま引き継いだ．改訂されたガイドラインが示した新しい規定は 8 原則の実施をより実効的に行うための仕組みである．このガイドラインを貫くテーマが 2 つある．第一は，リスクマネジメント (risk management) を基礎とするアプローチによるプライバシー保護の具体的な実施である．第二は，改善された相互運用性 (improved interoperability) によるプライバシーの世界基準 (global dimension of privacy) に取り組む大いなる努力の必要性である．次に，規定順に新ガイドラインの概要を紹介する．

ガイドラインは，第一部ではガイドラインで用いる用語の定義とガイドラインの適用範囲を定め，第二部ではガイドラインを国内で適用する場合の基本原則，つまり 8 つの原則を定めている．8 原則の最後に規定された「責任の原則」によって，データ管理者 (data controller) は基本原則を実施する基準を遵守する責任を負っているが，第三部は基本原則を実施するデータ管理者の責任を強化する規定を置いた．

ガイドラインは第三部として「責任の実施 (IMPLEMENTING ACCOUNTABILITY)」に関する規定を設けて，データ管理者の責任を強化した．第一に，データ管理者は適切な「プライバシーマネジメント計画 (privacy management programme)」をもたなければならない．プ

ライバシーマネジメント計画は，ガイドラインを実現するためのもので，「プライバシーリスク評価 (privacy risk assessment)」に基づいた「適切な保護 (appropriate safeguards)」，「内部監査機関 (internal oversight mechanisms)」の設立，疑問や事故に応答するための手順などが定められている．第二に，データ管理者はプライバシーマネジメント計画が適切であることをいつでも説明できるように準備しておかなければならない．特に，ガイドラインに拘束力を与える「行動規範 (code of conduct)」の厳守を推進する責任を負う「プライバシー執行機関 (privacy enforcement authority)」が要求する場合に備えなければならない．第三に，データ管理者は，個人データに影響を与える重大なセキュリティ侵害 (security breach) があったとき，プライバシー執行機関に告知しなければならない．この侵害がデータ主体 (data subjects) に被害を与えそうなとき，データ管理者は影響を受けたデータ主体に連絡しなければならない．

　第四部はガイドラインを国際間で適用する場合の基本原則を定めている．データ管理者は自分が管理する個人データについてはデータの所在に関わりなく責任を負う．国境を越えて個人データを流通させる場合，相手国がガイドラインを実質的に遵守しているか，又はガイドラインに合致するレベルの継続的な保護を確実にする十分な保障 (sufficient safeguards) があるときは，個人データの国際流通の制限を避けなければならない．また，個人データの国際流通の制限は，データの機微性 (sensitivity) および処理の目的と文脈を考慮しながら，現存するリスクに比例しなければならない．

　第五部はガイドラインを国内で実施する際の加盟国の義務を定めている．a) 国家プライバシー戦略 (national privacy strategies) を発展させること．b)「プライバシー保護法 (laws protecting privacy)」を採択すること．プライバシー保護法は「加盟国の法律又は規則 (regulations) のうち執行すればガイドラインに合致した個人データ保護の効力をもつもの」と定義されている．c)「プライバシー執行機関 (privacy enforcement authorities)」を設立して維持すること．プライバシー執行機関は「各加盟国が決定したものでプライバシー保護法の執行に責任をもち，かつ調査権又は執行手続 (enforcement proceedings) を遂行する権限をもつすべての公的組織 (public body)」と定義されている．d)「行動規範 (codes of conduct)」の形式をとるかどうかに関わりなく，「自主規制 (self-regulation)」を奨励して支援すること．e) 個人が自分の権利を行使するための合理的な手段 (reasonable means) を規定すること．f) プライバシー保護法が遵守されなかった場合の適切な制裁と適切な救済を規定すること．g) プライバシー保護を助長する教育，認識の向上，技術開発，および技術的対応の促進 (promotion) を含む相補的対策 (complementary measures) の採択を考慮すること．h) データ管理者以外の関係者 (actors) の役割を関係者の個人的役割に適切な方法で考慮すること．i) データ主体に対して不当な差別が存在しないことを確保すること．

　第六部は OECD 加盟国の国際協力 (co-operation) と相互運用性 (interoperability) について規定している．1) 加盟国は，プライバシー執行機関が情報の共有を高めることによって，国境を越えるプライバシー法執行協力 (privacy law enforcement co-operation) を容易にする適切な措置を講じなければならない．2) 加盟国は，ガイドラインを実現するプライバシー・フレームワーク (privacy frameworks) 間の相互運用性を促進する国際的取り決めの発展を奨励

かつ支援しなければならない．プライバシー・フレームワークとはプライバシーを保護する仕組みを指す用語で，典型例は個人情報保護法である．3）加盟国は，国際的に比較可能な評価基準の開発を奨励して，プライバシーと個人データの国際流通に関する政策決定過程を通知しなければならない．4）加盟国はガイドラインの実施に関する詳細を公表しなければならない．

　2015 年に「個人情報の保護に関する法律」が大改正された理由の1つは，2013 年に OECD のガイドラインが改訂されたことである．我々は「個人情報の保護に関する法律」の運用を考える際にこの法律の背後にある OECD ガイドラインに規定された考え方を参照しなければならない．

10.5.7 経済的社会的繁栄のためのデジタルセキュリティリスクマネジメントに関する理事会勧告

　2013 年 12 月に OECD の「デジタル経済政策審議会」(Committee on Digital Economy Policy) は 2002 年のセキュリティガイドラインに関する理事会勧告を改訂するという合意をした．改訂の目的は 2002 年以来の変化を考慮することにある．OECD は 4 つの重要な変化を指摘している．1）情報通信技術とインターネットがイノベーション，成長の新しい源泉，社会的発展にとって極めて重要なプラットホームになりつつある．これらはまた重要インフラを支援し，社会の機能と経済にとって不可欠になっている．2）規模においても種類においても，脅威の状況が変化しつつある．これらは，より巧妙な行為者とサイバー空間のスパイ活動を伴い，他の種類の経済的かつ社会的混乱を伴う．3）デジタルモバイル，クラウドコンピューティング，個人の携帯端末の職場利用 (“Bring Your Own Device” (BYOD))，ソーシャルネットワーク，もののインターネット (Internet of Things) などの流行が情報システムの周辺をぼんやりさせている．4）これらの挑戦に応じるため，諸政府は新世代の国家サイバーセキュリティ戦略を採択しつつある．これは，サイバーセキュリティの優先度を高め，セキュリティの経済的かつ社会的目的を，国際安全保障，諜報活動および軍事的問題 (military issues) とともに全体的に包摂している．

　そして，2015 年 10 月 1 日に OECD は「経済的社会的繁栄のためのデジタルセキュリティリスクマネジメントに関する理事会勧告」(Recommendation of the Council on Digital Security Risk Management for Economic and Social Prosperity) を採択して，2002 年の「情報システム及びネットワークのセキュリティのためのガイドラインに関する理事会勧告」を改訂した．この勧告は OECD の加盟国だけでなく非加盟国にもこの勧告を実施するように勧告している．従来の勧告が情報システムとネットワークのセキュリティを重視していたのに対し，この勧告は経済的社会的繁栄を重視している．しかも，セキュリティをデジタルセキュリティリスクマネジメントの問題として捉えている．そのため，新しいガイドラインが規定する諸原則とこれを前提とする国家戦略の規定はデジタル環境に依存する経済的社会的活動の保護に焦点が合わされている．このガイドラインは，従来のガイドラインを継承しているが，情報セキュリティを確保する制度がデジタルセキュリティリスクを管理する制度へと完全に転換された．

　この勧告は 2 つの重要なメッセージが全体を貫いている．第一に，公私の組織の経済的かつ

社会的目標，および，リスクマネジメントに基礎付けられたアプローチを採用する必要性に焦点が当てられている．この勧告ではデジタルセキュリティリスクが経済的リスクとして扱われ，組織の問題とされている．そのため，この勧告は誤解を防ぐために意図的にサイバーという言葉を避け，サイバーセキュリティという用語を使っていない．第二に，精力的なマネジメントによって，デジタルセキュリティリスクは許容できると思われる程度に引き下げることができると認識されている．

上記の２つのメッセージが勧告の第１節と第２節のいずれにも貫かれている．第１節では，政府などの公的組織がこの勧告に定める諸原則を実施することが勧告されている．第２節では，デジタルセキュリティリスクのマネジメントのための国家戦略 (national strategy) を採用することが勧告されている．

第１節の諸原則は一般原則 (General Principles) と運用上の原則 (Operational Principles) に分かれている．次にこの諸原則の各主要部分を翻訳して紹介する．

一般原則として次の諸原則が規定されている．

1. 認識，技術，及び能力向上の原則（Awareness, skills and empowerment）
   すべての関係者（stakeholders）がデジタルセキュリティとその管理方法を理解しなければならない．

   この原則にいう関係者とは，経済的かつ社会的活動の全部又は一部をデジタル環境に依存している政府，公私の組織，及び個人である．

2. 責任の原則 (Responsibility)
   すべての関係者がデジタルセキュリティリスクのマネジメントに責任を負わなければならない．

3. 人権及び基本的価値の原則 (Human rights and fundamental values)
   すべての関係者が透明性のある方法で人権及び基本的価値と絶えず一致しながらデジタルセキュリティリスクを管理しなければならない．

4. 協力の原則 (Co-operation)
   すべての関係者が，国境を越えた協力を含め，協力しなければならない．

運用上の原則として次の諸原則が規定されている．

5. リスク評価及び周期的処置の原則 (Risk assessment and treatment cycle)
   指導者及び意思決定者はデジタルセキュリティリスクが継続的なリスク評価に基づいて処置されることを保障しなければならない．

6. セキュリティ対策の原則 (Security measures)
   指導者及び意思決定者はセキュリティ対策がリスクに対して適切かつ相応であることを保証しなければならない．

7. イノベーションの原則 (Innovation)
   指導者及び意思決定者はイノベーションが考慮されていることを保証しなければならない．

8. 即応性及び継続性の原則 (Preparedness and continuity)
   指導者及び意思決定者は即応性と継続性のある計画を採用しなければならない．

次に上記の原則を前提として，第2節は国家戦略を規定している．勧告から国家戦略の概略を紹介する．

A．　デジタルセキュリティリスクのマネジメントのための国家戦略は，原則に合致し，経済的社会的活動に対するデジタルセキュリティリスクをすべての利害関係者が管理する状態を創造し，かつ，デジタル環境に対する信用 (trust) と信頼 (confidence) を助長するものでなければならない．

B．　国家戦略には政府の様々な対策が含まれなければならない．第一に，デジタルセキュリティリスクを管理する包括的な保護体制 (framework) を採用するなどの対策により，政府は先頭に立たなければならない．第二に，地域的又は国際的な公開討論に参加して，経験や最善策を共有するための二国間又は多国間の関係を確立することなどにより，政府は国際的な協力体制と相互支援を強化しなければならない．第三に，デジタルセキュリティリスクをよりうまく管理するために，政府と他の関係者がどうすれば互いに助けあうことができるかについて探求するなどの対策により，政府は他の関係者と関わるべきである．第四に，デジタルセキュリティリスクに関連する知識，技術，成功した経験や実践を共有することなどの対策により，政府はデジタルセキュリティリスクの管理をすべての関係者が共同で行う状態を創造しなければならない．

演習問題

設問1　プライバシー権に関する学説の展開を説明せよ．

設問2　個人データの保護に関する OECD 8 原則の意義を説明せよ．

設問3　情報システムのセキュリティの目標について説明せよ．

設問4　データ管理者の役割を説明せよ．

設問5　デジタルセキュリティに関する国境を越えた協力について説明せよ．

設問6　デジタルセキュリティに関する国家戦略を説明せよ．

参考文献

[1] 石井夏生利，安江義成『EU・米・日・中・韓の事例で読み説く 情報セキュリティパーフェクトガイド』，レクシスネクシス・ジャパン (2015).

[2] 堀部政男，新保史生『OECD プライバシーガイドライン—30 年の進化と未来』，JIPDEC (2014).

[3] 野村総合研究所，浅井国際法律事務所『情報セキュリティ管理の法務と実務』，きんざい (2014).

[4] 石井夏生利『個人情報保護法の現在と未来』，勁草書房 (2014).

[5] 宇賀克也『個人情報保護法の逐条解説［第 5 版]』，有斐閣 (2016).

[6] 山田隆司『名誉毀損』，岩波書店 (2009).

[7] アーサー・R. ミラー著，片方善治・饗庭忠男訳『情報とプライバシー』，ダイヤモンド社 (1974).

[8] 戒能通孝，伊藤正己編『プライヴァシー研究』，日本評論新社 (1962).

[9] Warren & Brandeis, *The Right to Privacy*, 4 HARV.L.REV. 193 (1890) は多くのサイトで公開されている.

[10] William L. Prosser, *Privacy*, 48 CAL.L.REV. 383 (1960) も多くのサイトで公開されている.

[11] OECD のガイドラインは Web で公開されている.

第11章
日本の情報セキュリティ法

□ 学習のポイント

　情報セキュリティは国，地方公共団体，民間，大学などが役割を分担して協力し合うことによって達成される．情報セキュリティを損傷すると民事法上の責任が発生するだけでなく，悪質な行為については，刑事法上の責任が発生する．情報セキュリティに対する侵害行為はネットワーク上の行為，ネットワークからコンピュータへの侵入行為，コンピュータ内部での行為に分類できる．しかし，情報セキュリティの損傷はプログラムのバグなどで発生する場合があるので，システムなどの契約時に責任の配分を明確にしておく必要がある．

- 情報セキュリティを守る法的手法に，行政法的手法，刑事法的手法，民事法的手法があることを理解する．
- データ管理者の重要性を理解する．
- デジタル著作物を保護する技術開発に関する著作権の規定を理解する．
- ビッグデータの利活用に対応した個人情報保護の仕組みを理解する．
- 情報システムを開発する契約内容について請負か準委任かという難しい問題があることを理解する．
- 情報システムの障害による被害者数と被害額は膨大な数字になっても，一人ひとりの損害額が低くて訴訟の動機にならない場合があることを理解する．

□ キーワード

　高度情報通信ネットワーク社会形成基本法，サイバーセキュリティ基本法，電子署名及び認証業務に関する法律，不正アクセス行為の禁止等に関する法律，電子計算機使用詐欺罪，電子計算機損壊等業務妨害罪，不正指令電磁的記録に関する罪，情報窃盗，プログラムの著作物，技術的保護手段，複製権，DMCA，データベースの著作物，個人情報の保護に関する法律，個人情報取扱事業者，個人情報データベース，要配慮個人情報，匿名加工情報，匿名加工情報取扱事業者，忘れられる権利，個人情報保護委員会，特定個人情報，自主規制，契約責任，請負，準委任，瑕疵担保責任，債務不履行，システム障害

11.1 日本の情報セキュリティ法とは

　情報セキュリティを確保する仕組みは 2 通りある．1 つは法的規制（表 11.1）であり，これは違反に対して罰則を適用する強制力のある規制と，努力を義務づけるだけの強制力のない規制がある．もう 1 つは自主規制で，ISMS の認証を受けるのはこの代表例である．法的規制は国民に対して一律に規制が及ぶが，自主規制では自主規制をしないという選択肢が国民には可能であり，自主規制の不十分な事業者が大勢いる．情報セキュリティに損傷が生じて被害が発生すると，法的には被害者は加害者に損害賠償を請求できるが，コンピュータとネットワークに情報セキュリティの損傷が発生した場合，現在の民事的な救済制度は制度として不十分である．本章では情報セキュリティを守るための国の制度を紹介したのち，情報セキュリティを侵害する行為に対する刑罰法規を検討し，さらに，デジタル著作権を保護する技術の法的問題，個人情報保護の在り方，自主規制の基準，情報セキュリティの損傷に対する法的責任の問題を順次検討する．

表 11.1　法令が保護するセキュリティ.

法令	保護されるセキュリティ
電子署名及び認証業務に関する法律	真正性 [1]
通信の秘密（憲法 21 条 2 項，電波法 59 条，電気通信事業法 4 条，有線電気通信法 9 条）	機密性
不正アクセス行為の禁止等に関する法律	機密性
電子計算機使用詐欺罪（刑法 246 条の 2）	完全性
電子計算機損壊等業務妨害罪（刑法 234 条の 2）	完全性，可用性
不正指令電磁的記録に関する罪（刑法 168 条の 2，168 条の 3）	可用性

11.1.1　情報セキュリティとサイバーセキュリティを確保する基本体制

　情報セキュリティを確保するための日本の法律は基本的には前章の OECD ガイドラインを実現するために制定されている．ここまでは情報セキュリティという用語を用いてきたが最近ではサイバーセキュリティという概念に情報セキュリティを包摂して用いるようになっている．我が国には情報セキュリティに関する最も基本的な法律が 2 つある．1 つは 2000（平成 12）年に制定された「高度情報通信ネットワーク社会形成基本法」である．基本法という名称はある分野の最高法規を制定する場合に使われる．この基本法によって，内閣に「高度情報通信ネットワーク社会推進戦略本部」（通称，IT 総合戦略本部）が置かれている（25 条）．本部長は内閣総理大臣である（28 条）．もう 1 つは 2014（平成 26）年に制定された「サイバーセキュリティ基本法」である．サイバーセキュリティ基本法によって 2015（平成 27）年 1 月に内閣に「サ

---

[1] 真正性 (Authenticity) は JIS Q 27000:2014 (ISO/IEC 27000:2014) によって認められている情報セキュリティの特性である．JIS Q 27000:2014 (ISO/IEC 27000:2014) は，前章で紹介した 1992 年の OECD ガイドラインが確立した機密性，完全性，可用性の他に，真正性，責任追跡性，否認防止，信頼性などを情報セキュリティの特性として認めている．

イバーセキュリティ戦略本部」が設置され，同時に，内閣官房に「内閣サイバーセキュリティセンター (NISC)」が設置されている．NISC は National center of Incident readiness and Strategy for Cybersecurity の略である．

(1) 高度情報通信ネットワーク社会形成基本法

2000（平成 12）年に制定された高度情報通信ネットワーク社会形成基本法は，高度情報通信ネットワーク社会の形成に関する施策を迅速かつ重点的に推進することを目的とする法律である（1条）．この法律にいう高度情報通信ネットワーク社会とは「インターネットその他の高度情報通信ネットワークを通じて自由かつ安全に多様な情報又は知識を世界的規模で入手し，共有し，又は発信することにより，あらゆる分野における創造的かつ活力ある発展が可能となる社会をいう」．これを実現するために，政府は「法制上又は財政上の措置その他の措置を講じなければならない」（13条）と定められており，「高度情報通信ネットワーク社会の形成に関する施策の策定に当たっては，高度情報通信ネットワークの安全性および信頼性の確保，個人情報の保護その他国民が高度情報通信ネットワークを安心して利用することができるようにするために必要な措置が講じられなければならない」（22条）と定められている．22条にいう安全性は情報セキュリティである．この規定が概念上，情報セキュリティを意味する安全性とは別に信頼性と個人情報保護を並列して規定するだけでなく，講じるべき「必要な措置」の範囲に含みをもたせていることは注目に値する．JIS Q 27000:2014 (ISO/IEC 27000:2014) は信頼性を情報セキュリティに含めても良いと定めている．これは高度情報通信ネットワークを安心して利用するために，機密性，完全性，可用性に加えて他の価値を実現する必要性がありうることを意味する．将来，情報セキュリティ概念の再定義が検討されるようなことがあれば，機密性，完全性，可用性とは異なる価値が付加されて別の概念で再構成されることになるかもしれない．この基本法により，官民における情報セキュリティを確保する政策の遂行は国と地方公共団体の責務になった（10条〜12条）．

この法律の下で策定された 2009（平成 21）年の第 2 次情報セキュリティ基本計画は事故前提社会という概念を導入した．この概念により，我が国の情報セキュリティ政策は，情報セキュリティに関するインシデントを絶対に起こさないという前提から，情報セキュリティ事故が生じうることを前提とするものに変更された．これは，「常に変化し続けるリスクに関し」国，地方公共団体，および民間という「各々の主体及び社会全体にとって客観的に許容可能な範囲内に管理できる情報セキュリティ水準」を「最適な水準」とするもので，情報セキュリティについて「合理性に裏付けられたアプローチ」の実現を求めた．じつはこの考え方は 2002 年のセキュリティに関する OECD ガイドラインの 9 原則に導入されたマネジメントの概念を日本流に展開したものである．情報セキュリティの 3 要素の 1 つとして confidentiality があるが，並みの秘密性を意味するこの概念を機密性と訳したために，わが国では秘密性を高度に維持することに情報セキュリティを維持する資源を投入しすぎる傾向があった．この弊害は事故前提社会という概念によって払拭されることになった．

(2) サイバーセキュリティ基本法

近年，センシティブ情報や技術情報への標的型メール攻撃，重要インフラへのサイバー攻撃が急増し，かつ，スマートフォンや自動車，制御系システムなどにおけるリスクが高まり，何よりも国境を越えたサイバー攻撃が急増し，国家機関の関与が疑われる攻撃が顕在化している．2014（平成 26）年に制定されたサイバーセキュリティ基本法は制定目的を「この法律は，インターネットその他の高度情報通信ネットワークの整備及び情報通信技術の活用の進展に伴って世界的規模で生じているサイバーセキュリティに対する脅威の深刻化その他の内外の諸情勢の変化に伴い，情報の自由な流通を確保しつつ，サイバーセキュリティの確保を図ることが喫緊の課題となっている状況に鑑み，我が国のサイバーセキュリティに関する施策に関し，基本理念を定め，国及び地方公共団体の責務等を明らかにし，並びにサイバーセキュリティ戦略の策定その他サイバーセキュリティに関する施策の基本となる事項を定めるとともに，サイバーセキュリティ戦略本部を設置すること等により，高度情報通信ネットワーク社会形成基本法（平成十二年法律第百四十四号）と相まって，サイバーセキュリティに関する施策を総合的かつ効果的に推進し，もって経済社会の活力の向上及び持続的発展並びに国民が安全で安心して暮らせる社会の実現を図るとともに，国際社会の平和及び安全の確保並びに我が国の安全保障に寄与することを目的とする．」（1 条）と定めている．

この基本法はサイバーセキュリティを，「電子的方式，磁気的方式その他人の知覚によっては認識することができない方式…（中略）…により記録され，又は発信され，伝送され，若しくは受信される情報の漏えい，滅失又は毀損の防止その他の当該情報の安全管理のために必要な措置並びに情報システム及び情報通信ネットワークの安全性及び信頼性の確保のために必要な措置…（中略）…が講じられ，その状態が適切に維持管理されていることをいう」（2 条）と定義している．また，高度情報通信ネットワーク社会形成基本法では国，地方公共団体，および民間の役割分担と連携が強調されていたが，サイバーセキュリティ基本法では民間のなかでも「重要社会基盤事業者」（国民生活及び経済活動の基盤であって，その機能が停止し，又は低下した場合に国民生活又は経済活動に多大な影響を及ぼすおそれが生ずるものに関する事業を行う者）（3 条 1 項）の役割が強調され，重要社会基盤事業者には「そのサービスを安定的かつ適切に提供するため，サイバーセキュリティの重要性に関する関心と理解を深め，自主的かつ積極的にサイバーセキュリティの確保に努めるとともに，国又は地方公共団体が実施するサイバーセキュリティに関する施策に協力するよう努めるものとする」（6 条）という強制力のない義務が課されている．また，高度情報通信ネットワーク社会形成基本法では「情報通信技術について，国，地方公共団体，大学，事業者等の相互の密接な連携」（23 条）の必要性が規定されるだけであったが，サイバーセキュリティ基本法では大学の役割がさらに強調され，大学その他の教育研究機関には，「サイバーセキュリティの確保，サイバーセキュリティに係る人材の育成並びにサイバーセキュリティに関する研究及びその成果の普及」と「国又は地方公共団体が実施するサイバーセキュリティに関する施策に協力するよう努める」ことが強制力のない義務として課されている（8 条）．

この基本法においても「政府は，サイバーセキュリティに関する施策を実施するため必要な法

制上，財政上又は税制上の措置その他の措置を講じなければならない」（10条）と政府の義務が
定められている．また，サイバーセキュリティに関する施策の総合的かつ効果的な推進を図る
ため，政府はサイバーセキュリティ戦略を閣議決定することが義務づけられている（第12条）．

11.2 電子署名及び認証業務に関する法律

　私たちがネットを利用して買い物をする比率は増加する一方である．ネット上の取引は売主
も買主も互いに相手の顔を見ることができない上に会話もできない非対面取引である．取引が
行われる場合，売主は買主よりも商品又はサービスに関する情報をたくさんもっているので，売
主と買主の間に存在する情報の非対称性が大きくなりすぎると買主は取引内容を誤解する．こ
れを利用するのが悪質商法である．非対面取引では悪質商法が横行しやすい上に，非対面取引
の法的規制はかなり難しい．売主と買主が互いに実在しない仮の名称をネット上で名乗り，互
いに騙し合うことさえあるだろう．これらの問題を解決するために，電子署名を活用して取引
先の存在を互いに確認できる仕組みを作ったのが2000（平成12）年に制定された「電子署名
及び認証業務に関する法律」である．

　主務省令で定める基準に適合する電子署名の真正性を証明する特定認証業務を行おうとする
者は，主務大臣の認定を受ける（4条）と認定認証事業者（8条）になるが，認定後，主務大臣
によって認定に係る業務に関し報告を徴収され立入検査を受けることがある（35条）．

　認証事業者は，送信者から電子証明書の発行申請があると発行し，送信者は電子署名を行っ
た電子文書にこの電子証明書を添付して受信者に送る．受信者はこの電子証明書の有効性を認
証業者に確認する．本人による電子署名は真正に成立したものと推定される（3条）が，認証
事業者が有効性を認め，この認証事業者が上記の認定認証事業者であれば，電子署名の真正性
が確信可能になる．

11.3 情報セキュリティを確保する個別の法律

　情報セキュリティが破れるのは，ネットワーク上，ネットワークとコンピュータの接点，コ
ンピュータ内のどこかである．情報セキュリティが破れる場所に着目して，関連する法律を紹
介する．

11.3.1 ネットワーク上の情報セキュリティ侵害を処罰する法律

　ネットワークを流れる他人の文書を閲覧するのは「通信の秘密」という人権を侵害すること
になる（憲法21条2項）．これは機密性の侵害になる．電波法59条，電気通信事業法4条，有
線電気通信法9条などの規定はいずれも憲法21条2項を具体化した規定である．電波法では，
「無線通信の秘密を漏らし，又は窃用した者は，一年以下の懲役又は五十万円以下の罰金」（109
条1項）になり，「無線通信の業務に従事する者がその業務に関し知り得た前項の秘密を漏ら
し，又は窃用したときは，二年以下の懲役又は百万円以下の罰金」（109条2項）になる．電気

通信事業法では，通信の秘密を侵害した者が「二年以下の懲役又は百万円以下の罰金」（179条1項）になり，電気通信事業に従事する者が通信の秘密を侵害すると「三年以下の懲役又は二百万円以下の罰金」（179条2項）になるだけでなく，いずれも未遂が犯罪になる（179条3項）．有線電気通信法では，有線電気通信の秘密を犯した者は「二年以下の懲役又は五十万円以下の罰金」（14条1項）になり，有線電気通信の業務に従事する者が同様の行為をしたときは「三年以下の懲役又は百万円以下の罰金」（14条2項）になり，いずれの行為にも未遂罪がある（14条3項）．

しかし，通信の秘密には1999（平成11）年に制定された「犯罪捜査のための通信傍受に関する法律」が例外を設けている．麻薬犯罪，武器などの無許可製造，組織的犯罪，死刑又は無期若しくは長期2年以上の懲役若しくは禁錮に当たる罪などのうち，この法律に規定した行為が「行われると疑うに足りる状況があり，かつ，他の方法によっては，犯人を特定し，又は犯行の状況若しくは内容を明らかにすることが著しく困難であるときは，裁判官の発する傍受令状により，電話番号その他発信元又は発信先を識別するための番号又は符号…（中略）…によって特定された通信の手段」であって，犯罪に関連すると「疑うに足りる十分な理由がある場合」検察官又は司法警察員は通信の傍受をすることができる（3条）．この傍受について，政府は毎年国会に報告することが義務づけられている（29条）．

11.3.2　ネットワークからコンピュータへの侵入行為を処罰する法律

1999（平成11）年に制定された「不正アクセス行為の禁止等に関する法律」（通称，不正アクセス禁止法）はネットワークからコンピュータへの不正アクセスを禁止している（3条）．ネットワークを流れる情報を盗聴することやコンピュータ内の情報に無断でアクセスすることも広義の不正アクセスであるが，この法律が禁止するのは無断で他人のコンピュータに侵入する行為とこれに関連する行為のみである．

この法律が禁止する不正アクセス行為は2種類に大別できる（図11.1）．1つは，他人の識別符号を利用して本人になりすます不正ログイン（2条4項1号）である．識別符号の代表例はIDとパスワードであるが，指紋認証などの生体認証が行われている場合は生体データも識別符号になる．オンラインゲームやネットオークション，またはネットバンキングなどで他人になりすまして行われる不正行為はこれに該当する．フィッシング詐欺と呼ばれる，偽サイトに他人を誘導して暗証番号などの重要情報を詐取して利用するネット犯罪ではこの不正アクセス行為が電子計算機使用詐欺に先行する．もう1つは，アクセス制御機能のプログラムの瑕疵[2]，アクセス管理者の設定上のミスなどのセキュリティホールを攻撃する侵入行為である．これは，攻撃対象がアクセス制御機能を有するコンピュータである場合（2条4項2号）と，攻撃対象がアクセス制御機能を有するコンピュータでない場合（2条4項3号）がある．不正アクセス行為をすると三年以下の懲役又は百万円以下の罰金に処せられる（11条）．

---

[2] 瑕疵は法律用語で何らかの欠点または欠陥を意味する．商品を購入すると保証期間1年の保証書が付いている場合がある．これは製造元のサービスではなく，後で説明する民法上の瑕疵担保責任を果たしている証である．

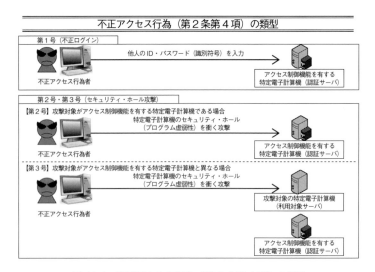

図 11.1 不正アクセス行為（第2条第4項）の類型
〈https://www.npa.go.jp/cyber/legislation/pdf/1_kaisetsu.pdf〉（参照 2017 年 7 月 22 日）.

　不正アクセス行為でなくても，不正アクセス行為の手段になる行為は禁止されている．かかる行為を行うと一年以下の懲役又は五十万円以下の罰金に処せられる（12 条）．かかる行為として，不正アクセス行為の用に供する目的で他人の識別符号を取得する行為（4 条），識別符号をアクセス管理者及び利用権者以外の者に提供する行為（5 条），不正アクセス行為の用に供する目的で他人の識別符号を保管する行為（6 条），アクセス管理者であると誤認させて識別符号の入力を不正に要求する行為（7 条）がある．7 条はフィッシング詐欺を防止するために作られた規定で，サイトを構築して ID やパスワードなどをフィッシングする行為（1 号）とメールを送りつけ誤認させて ID やパスワードなどをフィッシングする行為（2 号）を禁止している．
　なお，不正アクセス行為の準備行為として行われるセキュリティホールに対する調査行為は処罰の対象になっていない．正当な理由や許諾のないセキュリティホールの調査行為には犯罪化を検討する余地がある．
　この法律は禁止行為を規定するだけでなく，不正アクセス行為が行われにくい環境を整備するために，アクセス管理者が「不正アクセス行為から防御するため必要な措置を講ずるよう努めるものとする」（8 条）と規定した．その一方で，アクセス管理者から「援助を受けたい旨の申出があり，その申出を相当と認めるときは」都道府県公安委員会および方面公安委員会が援助する規定を置いた（図 11.2）．
　不正アクセスの犯人を特定しようとするとログの解析が必要になる．ログの保存は刑事訴訟法によって，検察官，検察事務官又は司法警察員がサーバの設置者に対して「三十日を超えない期間を定めて，これを消去しないよう，書面で求めることができる」（197 条 3 項）．この期間は「特に必要があるときは，三十日を超えない範囲内で延長することができる」が，「通じて六十日を超えることができない」（197 条 4 項）．ログの保存は義務ではない．

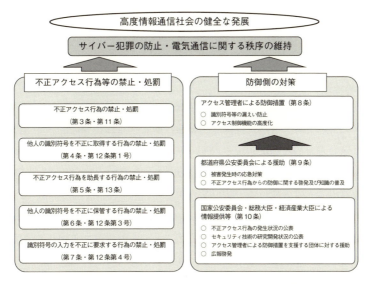

図 11.2 不正アクセス行為の禁止等に関する法律の概要
〈https://www.npa.go.jp/cyber/legislation/pdf/1_kaisetsu.pdf〉（参照 2017 年 7 月 22 日）.

11.3.3 ネットワークからコンピュータへの侵入後の不正行為を処罰する法律

コンピュータへ侵入した後の不正行為としてデータの破壊，改ざん，消去，プログラムの設置などがある．刑法はこれらに対応するための規定を設けているが，その多くは，1986 年のコンピュータ関連犯罪に対する OECD の報告書に基づき，1987（昭和 62）年に規定されている．OECD は「コンピュータ関連犯罪：立法政策の分析 (Computer-Related Crime：Analysis of Legal Policy)」という報告書の中で，加盟国が対応すべき犯罪類型として，財産利得罪，偽造罪，機能妨害罪，プログラム著作権の侵害，不正アクセスを指摘していた．日本が不正アクセスを犯罪化したのは 1999（平成 11）年である．1980 年代はそれほどネットワークが発達していなかったのでコンピュータ犯罪という言葉がよく使われていたが，これに代えて，今日ではネットワーク犯罪，又はサイバー犯罪という言葉が使われることが多い．

(1) 電子計算機使用詐欺罪

コンピュータを利用した決済システムを不正に作動させて不正な利益を得ようとする場合，代表的な手口は ATM への不正な情報の入力，ネットバンキングでの不正な情報の入力，金融機関の元帳ファイルの改ざんなどであるが，他にも様々な手口があり多様化しつつある．これらに対応するために，刑法は電子計算機使用詐欺罪（246 条の 2）を規定しているが，これは厳密には詐欺罪ではない．詐欺罪（246 条）は，人を欺く行為（欺罔行為）によって有体物である財物の交付という結果を発生させることによって成立する．しかし，電子計算機使用詐欺罪の場合，コンピュータは人ではなく，コンピュータに対して錯誤を生じさせることは不可能で，欺罔行為を想定できない．電子計算機使用詐欺罪では，欺罔行為は犯罪の手段ではなく，コンピュータに不正な指令を与えて不実の電磁的記録を作り，または虚偽の電磁的記録を事務処理

232 ◆ 第 11 章 日本の情報セキュリティ法

の用に供することが犯罪の手段になる．この犯罪は，財物の交付に相当する ATM などでの現金の受領ではなく，電磁的記録の上で財産上不法の利益をみずから得るかまたは他人に得させた時点で成立する．

(2) 電子計算機損壊等業務妨害罪

かつて，テレビ局のホームページの天気予報画像が消去されてわいせつ画像に置き換えられた事件があった．このような悪戯には電子計算機損壊等業務妨害罪が成立する．不正アクセス行為の後で不正プログラムを他人のコンピュータに無断で移植する行為，コンピュータ・ウイルスをまき散らして感染させる行為，DoS 攻撃や DDoS 攻撃などにも，次の要件を満たした場合には電子計算機損壊等業務妨害罪が適用される．

すなわち，人の業務で使用されているコンピュータを損壊すること，人の業務で使用されているコンピュータに供する電磁的記録を損壊すること，人の業務で使用されている電子計算機に虚偽の情報または不正な指令を与えること，又はその他の方法によって，コンピュータに使用目的に沿った動作をさせないか又は使用目的に反する動作をさせることを手段として，人の業務を妨害するという結果を発生させると，電子計算機損壊等業務妨害罪になる（234 条の 2第 1 項）．かかる行為をすると，五年以下の懲役又は百万円以下の罰金に処せられる．かかる行為の未遂も罰される（2 項）．

ただし，無権限で他人のコンピュータを使用して業務を妨害した程度ではこの犯罪は成立しない．また，製品に組み込まれている非独立的で働きが限定されたコンピュータは電子計算機損壊等業務妨害罪の対象外である．

(3) 不正指令電磁的記録に関する罪

ネットワーク社会の成立とともにコンピュータを攻撃する手段としてウイルスが多用されるようになった．ウイルスを不正に利用するためにウイルスを作成，提供，供用，取得，保管する行為をすべて犯罪化するために，刑法は不正指令電磁的記録に関する罪を設けた．このことを刑法がどのように規定しているのか，条文に沿って説明する．

刑法 168 条の 2 は 1 項で規制対象となるウイルスを「人が電子計算機を使用するに際してその意図に沿うべき動作をさせず，又はその意図に反する動作をさせるべき不正な指令を与える電磁的記録」（1 項 1 号）と定義し，この「不正な指令を記述した電磁的記録その他の記録」（1項 2 号）も規制対象に加えた．「正当な理由がないのに，人の電子計算機における実行の用に供する目的で」これらを「作成し，又は提供した者は，三年以下の懲役又は五十万円以下の罰金」に処せられる（1 項）．「正当な理由がないのに」上記 1 項 1 号の「電磁的記録を人の電子計算機における実行の用に供した者」も同様に処罰され（2 項），この未遂も処罰される（3 項）．また，刑法 168 条の 3 は，正当な理由がないのに，人の電子計算機における実行の用に供する目的で，刑法 168 条の 2 が 1 項 1 号と 1 項 2 号で規定する「電磁的記録」と「その他の記録」を取得し，又は保管した者は，二年以下の懲役又は三十万円以下の罰金に処する，と定めている．

電子計算機損壊等業務妨害罪では規制できないウイルスがあったが，上記の規定の新設によりウイルスそのものを規制できるようになった．刑法 168 条の 2 も 168 条の 3 も，犯罪の成立

に「正当な理由がないのに」という要件を規定している．この規定の制定時に何をもって「正当な理由」というのか曖昧だという批判があったが，研究又は製品開発のためにウイルスを作成して，提供，供用，取得，保管することはいずれも「正当な理由」の範囲内である．

(4) 情報窃盗

商業用データベースに不正アクセスしてデータを無断でダウンロードするなど，他人のコンピュータへ無断で侵入して情報を無断でダウンロードして入手する情報窃盗は重大な不正行為である．しかし，情報一般を対象とする窃盗罪に相当する規定は存在しない．その最大の理由は，刑罰法規を作るためには刑罰法規が保護する法益を明確にしなければならないことにある．窃盗罪の保護法益は所有権だが，情報窃盗の保護法益は明確でない．一口に情報と言っても，情報という言葉で具体的に頭に浮かぶものは人によって異なる．情報の具体的な内容は極めて多様で，具体的な情報に応じて保護法益がある．抽象的な情報一般を窃盗の対象として規定することには無理がある．情報窃盗を規定できないもう1つの理由は，窃盗という概念である．刑法235条では「他人の財物を窃取」することが窃盗である．「窃取」は財物という有体物に対する占有を他人から自分に移転させることを含意する．情報は無体物なので占有の移転がありえない．情報窃盗の成立については背任罪（247条）や横領罪（252条），業務上横領罪（253条）の観点から事件が検討されることがあるが，起訴の困難な場合が多い．

したがって，情報窃盗を法律で禁止しようと思えば，情報窃盗が問題になる事例について情報窃盗とは異なる観点から規制する工夫をする必要がある．たとえば，クレジットカード，デビットカード，プリペイドカードなどを偽造しようすれば他人が利用する暗証番号などの情報を入手する必要がある．これらの情報を入手する行為を犯罪化しなくても，カードを作る行為を犯罪化すれば，準備行為である暗証番号などを盗む行為を抑止することが可能である．このような観点から，刑法163条の2は1項で「人の財産上の事務処理を誤らせる目的で，その事務処理の用に供する電磁的記録であって，クレジットカードその他の代金又は料金の支払用のカードを構成するものを不正に作った者は，十年以下の懲役又は百万円以下の罰金に処する．預貯金の引出用のカードを構成する電磁的記録を不正に作った者も，同様とする」と規定している．なお，この電磁的記録を「人の財産上の事務処理の用に供した者」（2項）も「電磁的記録をその構成部分とするカードを，同項の目的で，譲り渡し，貸し渡し，又は輸入した者」（3項）も同様に処罰される．

11.4 著作権法

情報社会において著作権はますます重要になっている．プログラムの法的保護には特許法が不可欠なので，特許権にも多少触れながら著作権について説明しよう．著作権法が保護する著作物は「思想又は感情を創作的に表現したものであつて，文芸，学術，美術又は音楽の範囲に属するものをいう」（2条1項1号）と定義されている．この定義における「文芸，学術，美術又は音楽の範囲に属するもの」という要件は例示であって，人間の精神活動の所産であればこれ

に該当する．著作物として保護されるのは「表現したもの」であって，「表現したもの」の背後にある「思想又は感情」は保護されない．特許法では発明という「自然法則を利用した技術的思想」（特許法2条1項）が保護されるが，著作権法の下ではアイデアに相当する思想や感情などが保護されない．また，著作権法が要求する創作性は先行する著作物に類似するものを意図的に作らなければよいという程度のもので，先行する著作物を知らずに類似の作品を作った場合は盗作にならない．特許法が創作に「高度のもの」（特許法2条1項）を要求しているが，著作権法が要求している創作性は特許法の要求よりもかなりレベルが低い．

　著作権法は，プログラムを「電子計算機を機能させて一の結果を得ることができるようにこれに対する指令を組み合わせたものとして表現したものをいう」（2条1項12の3）と定義した上で，著作物として「プログラムの著作物」（10条1項9号）を例示している．特許法はプログラムを「電子計算機に対する指令であつて，一の結果を得ることができるように組み合わされたものをいう」（特許法2条4項）と定義している．したがって，プログラムのうち，プログラム言語によって「表現したもの」は著作権法で保護され，「表現したもの」の背後にある「自然法則を利用した技術的思想の創作のうち高度のもの」は特許法によって保護される．プログラムの著作物に代表されるデジタル著作物は従来のアナログの著作物に比べて，複製を作る時間が短く，複製の費用が安く，品質を劣化させることなく複製が可能である．このため，デジタル著作物は従来の著作物に比べて無断複製による被害が甚大になる．しかし，現在の著作権法はプログラムの保護やデジタル著作物の保護という点において不十分である．

　著作権という名称は著作物を保護する複数の権利の束の名称で，このうち最も重要な権利は複製権である．著作権法は，複製を「印刷，写真，複写，録音，録画その他の方法により有形的に再製すること」（2条1項15号）と定義した上で，「著作者は，その著作物を複製する権利を専有する」（21条）と規定している．その一方で，著作権法は，「個人的に又は家庭内その他これに準ずる限られた範囲内において使用すること…（中略）…を目的とするとき」（30条1項）はその使用者が複製できるとして，私的使用のための複製を例外的に認めてきた．この例外はアナログの著作物を前提として生まれたので，デジタル著作物が私的に複製された場合の著作者の経済的損失は無視できないものになっている．加えて，通信技術の進歩がP2P技術を生み，ファイル交換が容易になっている．

　そこで，複製権を中心とする著作者の権利を保護する技術としてDRM（Digital Rights Management；デジタル著作権管理）の開発が課題となっている．著作権法は私的使用のための複製にも例外を設け，DRMの一種である不正アクセスの拒絶と不正コピーの拒絶を「技術的保護手段」（2条1項20号）という名称で定義し，技術的保護手段を回避した複製を行うことを禁止している（30条1項2号）．ただし，この禁止に対する私的な違反行為には罰則がなく，「技術的保護手段の回避を行うことをその機能とする装置」や「技術的保護手段の回避を行うことをその機能とするプログラムの複製物」を「公衆に譲渡し，若しくは貸与し，公衆への譲渡若しくは貸与の目的をもつて製造し，輸入し，若しくは所持し，若しくは公衆の使用に供し，又は当該プログラムを公衆送信し，若しくは送信可能化する行為」をした者が三年以下の懲役若しくは三百万円以下の罰金に処されるか，又はこれを併科される（120条の2第1号）．また，

「業として公衆からの求めに応じて技術的保護手段の回避を行つた者」も同様の処罰を受ける（120条の2第2号）.

アメリカではデジタルミレニアム著作権法（通称DMCA；Digital Millennium Copyright Act of 1998）によって，著作権保護システムの回避に関する規定を設け，セキュリティテスト（security testing）を目的とする場合に，コンピュータ，コンピュータシステム，又はコンピュータネットワークの所有者又は運営者（operator）の承認（authorization）があれば，アクセス制御の回避とこの回避のための技術的手段の開発が認められている（17 U.S.C. § 1201(j)）. 日本の著作権法にはこのような詳細な規定がないが，技術的保護手段を回避する装置やプログラムに関する罰則が上記のような特定の目的で行為をした者に向けられているので，日本の技術者にもアメリカと同様に技術的保護手段の開発過程で技術的保護手段を回避する技術を開発したりセキュリティテストを行ったりすることが可能である. ファイル交換対策として，日本では著作権を侵害する自動公衆送信を受信して行うデジタル方式の録音又は録画を，その事実を知りながら行う場合，目的が私的使用であっても違法な複製になり（30条1項3号），この行為を行った者は二年以下の懲役若しくは二百万円以下の罰金に処されるか，又はこれを併科される（119条3項）. DRMの実効性を高めるためには技術の標準化や相互運用性の確保を法的に保障する必要があるが実現していない. また，DRMが厳格すぎると著作物を自由に利用できるフェアユースの範囲が狭くなる. アメリカの著作権法では著作権保護システムの回避に関する規定がフェアユースに影響を与えないように配慮されている（17 U.S.C. § 1201(c)(1)）.

ところで，アメリカのデジタルミレニアム著作権法について補足しておこう. 日本の著作権法にはリバースエンジニアリングの規定がないが，アメリカではコンピュータプログラムやDRMについて自己のコンピュータプログラムとの互換性を達成するという目的がある場合にリバースエンジニアリングが認められている（17 U.S.C. § 1201(f)）. また，著作権のある作品に装着された暗号技術の欠陥や脆弱性を特定して解析することやそのための装置を開発することが，暗号技術に関する知識を向上させ又は暗号製品の開発を支援する場合には，一定の要件の下に認められている（17 U.S.C. § 1201(g)）.

著作物でセキュリティ侵害に一番さらされやすいのは「プログラムの著作物」と並んで「データベースの著作物」である. 著作権法は「データベース」を「論文，数値，図形その他の情報の集合物であつて，それらの情報を電子計算機を用いて検索することができるように体系的に構成したものをいう（2条1項10の3）と定義した上で，12条の2で「データベースの著作物」を「データベースでその情報の選択又は体系的な構成によつて創作性を有するものは，著作物として保護する」（1項）と定義し，「データベースの著作物」の「データベースの部分を構成する著作物の著作者の権利に影響を及ぼさない」（2項）と規定した. 著作権法は表現の観点から保護の対象を決めるので，ここにいう「データベースの著作物」は電子の状態になっている必要はなく，入力前の紙に開かれた状態で著作権法の保護を受ける. データベースにはデータベースを動かすプログラムが必要だが，このプログラムは「データベースの著作物」としてではなく「プログラムの著作物」として保護される.

データベースの価値はデータにある. このデータは著作物である場合も著作物でない場合も

ある．しかし，データにいくら価値があっても，創作性のないデータベースは著作物として保護されない．ただし，創作性のない顧客情報のデータベースを盗用して販売したことが，公正かつ自由な競争に反するという観点から，民法709条の不法行為に該当すると判断されたことがある（東京地裁中間判決平成13年5月25日．東京地裁終局判決平成14年3月28日．）．また，データそのものは「データベースの著作物」として保護されないので，他人の「データベースの著作物」に無断で侵入して著作物であるデータをすべてダウンロードしても「データベースの著作物」の著作権に対する侵害にはならない．したがって，他人の「データベースの著作物」から抽出したデータをそのまま用いて別の「体系」でデータベースを作っただけでは著作権侵害にならない．さらに，情報の「体系」は「表現したもの」ではないので，この「体系」を利用して別のデータベースを作っても著作権侵害にならない．特許法にはデータベースを保護する規定がない．

このような問題が発生するのは，データベースのデータそのものとデータベースの構築に必要な投資を保護する法律が我が国にないからである．データベースからデータを抽出する権利や，データベースから抽出したデータを再利用する権利を，データベースの構築者に知的財産権として与える法律を制定すればこれらの問題はかなり解決すると思われる．EUではこの権利がスイ・ジェネリス (sui generis) の権利として著作権とともに承認されている．

なお，データベースをネットで利用できるようにする場合，データが著作物であれば，著作者の事前の承諾をとり様々な著作権処理が必要である．この承諾がなければ，データベースの制作過程で複製権（21条）の侵害が確実に発生し，同一性保持権（20条）の侵害もたいてい発生し，データベースをサーバに接続した段階で送信可能化権（23条）の侵害が発生し，不特定多数の者にこの著作物が送信されると公衆送信権（23条）の侵害が発生する．

著作権侵害の多くは親告罪で刑事罰が規定されている（119条以下）．刑事責任が発生しない場合でも民事責任は発生する．著作権侵害も不法行為であるが，著作権法は被害者に対して民法上の不法行為の規定よりも厚い保護を与えている（112条，114条）．

11.5 個人情報の保護に関する法律

社会の情報化に伴いプライバシーの保護は重要性を増すばかりである．しかし，プライバシーという概念が厳密に何を意味するのかについて極めて多くの議論がなされているが，定説がなく，この概念は曖昧なままである．プライバシー，個人情報，個人データは異なる概念であるが，プライバシーを保護するためにOECDやEUでは個人データという概念を用い，日本では主に個人情報という概念を用い，個人データという概念も用いている．日本では「個人情報の保護に関する法律」（以下，個人情報保護法）が「この法律において「個人データ」とは，個人情報データベース等を構成する個人情報をいう」（2条4項）と規定している．個人情報保護法が保護できる個人情報は個人データのうち，個人情報取扱事業者が事業の用に供する個人データである（図11.3）．

> 個人情報：生存する個人に関する情報で特定の個人を識別できるもの
> 　　　　　生存する個人に関する情報で個人識別符号が含まれるもの
>
> 個人情報に対する個人情報取扱事業者の管理行為：
> 利用目的の特定，利用目的による制限，適正な取得，利用目的の通知，苦情処理
>
> > 個人データ：個人情報データベース等を構成する個人情報
> > 　　　　　（特定の個人情報を検索できるように体系的に構成されている）
> >
> > 個人データに対する個人情報取扱事業者の管理行為：
> > データ内容の正確性，安全管理措置，従業者の監督，第三者提供の制限
> >
> > > 保有個人データ：個人情報取扱事業者が，開示，内容の訂正，
> > > 　　　　　追加又は削除，利用の停止，消去及び第三者への提供の
> > > 　　　　　停止を行うことのできる権限を有する個人データ
> > > 　　　　　（本人からのアクセスが可能）
> > >
> > > 保有個人データに対する個人情報取扱事業者の管理行為：
> > > 開示，内容の訂正，追加又は削除，利用の停止，消去，
> > > 第三者への提供の停止

図 11.3 個人情報，個人データ，保有個人データの関係と個人情報取扱事業者の管理行為.

コラム　宇治市住民基本台帳データ漏えい事件

　データの漏えいは，データを収集している事業所からよりも，データ処理の委託先から生じる場合が多い．この事件はその後のデータ漏えい事件の原型ともいうべきものである。宇治市がその管理に係る住民基本台帳のデータを使用して乳幼児検診システムを開発することを企図し，その開発業務を民間業者に委託したところ，再々委託先のアルバイトの従業員がこのデータを不正にコピーしてこれを名簿販売業者に販売し，同業者がさらにこのデータを他に販売した．転売を受けた事業者の1つがネット上でこれを販売したことから，宇治市の住民がこれに気づいて，データの流出により精神的苦痛を被ったとして，宇治市に対し損害賠償などを求めた．宇治市は最高裁まで争ったが，最高裁は 2002（平成 14）年 7 月 11 日の決定で，訴えた者 1 人あたり 15000 円の損害賠償を宇治市に命じている．

　個人情報保護法は 2003（平成 15）年に制定されたが，マイナンバー制度の導入やビッグデータの利活用に対応するために，2015（平成 27）年に大改正があった（表 11.2）．個人情報保護

表 11.2 　個人情報保護法のキーワード.

キーワード	意義
個人情報	生存する個人に関する情報．個人識別性がある．
個人情報取扱事業者	個人情報データベース等を事業の用に供している． 法規制の直接の名宛人．
要配慮個人情報	その取扱いに特に配慮を要する個人情報． 収集と第三者への提供が制限される．
匿名加工情報	個人識別性がないように加工され，第三者への提供が容易．
匿名加工情報取扱事業者	匿名加工情報データベース等を事業の用に供している．
個人情報保護委員会	政治的に中立な独立行政委員会．行政監督権限の行使．
個人情報保護委員会規則	個人情報取扱事業者と匿名加工情報取扱事業者を規制．
外国執行当局への情報提供	個人情報保護委員会が外国の執行当局と相互協力．
認定個人情報保護団体	個人情報取扱事業者に対する苦情を処理する非政府機関．
データベース提供罪	情報漏えいの防止．

　法は個人データを保護するためだけにあるのではない．この大改正によって，この法律の目的を定める1条に，「個人情報の適正かつ効果的な活用が新たな産業の創出並びに活力ある経済社会及び豊かな国民生活の実現に資するものであることその他の個人情報の有用性」を配慮することが書き加えられた．個人情報保護法は経済活動において個人データを合法的に利用するための仕組みである．また，前章で紹介した2013年のOECDデータ保護ガイドラインは加盟国の個人データ保護制度を均一化することを目指し，行政レベルの協力だけでなく，司法的な救済制度まで統一しようとしている．大改正によって，「法制上の措置等」に「国際機関その他の国際的な枠組みへの協力を通じて，各国政府と共同して国際的に整合のとれた個人情報に係る制度を構築するために必要な措置を講ずる」（6条）という文言が加えられた背景には，このようなOECDの政策がある．

　個人情報保護法は「個人情報取扱事業者」に個人情報の取扱に関する義務を課して個人情報を保護する法律である．この法律において「個人情報取扱事業者」とは「個人情報データベース等を事業の用に供している者」（2条5項）であり，国の機関，地方公共団体，独立行政法人等は除かれて（2条5項1号～5号），別の法令で規制されている．この法律が保護する対象は「個人情報データベース等を構成する個人情報」（2条4項）であり，これが「個人データ」（2条4項）である．個人データのうち「個人情報取扱事業者が，開示，内容の訂正，追加又は削除，利用の停止，消去及び第三者への提供の停止を行うことのできる権限を有する個人データ」（2条5項）を「保有個人データ」という．

　さて，「個人情報」や「個人情報データベース等」の概念は保護の範囲を明確にするために大改正でより詳細になった．

　個人情報保護法は2条1項で2種類の「個人情報」を定義している．「個人情報」とは「生存する個人に関する情報」で「当該情報に含まれる氏名，生年月日その他の記述等により特定の個人を識別することができるもの」（1項1号），又は「個人識別符号が含まれるもの」（1項2号）である．1項1号括弧書きによると，前者には電磁的記録が含まれ，「他の情報と容易に

照合することができ，それにより特定の個人を識別することができることとなるもの」が含まれる．個人情報として保護されるためには個人識別性が必要である．

「個人情報データベース等」の概念は「個人情報」概念を前提にして規定されている．「個人情報データベース等」は「個人情報を含む情報の集合物」（2 条 4 項）であって「特定の個人情報を電子計算機を用いて検索することができるように体系的に構成したもの」（2 条 4 項 1 号），又はこれ以外のもので「特定の個人情報を容易に検索することができるように体系的に構成したものとして政令で定めるもの」（2 条 4 項 2 号）であるが，2015 年の改正で「利用方法からみて個人の権利利益を害するおそれが少ないものとして政令で定めるもの」（2 条 4 項括弧書き）が除かれている．これはビッグデータの利活用に対する便宜である．「個人情報データベース等」の「等」には電子化される前の紙に書かれたものも含まれる．

2015 年の大改正の重要な目的の 1 つはネットなどを通じて集められた膨大な個人情報を加工して第三者に提供することを容易にすることであった．ビッグデータを活用する社会的要請がある一方で，プライバシーは守らなければならない．そこで，「要配慮個人情報」という概念が新たに規定された．「要配慮個人情報」とは「本人の人種，信条，社会的身分，病歴，犯罪の経歴，犯罪により害を被った事実その他本人に対する不当な差別，偏見その他の不利益が生じないようにその取扱いに特に配慮を要するものとして政令で定める記述等が含まれる個人情報」（2 条 3 項）である．「個人情報取扱事業者」は，「法令に基づく場合」や「本人の同意を得ることが困難であるとき」を除いて，「あらかじめ本人の同意を得ないで，要配慮個人情報を取得してはならない」（17 条 2 項）．また，「要配慮個人情報」が本人を識別できる個人データのまま本人の求めに反して第三者へ提供されることは認められていない（23 条 2 項）．

また，そのままでは個人識別性のある個人情報を個人識別性のない情報に加工して第三者に提供できることを明確にするために，「匿名加工情報」という概念が新たに規定された．「匿名加工情報」とは「特定の個人を識別することができないように個人情報を加工して得られる個人に関する情報であって，当該個人情報を復元することができないようにしたもの」（2 条 9 項）である．「匿名加工情報」は「加工」の方法によって 2 種類に分かれる．「当該情報に含まれる氏名，生年月日その他の記述等により特定の個人を識別することができる」個人情報は「当該個人情報に含まれる記述等の一部を削除すること」によって「匿名加工情報」になる（2 条 9 項1 号）．「個人識別符号が含まれる」個人情報は「当該個人情報に含まれる個人識別符号の全部を削除すること」によって「匿名加工情報」になる（2 条 9 項 2 号）．

「個人情報取扱事業者」のうち「匿名加工情報」が含まれる「匿名加工情報データベース等」を事業の用に供している者は，「匿名加工情報取扱事業者」（2 条 10 項）とされている（36 条 1項）．「個人情報取扱事業者」が「匿名加工情報」を作成するときは「個人情報保護委員会規則で定める基準」に従わなければならず，以下の義務が 36 条各号で課されている．削除した情報と加工方法に関する情報の漏洩防止（2 号），匿名加工情報に含まれる個人に関する情報項目の公表（3 号），第三者に提供される匿名加工情報に含まれる個人に関する情報の項目及びその提供方法の公表（4 号），自ら当該匿名加工情報を取り扱う場合に当該匿名加工情報を他の情報と照合してはならないこと（5 号），匿名加工情報の安全管理のために必要かつ適切な措置を公表

する努力（6号）.

　「匿名加工情報取扱事業者」が「匿名加工情報」を第三者に提供するときは，個人情報保護委員会規則で定めるところにより，あらかじめ，第三者に提供される匿名加工情報に含まれる個人に関する情報の項目及びその提供の方法について公表するとともに，当該第三者に対して，当該提供に係る情報が匿名加工情報である旨を明示しなければならない（37条）. また，「匿名加工情報取扱事業者」が匿名加工情報を取り扱うに当たっては，匿名加工情報を集めること，これを他の情報と照合することが禁止されている（38条）. 匿名加工情報取扱事業者は「匿名加工情報の適正な取扱いを確保するために必要な措置を自ら講じ，かつ，当該措置の内容を公表するよう努めなければならない」（39条）.

　「個人情報取扱事業者」には「個人情報取扱事業者の義務」が課されている（15条以下）. この義務には，利用目的の特定，利用目的による制限，適正な取得，取得に際しての利用目的の通知等，データ内容の正確性の確保，安全管理措置，従業者の監督，委託先の監督，第三者提供の制限，保有個人データに関する事項の公表等，開示，訂正等，利用停止等，理由の説明，が含まれる. これらの義務は前章で紹介したOECDの個人データ保護政策だけでなく，EUの個人データ保護政策の影響も受けている.

　今回の改正において，「データ内容の正確性」の確保に関して「利用する必要がなくなったときは，当該個人データを遅滞なく消去するよう努めなければならない」（19条）と規定されたことは注目に値する. この規定は，消去することを命じるのではなく，消去する努力を命じているので，強制力がない. しかし，これは「忘れられる権利（Right to be forgotten）」に配慮した画期的な規定である. この規定により，本人（データ主体）の申し出を待つことなく個人情報取扱事業者が不要な個人情報を消去する倫理的義務を負うことになった. 本人（データ主体）には個人データの訂正権（26条），利用停止権（27条）と並んで個人データの消去権（27条）がかねて認められているが，19条は27条以上に「忘れられる権利」の実現に貢献する.

　EUは，個人データ保護規則（REGULATION (EU) 2016/679 OF THE EUROPEAN PARLIAMENT AND OF THE COUNCIL of 27 April 2016 on the protection of natural persons with regard to the processing of personal data and on the free movement of such data, and repealing Directive 95/46/EC (General Data Protection Regulation)) を2016年5月24日に発効させ，2018年5月25日から適用する. EU加盟国はこの2年間でこの規則と同様の国内法を制定することが義務付けられている. この規則は17条で「消去権（忘れられる権利)」を規定している. この規定は，消去権の要件を日本の個人情報保護法よりも詳細に規定しているが，忘れられる権利を消去権と同視することにより，「忘れられる権利」を狭く理解している.

　個人情報の利活用を拡大しようとすれば，当然，加工により個人識別性を排除した個人データを第三者に提供することの是非や要件が問題になる. 「個人情報取扱事業者は」，法令に基づく場合や本人の同意を得ることが困難な場合を除き，「あらかじめ本人の同意を得ないで，個人データを第三者に提供してはならない」（23条1項）. ただし，本人が第三者提供を望まない本人を識別できる個人データであっても，「個人情報保護委員会規則」の定めにより「あらかじめ，

本人に通知」するなど，一定の要件を満たせば，「個人情報取扱事業者」は第三者提供が可能になる．また，個人データを外国に存在する第三者に提供する場合，その国が日本と同等の水準で個人の権利利益を保護してくれるかが問題になるが，「個人情報保護委員会規則」が「我が国と同等の水準にあると認められる個人情報の保護に関する制度を有している外国」を定めることになっている（24条）．

「個人情報の適正な取扱いの確保を図る」ために「個人情報保護委員会」が設けられている（50条）．「個人情報保護委員会」の所掌事務は7項目規定されているが（52条），この中には「特定個人情報」に関するものが含まれている．「特定個人情報」とは「行政手続における特定の個人を識別するための番号の利用等に関する法律」（以下，番号利用法）が定める個人番号（通称，マイナンバー）を内容に含む個人情報である（番号利用法2条8項）．「個人情報保護委員会」の所掌事務で最も重要なものは，個人情報の適正な取扱いに関する「基本方針の策定及び推進に関すること」（52条1号）である．「内閣総理大臣は，個人情報保護委員会が作成した基本方針の案について閣議の決定を求めなければならない」（7条3項）．次に重要な所掌事務は，「所掌事務に係る国際協力に関すること」（52条6号）である．個人データの保護についてOECD は加盟国間の国際協力を推進してきた．この所掌事務は OECD の方針に沿うものである．また，「個人情報保護委員会」には所掌事務について規則制定権があり（65条），「個人情報取扱事業者」や「匿名加工情報取扱事業者」の守るべき「個人情報保護委員会規則」を制定する．個人情報保護法の改正は個人情報の第三者提供をしやすくしたが，この第三者提供がプライバシー侵害にならないような環境を整備する必要がある．個人情報保護委員会は規則制定権や監督権の行使を通じて個人情報の濫用を防止する重要な役割が期待されている．

「個人情報保護委員会」の委員長及び委員は職権行使の独立性が保障されている（51条）．「委員長及び委員は，人格が高潔で識見の高い者のうちから，両議院の同意を得て，内閣総理大臣が任命する」（54条3項）．「委員長及び委員の任期は，五年」（55条1項）で，「再任されることができる」（55条2項）．職権行使の独立性を保障するために，「委員長及び委員は」「在任中，その意に反して罷免されることがない」（56条）．また，委員長及び委員は政治的活動と経済的活動が制限され（62条），秘密保持義務が課されている（63条）．

個人情報が経済活動の資源になり，その活用が人権侵害にならないようにする仕組みが個人情報保護法である．これは個人情報に財産的な価値があることを意味し，これは個人情報が漏えいされる原因にもなっている．この問題に対応するためにデータベース提供罪が規定された．「個人情報取扱事業者…（中略）…若しくはその従業者又はこれらであつた者が，その業務に関して取り扱った個人情報データベース等…（中略）…を自己若しくは第三者の不正な利益を図る目的で提供し，又は盗用したときは，一年以下の懲役又は五十万円以下の罰金」（83条）に処される．

個人情報が漏えいした場合，個人情報保護委員会が迅速に対応できるようにしておく必要がある．個人データのトレーサビリティを可能にする規定があれば，それが可能になる．個人情報取扱事業者は，個人データを第三者に提供したときは「当該個人データを提供した年月日，当該第三者の氏名又は名称その他の個人情報保護委員会規則で定める事項に関する記録を作成し

なければならない」（25 条）．さらに，「個人情報取扱事業者は，第三者から個人データの提供を受けるに際しては，個人情報保護委員会規則で定めるところにより」次の事項の確認を行わなければならない．1 つは「当該第三者の氏名又は名称及び住所並びに法人にあっては，その代表者（法人でない団体で代表者又は管理人の定めのあるものにあっては，その代表者又は管理人）の氏名」で，もう 1 つは「当該第三者による当該個人データの取得の経緯」である（26 条 1 項）．

最後に，個人情報保護法の適用除外について述べておく．「個人情報取扱事業者の義務」は個人データの収集や利用などを規制する OECD の 8 つの原則[3]を基本にして作られている．そのため，この義務は経済取引において個人のプライバシーを保護するためには有効に機能するが，経済取引以外の分野にそのまま適用すると弊害が発生する．個人情報保護法 76 条は「個人情報取扱事業者の義務」に適用除外を設け，放送機関，新聞社，通信社その他の報道機関（報道を業として行う個人を含む），著述を業として行う者，大学その他の学術研究を目的とする機関若しくは団体又はそれらに属する者，宗教団体，政治団体に対して，一定の例外を認めている．ジャーナリズム，言論の自由，学術研究にとってこの例外を認めることは極めて重要であるが，個人情報保護法は EU のデータ保護法制に比べてこの点に対する配慮が不足している．

11.6 自主規制でセキュリティを向上させる場合の基準

法的規制だけでは不十分なので，自主規制の基準を紹介する．一般財団法人日本情報経済社会推進協会（JIPDEC）は，国際標準によるマネジメントシステム評価を行うために，情報マネジメントシステム適合性評価制度の運営を行っている．事業者が自社のセキュリティを高めようとしても，どのようにすればよいのかわからないのが普通である．JIPDEC はそのような事業者の自主規制を助けるために存在する．JIPDEC の認証を受けると，JIS をはじめ，ISO，IEC など，国際的な標準規格を満たしたことになる．

11.6.1 プライバシーマーク制度

プライバシーマーク制度は，日本工業規格「JIS Q 15001:2006 個人情報保護マネジメントシステム─要求事項」に適合して個人情報保護措置を講じている事業者に，JIPDEC が制定したプライバシーマークの使用を認める制度である．この制度は EU がデータ保護制度を強化して，EU よりも個人データ保護の水準が低い国に EU から個人データを移転しない制度を確立したことに対応する措置である．

11.6.2 ISMS 適合性評価制度

ISMS は情報セキュリティマネジメントシステム (Information Security Management System) の略称である．ISMS 適合性評価制度は，情報セキュリティを強化するためのもので，認

---

[3] 一般に OECD8 原則と呼ばれるものは，前章で紹介したように，1980 年のガイドラインに規定され，2013 年にアップデートされたガイドラインでも同様に規定されている．

証基準は ISO/IEC 27001:2013 をそのまま日本工業規格にした JIS Q 27001:2014(ISO/IEC 27001:2013) である.

11.6.3 ITSMS 適合性評価制度

ITSMS は IT サービスマネジメントシステム (IT Service Management System) の略である. ITSMS 適合性評価制度は, 組織における IT サービス運用管理の品質を継続的に向上させることにより, わが国の IT サービス全体の信頼性の向上に貢献することを目的とするもので, ISO/IEC 20000-1(Information technology-Service Management - Part 1: specification) に基づく, JIS Q 20000-1(ISO/IEC 20000-1) を認証規格としている.

11.6.4 CSMS 適合性評価制度

CSMS はサイバーセキュリティマネジメントシステム (Cyber Security Management System) の略である. CSMS 適合性評価制度では, 産業用オートメーションおよび制御システムを対象としたサイバーセキュリティマネジメントシステムに対する認証を行い, 国際電気標準会議 (IEC) の規格である IEC 62443-2-1 に基づいて策定された CSMS 認証基準 (IEC 62443-2-1:2010) によって評価されている.

11.7 セキュリティ侵害に対する損害賠償責任

情報セキュリティが侵害されて被害を受けると, 被害者は加害者に損害賠償請求をすることができる. 加害者が国又は公共団体の公務員であれば被害者と加害者の関係が公法関係になり, 国家賠償法が適用される. ただし, 国又は公共団体が日常の業務を遂行するために必要な物品を購入すること, 確定申告や国民年金などの情報を管理するシステムを発注することなどは, 私法関係になるので, これにより損害が発生したときは民法が適用される. 被害者と加害者が互いに国民か民間の事業者であれば互いに私人なので, 私法関係があり, 民法が適用される.

情報セキュリティの法的性質は, あまり議論されていないし, 情報セキュリティやセキュリティ自体の定義が法律には存在しない. しかし, 常識のレベルでセキュリティが侵害されたと思われる事態が発生した場合, 損害か利益侵害が発生しているはずである. 損害か利益侵害があれば, 加害者に対して損害賠償を請求できる可能性がある.

11.7.1 国家賠償責任

国家賠償法 1 条は「国又は公共団体の公権力の行使に当る公務員が, その職務を行うについて, 故意又は過失によつて違法に他人に損害を加えたときは, 国又は公共団体が, これを賠償する責に任ずる」と定めている. この規定は憲法 17 条に基づいて公務員の不法行為による被害を救済する要件を定めている.

国または公共団体が上記の「犯罪捜査のための通信傍受に関する法律」に違反した通信傍受を行うと機密性の侵害になり, 憲法 21 条 2 項の保障する通信の秘密を侵害したことになるの

で，国民は国家賠償法 1 条によって損害賠償を請求することができる．国又は公共団体による国民のコンピュータへの攻撃や不正アクセス行為が発生した場合にも，国家賠償法は適用されると思われるが，このような事例への対応はほとんど議論されていない．

11.7.2　民事上の損害賠償責任

　私法関係で損害が発生した場合，発生する損害賠償責任には 2 通りある．債務不履行という契約違反を根拠とする損害賠償責任と，契約関係のない当事者間で発生した不法行為を根拠とする損害賠償責任である．前者を契約責任，後者を不法行為責任という．

コラム　ジェイコム株誤発注事件

　情報システムの不備に関する責任配分の在り方を考えさせる事件がある．2005（平成 17）年 12 月 8 日，みずほ証券がジェイコム株の売買注文の際に，1 株 61 万円の売り注文を誤って 61 万株 1 円と発注した．当時，ジェイコムの発行済み株式総数は 1 万 4500 株だった．誤発注時，みずほ証券の担当者は発注端末に表示されたアラームを自ら解除していた．ただし，みずほ証券が誤発注に気づいて，複数回にわたり取消注文をしたものの東証のシステムが受け付けず，売り注文が成立してしまった．このため，みずほ証券には 407 億円の損失が発生した．みずほ証券は，注文を取り消せなかったのは東証の売買システムの不具合が原因だとして，東証に対して損害賠償請求訴訟を起こした．2009（平成 21）年 12 月 4 日の東京地裁判決は，誤発注したみずほ証券が注文を取り消せずに巨額の損失を出したのは，取引所のシステム不備に過失があるが，売買システムを開発した富士通には履行責任がないと判断し，東証とみずほ証券の過失割合を 7 対 3 と認定した上で，東証に約 107 億 1200 万円の支払いを命じた．この判断は 2015（平成 27）年 9 月 3 日の最高裁決定によって確定した．

---

(1)　契約責任

　損害賠償の範囲について，民法 416 条 1 項は「債務の不履行に対する損害賠償の請求は，これによって通常生ずべき損害の賠償をさせることをその目的とする」と定めている．また，2 項で「特別の事情によって生じた損害であっても，当事者がその事情を予見し，又は予見することができたときは，債権者は，その賠償を請求することができる」と定められている．つまり，債務不履行によって「通常生ずべき損害」が損害賠償の範囲である．損害賠償は金銭で額を決めるのが基本である（民法 417 条）．債務不履行には履行遅滞，履行不能，不完全履行があるので，セキュリティの実装が遅れて履行遅滞が発生した場合，事業者などに損害賠償責任が発生する可能性がある．

　売買の場合，債務不履行が発生しなかった場合でも，「売買の目的物に隠れた瑕疵」があった場合，売主には瑕疵担保責任が発生する（民法 570 条）．「隠れた瑕疵」とは契約が履行される

時点で買主が無過失で気づかなかった瑕疵である．隠れた瑕疵が見つかった場合，売主の過失の有無とは関係なく，売買の目的物の引き渡しを受けた日から 10 年間，買主は契約の解除又は損害賠償の請求ができる（民法 167 条 1 項）．ただし，この請求は「買主が事実を知った時から一年以内にしなければならない」(566 条 3 項)．「事実」とは「隠れた瑕疵」である．売買された製品に組み込まれたコンピュータのプログラムにセキュリティ上の障害など，隠れたバグがあれば，瑕疵担保責任が発生する可能性がある．

なお，製品に組み込まれるプログラムを受注して注文者に納品する場合，この契約が請負になるのか準委任になるのか，難しい問題がある．どちらにするか，契約時に明確にしておく必要がある．「請負は，当事者の一方がある仕事を完成することを約し，相手方がその仕事の結果に対してその報酬を支払うことを約することによって，その効力を生ずる」(民法 632 条)．「委任は，当事者の一方が法律行為をすることを相手方に委託し，相手方がこれを承諾することによって，その効力を生ずる」(民法 643 条)が，「法律行為でない事務の委託」が準委任になる（民法 656 条)．請負の場合，請負人は瑕疵担保責任を負う（民法 634 条)．準委任の場合，受任者には善良な管理者の注意義務が発生する（民法 644 条)が，瑕疵担保責任が発生しない．

特に，システム開発を受注する場合，工程のフェーズごとに請負か準委任かを決めてゆかなければならない大変な作業がある．これについては明確な法律の規定がないので，経済産業省が「モデル取引・契約書」の第一版と追補版を公表している．

ところで，コンピュータのプログラムにはバグがつきものであるが，金融機関や鉄道会社など社会的に重要なインフラを提供する会社がシステム会社に発注してシステムを導入し，そのシステムに障害が発生して該当する会社の顧客にサービスを提供できなくなった場合，システム会社はどのような責任を負うのだろうか．プログラムの脆弱性を衝いて，このシステムに誰かが不正アクセスして個人情報を漏えいさせた場合も，システム会社は責任を負うのだろうか．システム会社には責任があるが，発生する損害額が巨額になる場合が多いので，システム会社に過大な責任を負わせると賠償に耐えられない会社が続出するであろう．このような問題を未然に防ぐために両者は契約時に免責条項などの契約条項をしっかり検討する必要がある．しかし，まだ問題がある．たとえば，金融機関の決済システムに障害が発生した場合，鉄道会社で列車の運行を制御するシステムに障害が発生した場合，通信会社のサーバがシステムダウンした場合，ATM を利用する顧客，電車を利用する顧客，スマホや携帯電話などを利用する顧客が影響を受ける．金融機関や通信会社のコンピュータから顧客情報が盗まれることは珍しくない．いずれも利用者である顧客 1 人あたりの被害額はそれほど大きくない場合が多いと思われるが，影響を受ける顧客の数が多いので被害額を集計すると膨大な金額になる．しかし，1 人あたりの被害額が少なければ勝訴しても割りが合わないので被害者である顧客は裁判所に訴えない．そのような顧客が多いのが実態である．被害額が低額であっても被害者が安心して利用できる訴訟制度を作ることは可能だが，損害賠償額に耐えられない事業者がでると思われる．システム事故に関して，システムの開発者とシステムを利用する事業者に適切な責任を負わせる一方，消費者の利益が不当に侵害されない程度に，被害の救済を実現できる仕組みを法的に工

夫する必要がある．これは大きな課題である．

　システムの運用に必要なサーバや回線設備などの保守点検中に作業ミスが起こりネットワークに障害が発生した場合，保守点検が不十分で後日障害が発生した場合なども，同様に考えるべきである．

　証券取引所の売買システムに誤発注を取消せない不具合があったために，誤発注を取消せずに415億円の損害を被ったとして，証券会社が証券取引所に損害賠償を請求した事件（ジェイコム株誤発注事件）がある．東京地方裁判所平成21年12月4日の判決は，証券取引所が売買システムを提供する契約で規定されている証券取引所の免責条項（重過失の場合にのみ責任を負う）の効力を認めた上で，両者に重過失があったとして過失相殺をしている．また，この事件では証券取引所にシステムを納入したシステム開発会社が証券会社から損害賠償を請求されていない．

(2)　不法行為責任

　不法行為による損害賠償について民法709条は「故意又は過失によって他人の権利又は法律上保護される利益を侵害した者は，これによって生じた損害を賠償する責任を負う」と規定している．不法行為責任の場合，契約責任と違って加害者に「故意又は過失」が必要である．過失とは注意義務違反であり，注意義務違反の程度に応じて軽過失と重過失がある．条文には明確に書かれていないが，加害者の行為と損害との間に因果関係が必要である．また，「法律上保護される利益」は保護されることが法律に明確に書かれている利益のみを指すのではない．セキュリティ侵害に対する刑罰法規について上述したが，刑罰を科されるようなセキュリティ侵害行為は例外なく民法上の不法行為に該当する．刑事責任が発生しないセキュリティ侵害行為であっても，民法上の不法行為に該当する場合がある．ただし，この逆はない．

　システムに事故が発生した場合，システムを開発したシステム会社とそれを注文して導入した会社の間で契約責任に基づく損害賠償の問題が発生し，責任の配分に難しい問題があることは前述した．同様の問題がシステムを用いる事業者と顧客との間にもあり，保守点検においても同様の問題が起こりうることも前述した．これとは別に，契約に基づく債務の履行とは関係のない行為によってシステム障害や個人情報の漏えいを引き起こして損害を発生させると，不法行為に基づく損害賠償責任が発生する．しかし，ネットワーク経由でシステムを攻撃して損害を発生させるクラッカーを検挙するのは困難な場合が多いように，仮にこのクラッカーを特定して被害者が損害賠償を請求したとしても，クラッカーが個人であれば損害賠償をする資力のない場合が大部分である．

11.8　展望

　情報セキュリティの保護は世界が共通のルールを作って守らなければ維持することが困難である．そのための努力がOECDを中心に行われ，世界の主要な国々がOECDのガイドラインを基本にして自国の情報セキュリティに関する法制度を整備している．情報セキュリティにつ

いて重大な事故が発生したときは各国の政府機関が相互に協力し合うことが OECD 加盟国によって合意されている．世界の国々の情報セキュリティに関する法制度は，細かな点ではそれぞれ異なっているが，共通のルールによって収斂してゆくと思われる．情報セキュリティの損傷に対する損害賠償制度も国際的に共通化してゆくと思われるが，国境を越えて情報セキュリティに対する侵害があった場合，被害者が司法的救済制度を本当に活用できるのか，被害者が適切な損害賠償額をもらえるのかなどが解決すべき課題として浮上する．

演習問題

設問 1 日本の政府はネットワークセキュリティに対してどのような法的責任を負っているか説明せよ．

設問 2 不正アクセス禁止法はセキュリティホールの調査行為を犯罪化していないが，この点についてあなたの考えを説明せよ．

設問 3 サイバー攻撃をした者にはどのような法的責任があるかを述べよ．

設問 4 データベースに対する情報窃盗の現行法上の規制と課題を述べよ．

設問 5 忘れられる権利の意義と法制度上の課題を述べよ．

設問 6 システムダウンに対する法制度の不備を述べよ．

参考文献

[1] 山本隆司『コンテンツ・セキュリティと法』，商事法務 (2015).

[2] 日置巴美，板倉陽一郎『個人情報保護法のしくみ』，商事法務 (2017).

[3] 総務省総合通信基盤局消費者行政課『プロバイダ責任制限法 （改訂増補版）』，第一法規出版 (2014).

[4] 斎藤信治『刑法各論［第四版］』，有斐閣 (2014).

[5] 石井夏生利『新版 個人情報保護法の現在と未来』，勁草書房 (2017).

[6] 宇賀克也『新・情報公開法の逐条解説—行政機関情報公開法・独立行政法人等情報公開法［第 7 版］』，有斐閣 (2016).

[7] 岡村久道『情報セキュリティの法律 （改訂版）』，商事法務 (2011).

[8] 寺本 振透【編集代表】，西村あさひ法律事務所【著】『クラウド時代の法律実務』，商事法務 (2011).

索　引

数字

1 対 1 認証	104
1 対 n 認証	105

A

AAA	176, 179
AES	57, 138
AH	154
ANY 接続拒否	138
APT 攻撃	114
ARPANET	2
ATM	153

C

CA	97, 139
CAPTCHA	117, 118
CBC モード	63
CSMS 適合性評価制度	243
CTR モード	64

D

DES	42
DMCA	235
DMZ	125, 130
DoS 攻撃	5, 14, 132, 184, 232
DDoS 攻撃	15, 232
DRM	234, 235

E

EAP	139
ECB モード	62
Elgamal 暗号	69
ESP	154
EU 個人データ保護規則	240

H

HIDS	134
HMAC	93
HTML	143

HTTP	143

I

IDS	14
ID 付き認証	104
ID レス認証	105
IEEE802.1X	126
IKE	154
IP-VPN	152
IPS	14
IPsec	142, 154
ISMS	5, 211
ISMS 適合性評価制度	193, 242
ITSMS 適合性評価制度	243
IT サービスマネジメントシステム	243
IT セキュリティ評価及び認証制度	194

J

JIPDEC	242
JUNET	3

M

MAC	145
MAC アドレスフィルタリング	137
MPLS	153

N

NAT	126
NIDS	132

O

OECD 8 原則	206
OECD セキュリティ政策	211

P

P2P の悪用	15
PDCA サイクル	164
PGP	89, 145

PKI 97, 116, 144

R

RADIUS 139
RSA 69, 144

S

S/KEY 106
S/MIME 145
SA 154
SOHO 128
SPI 154
SPN 構造 41
SP ネットワーク 41
SSH 151
SSID 137
SSL 116, 143
S ボックス 45

T

TCP/IP 2
Telnet 150
TLS 143
TTP 97

V

VPN 125
VPN 装置 153

W

WEP 138
What-you-are 105
What-you-have 105
What-you-know 105
WIDE 3
WPA 138
WPA2 138

X

X.509 99

あ行

アウトオブバンド認証 117
アクセス制御 138, 176, 177, 229, 235
アクセスポイント 137
アプリケーションゲートウェイ 131
暗号化 23
暗号解読 10

暗号学的ハッシュ関数 88
暗号政策 211, 213
暗号文 23
暗号文攻撃 54
暗号モジュール試験及び認証制度 194
安全保護の原則 206, 208, 210–212
異常検知型 135
一方向性 88
インシデント 173
インフラストラクチャ・モード 137
インターネット 1
インターネット VPN 152
イントラネット 125
ウイルス対策ソフトウェア 131
請負 245
「宴のあと」判決 203, 209
エクスプロイト 13
オイラーの定理 70

か行

改ざん 4
ガイドライン 169
カウンタモード 64
換字暗号 25
鍵 23
鍵管理 180
鍵空間 27
鍵ストリーム 61
拡張ユークリッドの互除法 76
隠れた瑕疵 244
瑕疵担保責任 245
カーマイケル数 79
可用性 211, 212
完全性 88, 211, 212
管理策 174
技術的保護手段 234, 235
偽造生体 109
既知平文攻撃 54
基本方針 168
機密性 211, 212
キャンセラブル生体認証 116
脅威 172
共通鍵暗号 23, 144
記録 104, 176, 179
クラウドセキュリティ 6
グローバル IP アドレス 127
クロスサイトスクリプティング 16
計算量的安全 106
形式手法 97
契約責任 244
検疫ネットワーク 135
権限管理 176, 178

検証 87	主体認証. 176
原像計算困難性 88	準委任 245
公開鍵 69	準同型性. 81
公開鍵暗号. 24, 69, 144	消去権 240
公開鍵基盤 97	照合 104
公開鍵証明書 97, 104	証跡管理. 176, 179
高度情報通信ネットワーク社会形成基本法226	衝突 88
国際標準 ISO/IEC27002 5	衝突困難性 88
個人識別符号 237–239	情報資産 171, 213
個人情報. 236, 238	情報システム 212, 244
個人情報データベース 236, 237, 239	情報システムのセキュリティ 211–213
個人情報取扱事業者. 207, 236–238, 240, 241	情報セキュリティ 5
個人情報取扱事業者の義務 240, 242	情報セキュリティ委員会 166
個人情報の保護に関する法律 236	情報セキュリティ監査 193
個人情報保護委員会. 238, 241	情報セキュリティ対策ベンチマーク 193
個人情報保護委員会規則 238, 239, 241	情報セキュリティの目標 212
個人データ 202, 207, 211, 236–238	情報セキュリティポリシー 168
個人データの消去権. 240	情報セキュリティマネジメント 161, 162, 215
個人データの第三者提供 241	情報セキュリティマネジメントシステム 164,
個人データのトレーサビリティ 241	242
個人データの保護 210	情報窃盗. 233
個人データ保護規則. 240	剰余 70
国家賠償責任 243	初期化ベクトル 64
国家プライバシー戦略. 219	署名 87, 228
コンピュータウイルス. 12, 232	進行鍵暗号 35
コンピュータセキュリティ 6	侵入検知. 190, 191
	侵入検知システム (IDS) 132
	侵入防止システム (IPS) 135
さ行	信用できる第 3 者 97
	信用の輪. 100
最小権限. 7, 178, 189	信用パス. 100
サイバー攻撃 5, 19, 227	信頼の輪. 100
サイバーセキュリティ基本法 227	スイ・ジェネリスの権利 236
サイバーセキュリティマネジメントシステム	推測攻撃. 108, 109
243	数理的技法 97
サイファブロック連鎖モード 63	スキュタレー暗号 24
債務不履行. 244	ステートフル・インスペクション 131
差分解読法. 50	ステルス機能. 138
参加者 215	ストリーム暗号 61
識別 105	スパイウェア 13, 232
失効リスト. 99	スパムメール 18
自己点検. 193	脆弱性 6, 172
自己評価. 193	脆弱性検査. 190, 191
シーザー暗号 25	生体検知. 109
資産価値. 173	生体情報. 108
事象の結果 173	生体認証. 108, 229
事象の発生確率 173	セキュリティポリシー 136
辞書攻撃. 11, 109	セキュリティ監視. 190
システム開発. 245	セキュリティ文化 215
システム事故. 245	セキュリティホール. 183, 230
実施手順. 169	セッション鍵 82, 144
弱衝突耐性. 88	線形解読法. 54
周期換字暗号 33	選択暗号文攻撃 54
受信者 22	

索　引 ◆ 251

選択平文攻撃.................. 54
善良な管理者の注意義務............ 245
総当たり攻撃.................. 106
相互運用性............ 211, 218, 219
送信者..................... 22
相補性..................... 49
ソーシャルエンジニアリング...... 19, 112
属性認証.................... 118
ソフトバイオメトリクス............ 118
ソルト..................... 115
損害賠償.................... 243
損害賠償責任.................. 243

た行

タールピット.................. 115
多アルファベット換字暗号........... 31
ダイグラフィック換字暗号........... 38
対策基準.................... 168
第三者評価................... 193
対称暗号.................... 23
第 2 原像計算困難性.............. 88
楕円曲線暗号.................. 69
互いに素.................... 70
多重音字換字暗号............... 38
多層防御.................. 6, 189
多要素認証................... 114
単一換字暗号.................. 26
チャレンジ & レスポンス........... 116
中間一致攻撃.................. 56
中間者攻撃............... 96, 113
チューリングテスト............... 118
著作権法.................... 233
著作物..................... 233
通信の秘密............... 228, 229
デジタル署名.................. 86
データ管理者........... 207, 211, 218
データ主体.............. 207, 219
データベース.............. 235, 236
データベース提供罪.......... 238, 241
データベースの著作物............. 235
適合性評価制度................ 195
デジタルセキュリティマネジメント...... 211
デジタルセキュリティリスク..... 220, 221
デジタルセキュリティリスクのマネジメントの
　ための国家戦略............ 221, 222
デジタルセキュリティリスクマネジメント 220
デジタル著作物................ 234
デジタルミレニアム著作権法......... 235
電子計算機使用詐欺罪............. 231
電子計算機損壊等業務妨害罪......... 232
電子署名及び認証業務に関する法律.... 228
電子認証ガイダンス.............. 216

電子符号表モード............... 62
転置暗号.................... 24
テンプレート保護型生体認証......... 116
同音異字.................... 29
同音換字暗号.................. 29
盗聴.................. 4, 10, 104
盗聴者..................... 22
登録フェーズ.................. 104
特定個人情報................. 241
匿名加工情報.............. 238, 239
匿名加工情報データベース.......... 239
匿名加工情報取扱事業者.... 238, 239, 241
特許法..................... 233
ドライブバイダウンロード........... 16
トラストアンカ................. 104
トランスポートモード............. 156
トリプル DES.................. 55
トロイの木馬.................. 12
トンネリング.................. 153
トンネルモード................. 156

な行

なりすまし.................... 4
認可............... 104, 176, 179
認証.......... 104, 176, 179, 216
認証局..................... 97
認証子..................... 86
認証情報.................... 104
認証トークン.................. 106
認証フェーズ.................. 104
認定個人情報保護団体............ 238
ネットワークアプライアンス......... 131
ネットワークセキュリティ........ 5, 214
覗き見................. 104, 112
ノンス..................... 80

は行

パーソナルファイアウォール......... 131
ハイブリッド暗号............... 82
パケットフィルタリング............ 129
パスワード................... 107
パスワードクラック.............. 10
ハッシュ関数.............. 106, 145
パッチ..................... 136
バーナム暗号................. 36
ビジュネール暗号............... 33
ビッグデータ.............. 237, 239
否認不可能性.................. 86
秘密鍵..................... 69
標的型攻撃................... 114
標的型メール................. 114
平文...................... 23

ビール暗号 30
頻度分析 28
ファーミング 17
ファイアウォール 123, 129
ファイステル構造 42
フィッシング 18, 112, 229
フィッシングサイト 104, 112
フィッシングメール 112
フィルタリングルール 130
フィンガープリント 148
フェルマーの小定理 79
フォーマルメソッド 97
復号 23
複製 234
複製権 234
不正アクセス 5, 9, 125, 229
不正アクセス行為 229
不正アクセス行為の禁止等に関する法律 . 229
不正検知型 134
不正指令電磁的記録に関する罪 232
不法行為 244
不法行為責任 244, 246
プライバシー 108, 202, 204, 205, 236
プライバシー権 202
プライバシー執行機関 219
プライバシーマーク制度 242
プライバシーマネジメント計画 218
プライバシーリスク評価 219
プライベート IP アドレス 127
ブラインド署名 94
ブルートフォース攻撃 11
プレイフェア暗号 38
ブロック 61
ブロック暗号 61
ブロック長 61
プログラム 234
プログラムの著作物 234
ブロック連鎖 63
プロダクト暗号 41
ポートスキャン 13, 230
ボット 13
ボーフォート暗号 34
保有個人データ 238

ま行

マイナンバー 237, 241
マルウェア 11, 113, 184
マン・イン・ザ・ブラウザ攻撃 113
民事上の損害賠償責任 244
無線 LAN 136
無線 LAN コントローラ 137
名誉毀損 202, 209

メッセージ 22
メッセージ認証 93
メッセージダイジェスト 149
免責条項 245, 246

や行

やや弱い鍵 49
ユーザ認証 103, 138, 176
要配慮個人情報 238, 239
弱い鍵 49

ら行

リスク 172, 216
リスク分析 172, 173
リスクマネジメント 218
リスト攻撃 109
リバースエンジニアリング 235
リバース総当たり攻撃 110
リプレイ攻撃 80, 112
リモートアクセス VPN 158
リモート拠点 125
リレー攻撃 119
ルート CA 99
ルート認証局 99
レインボー攻撃 110
レインボーテーブル 110
列転置方式 24

わ行

ワーム 12
忘れられる権利 240
ワンタイムパスワード 106
ワンタイムパッド 36

著者紹介

[監修者]

高橋 修（たかはし おさむ）

略　　歴：1975 年 3 月 北海道大学大学院工学研究科修士課程 修了
　　　　　1975 年 4 月 電電公社（現 NTT）入社
　　　　　1999 年 1 月 NTT ドコモへ異動
　　　　　2004 年 4 月 公立はこだて未来大学システム情報科学部 教授

受賞歴：2004 年 情報処理学会業績賞
　　　　　2006 年 情報処理学会フェロー
　　　　　2015 年 情報処理学会功績賞

主　　著：「モバイルマルチメディア」（共著）丸善出版 (2004)，ほか

学会等：情報処理学会会員，電子情報通信学会会員

[執筆者]

関 良明（せき よしあき）　　（執筆担当章：第 1 章）

略　　歴：1985 年 3 月　東北大学工学部通信工学科 卒業
　　　　　1985 年 4 月　日本電信電話株式会社（NTT）入社
　　　　　2014 年 4 月-現在　東京都市大学 教授 博士（情報科学）（東北大学）

受賞歴：2011 年情報科学技術フォーラム推進委員会 FIT2011 論文賞

主　　著：「はじめての情報通信技術と情報セキュリティ」（共著）丸善出版 (2015)

学会等：情報処理学会会員，電子情報通信学会会員，社会情報学会会員

河辺義信（かわべ よしのぶ）　　（執筆担当章：第 2，3，4，5 章）

略　　歴：1997 年 3 月 名古屋工業大学大学院 博士前期課程 工学研究科 電気情報工学専攻 修了
　　　　　1997 年 4 月 日本電信電話株式会社 入社
　　　　　2008 年 4 月 愛知工業大学 情報科学部 准教授
　　　　　2016 年 4 月-現在 愛知工業大学 情報科学部 教授 博士（工学）（名古屋工業大学）

受賞歴：2004 年 電子情報通信学会 第 17 回 回路とシステムワークショップ 奨励賞，
　　　　　2005 年 情報処理学会 第 8 回 コンピュータセキュリティシンポジウム 優秀論文賞，
　　　　　2016 年 IWIN 2016 Excellent Paper Award

主　　著：「数理的技法による情報セキュリティ（シリーズ応用数理 1）」（共著）共立出版 (2010)，
　　　　　「はじめての論理回路」森北出版 (2016) ほか

学会等：情報処理学会会員，電子情報通信学会会員，日本ソフトウェア科学会会員，ACM 会員

西垣正勝（にしがき まさかつ）　（執筆担当章：第 6 章）

略　歴：1995 年 3 月　静岡大学大学院電子科学研究科博士課程 修了
1995 年 4 月　日本学術振興会特別研究員（PD）
1996 年 4 月　静岡大学情報学部 助手
2010 年 10 月-現在　静岡大学創造科学技術大学院 教授 博士（工学）

受賞歴：IEEE International Conference on Advanced Information Networking and Applications 2010, Best Paper Award,
情報処理学会コンピュータセキュリティシンポジウム 2013，コンセプト論文賞，
電子情報通信学会平成 26 年度基礎・境界ソサイエティ表彰，貢献賞

主　著：「コンピュータネットワーク第 4 版」（共訳）日経 BP 社（2003），
「コンピュータネットワーク第 5 版」（共訳）日経 BP 社（2013）

学会等：情報処理学会会員，電子情報通信学会会員，日本セキュリティ・マネジメント学会会員，IEEE 会員，2013 年 4 月-2015 年 3 月　情報処理学会コンピュータセキュリティ研究会主査，2015 年 5 月-2017 年 4 月　電子情報通信学会バイオメトリクス研究専門委員会委員長，2016 年 4 月-現在 日本セキュリティ・マネジメント学会常任理事

岡崎美蘭（おかざき みらん）　（執筆担当章：第 7 章）

略　歴：1993 年 3 月 東北大学大学院博士課程 修了 工学博士
1994 年 4 月 三菱電機株式会社 入社
2010 年 2 月-現在 神奈川工科大学情報学部 教授

受賞歴：2006 年 情報処理学会 山下記念研究賞

主　著：「情報セキュリティの基礎（未来へつなぐ デジタルシリーズ 2 巻）」（共著）共立出版（2011），「コンピュータ概論（未来へつなぐ デジタルシリーズ 17 巻）」（共著）共立出版（2013）

学会等：情報処理学会会員，電子情報通信学会会員，日本セキュリティ・マネジメント学会会員，IEEE 会員

岡崎直宣（おかざき なおのぶ）　（執筆担当章：第 8 章）

略　歴：1991 年 3 月 東北大学大学院工学研究科博士後期課程 修了
1991 年 4 月 三菱電機株式会社 入社
1992 年 3 月 東北大学 博士（工学）
2002 年 1 月 宮崎大学工学部 助教授
2009 年 4 月 同 准教授
2011 年 12 月 同 教授
2012 年 4 月-現在 宮崎大学工学教育研究部 教授

主　著：「コンピュータネットワークの運用と管理」（共著）ピアソン・エデュケーション（2007），「コンピュータ概論（未来へつなぐ デジタルシリーズ 17 巻）」（共著）共立出版（2013），「コンピュータネットワーク概論（未来へつなぐ デジタルシリーズ 27 巻）」（共著）共立出版（2014）

学会等：情報処理学会会員，電子情報通信学会会員

本郷節之（ほんごう さだゆき）（執筆担当章：第 9 章）

略　歴： 1984 年 3 月 岩手大学大学院修士課程 修了
　　　　 1984 年 4 月 日本電信電話公社 入社
　　　　 1987 年 4 月 国際電気通信基礎技術研究所 (ATR)
　　　　 1991 年 2 月 日本電信電話株式会社 (NTT)
　　　　 1999 年 1 月 NTT 移動通信網株式会社（現 NTT ドコモ） 研究室長
　　　　 2010 年 4 月 北海道工業大学（現 北海道科学大学）教授 博士（工学）（北海道大学）

受賞歴： 1993 年 日本神経回路学会奨励賞，2003 年 情報処理学会 MBL 研究会優秀論文賞，2014 年 DI-COMO 最優秀論文賞，2015 年 情報処理学会論文誌ジャーナル特選論文表彰，2016 年 情報処理学会論文賞

主　著：「ディジタル信号処理ハンドブック」（共著）オーム社 (1993)，「認知と学習」（共著）丸善 (1993)，「脳・神経システムの数理モデル」（共著）共立出版 (1997)，「視覚認知と聴覚認知」（共著）オーム社 (1999)，ほか

学会等： 情報処理学会会員，電子情報通信学会会員，IEEE 会員

岡田安功（おかだ やすのり）（執筆担当章：第 10，11 章）

略　歴： 1985 年 3 月 中央大学大学院法学研究科博士課程後期課程中退
　　　　 1991 年 4 月 名古屋経済大学 企業法制研究所講師（翌年，経済学部へ移籍）
　　　　 1996 年 4 月 静岡大学 情報学部 助教授
　　　　 2000 年 4 月 静岡大学 情報学部 教授

主　著：「ジョン・ロックでネット上のコンテンツ規制を考える」静岡大学情報学研究 16 巻 (2011)，「法学と社会情報学」社会情報学研究 15 巻 1 号 (2011)，「行政手続法への社会情報学的アプローチ」社会情報学 1 巻 1 号 (2012)，「民間部門における監視カメラの手続的統制」法學新報 121 巻 11/12 号 (2015)，「鴨長明『方丈記』が語るプライバシー権と表現の自由の関係：ネット社会への警告」静岡大学情報学研究 22 巻 (2017)

学会等： 社会情報学会会員，日本公法学会会員，日米法学会会員，日本法政学会会員

未来へつなぐデジタルシリーズ 36	監修者	高橋　修
ネットワークセキュリティ	著　者	関　良明・河辺義信
		西垣正勝・岡崎直宣 ⓒ 2017
Network Security		岡崎美蘭・本郷節之
		岡田安功
2017 年 9 月 25 日　初　版 1 刷発行		
2022 年 3 月 1 日　初　版 3 刷発行	発行者	南條光章
	発行所	**共立出版株式会社**
		郵便番号 112–0006
		東京都文京区小日向 4-6-19
		電話 03-3947-2511（代表）
		振替口座 00110-2-57035
		URL www.kyoritsu-pub.co.jp
	印　刷	藤原印刷
	製　本	ブロケード

一般社団法人
自然科学書協会
会員

検印廃止
NDC 007.37, 007.609
ISBN 978-4-320-12356-4　　Printed in Japan

[JCOPY] ＜出版者著作権管理機構委託出版物＞
本書の無断複製は著作権法上での例外を除き禁じられています．複製される場合は，そのつど事前に，出版者著作権管理機構（TEL：03-5244-5088，FAX：03-5244-5089，e-mail：info@jcopy.or.jp）の許諾を得てください．

編集委員：白鳥則郎(編集委員長)・水野忠則・高橋 修・岡田謙一

未来へつなぐデジタルシリーズ

❶ インターネットビジネス概論 第2版
　片岡信弘・工藤 司他著‥‥‥‥208頁・定価2970円

❷ 情報セキュリティの基礎
　佐々木良一監修／手塚 悟編著‥244頁・定価3080円

❸ 情報ネットワーク
　白鳥則郎監修／宇田隆哉他著‥‥208頁・定価2860円

❹ 品質・信頼性技術
　松本平八・松本雅俊他著‥‥‥‥216頁・定価3080円

❺ オートマトン・言語理論入門
　大川 知・広瀬貞樹他著‥‥‥‥176頁・定価2640円

❻ プロジェクトマネジメント
　江崎和博・髙根宏士他著‥‥‥‥256頁・定価3080円

❼ 半導体LSI技術
　牧野博之・益子洋治他著‥‥‥‥302頁・定価3080円

❽ ソフトコンピューティングの基礎と応用
　馬場則夫・田中雅博他著‥‥‥‥192頁・定価2860円

❾ デジタル技術とマイクロプロセッサ
　小島正典・深瀬政秋他著‥‥‥‥230頁・定価3080円

❿ アルゴリズムとデータ構造
　西尾章治郎監修／原 隆浩他著 160頁・定価2640円

⓫ データマイニングと集合知 基礎からWeb, ソーシャルメディアまで
　石川 博・新美礼彦他著‥‥‥‥254頁・定価3080円

⓬ メディアとICTの知的財産権 第2版
　菅野政孝・大谷卓史他著‥‥‥‥276頁・定価3190円

⓭ ソフトウェア工学の基礎
　神長裕明・郷 健太郎他著‥‥‥202頁・定価2860円

⓮ グラフ理論の基礎と応用
　舩曵信生・渡邉敏正他著‥‥‥‥168頁・定価2640円

⓯ Java言語によるオブジェクト指向プログラミング
　吉田幸二・増田英孝他著‥‥‥‥232頁・定価3080円

⓰ ネットワークソフトウェア
　角田良明編著／水野 修他著‥‥192頁・定価2860円

⓱ コンピュータ概論
　白鳥則郎監修／山崎克之他著‥‥276頁・定価2640円

⓲ シミュレーション
　白鳥則郎監修／佐藤文明他著‥‥260頁・定価3080円

⓳ Webシステムの開発技術と活用方法
　速水治夫編著／服部 哲他著‥‥238頁・定価3080円

⓴ 組込みシステム
　水野忠則監修／中條直也他著‥‥252頁・定価3080円

㉑ 情報システムの開発法：基礎と実践
　村田嘉利編著／大場みち子他著‥200頁・定価3080円

㉒ ソフトウェアシステム工学入門
　五月女健治・工藤 司他著‥‥‥180頁・定価2860円

㉓ アイデア発想法と協同作業支援
　宗森 純・由井薗隆也他著‥‥‥216頁・定価3080円

㉔ コンパイラ
　佐渡一広・寺島美昭他著‥‥‥‥174頁・定価2860円

㉕ オペレーティングシステム
　菱田隆彰・寺西裕一他著‥‥‥‥208頁・定価2860円

㉖ データベース ビッグデータ時代の基礎
　白鳥則郎監修／三石 大他編著‥280頁・定価3080円

㉗ コンピュータネットワーク概論
　水野忠則監修／奥田隆史他著‥‥288頁・定価3080円

㉘ 画像処理
　白鳥則郎監修／大町真一郎他著‥224頁・定価3080円

㉙ 待ち行列理論の基礎と応用
　川島幸之助監修／塩田茂雄他著‥272頁・定価3300円

㉚ C言語
　白鳥則郎監修／今野将編集幹事・著 192頁・定価2860円

㉛ 分散システム 第2版
　水野忠則監修／石田賢治他著‥‥268頁・定価3190円

㉜ Web制作の技術 企画から実装, 運営まで
　松本早野香編著／服部 哲他著‥208頁・定価2860円

㉝ モバイルネットワーク
　水野忠則・内藤克浩監修‥‥‥‥276頁・定価3300円

㉞ データベース応用 データモデリングから実装まで
　片岡信弘・宇田川佳久他著‥‥‥284頁・定価3520円

㉟ アドバンストリテラシー ドキュメント作成の考え方から実践まで
　奥田隆史・山崎敦子他著‥‥‥‥248頁・定価2860円

㊱ ネットワークセキュリティ
　高橋 修監修／関 良明他著‥‥272頁・定価3080円

㊲ コンピュータビジョン 広がる要素技術と応用
　米谷 竜・斎藤英雄編著‥‥‥‥264頁・定価3080円

㊳ 情報マネジメント
　神沼靖子・大場みち子他著‥‥‥232頁・定価3080円

㊴ 情報とデザイン
　久野 靖・小池星多他著‥‥‥‥248頁・定価3300円

続刊書名

・コンピュータグラフィックスの基礎と実践

・可視化

（価格，続刊書名は変更される場合がございます）

【各巻】B5判・並製本・税込価格

共立出版　www.kyoritsu-pub.co.jp